純血種という病

商品化される犬とペット産業の暗い歴史

マイケル・ブランドー 著　マーク・ベコフ 序文　夏目 大 訳

A Matter of Breeding

A Biting History of Pedigree Dogs and How the Quest for Status Has Harmed Man's Best Friend

Michael Brandow

白揚社

・本書は、*A MATTER OF BREEDING: A Biting History of Pedigree Dogs and How the Quest for Status Has Harmed Man's Best Friend* by Michael Brandow（Beacon Press 2015）の日本語版です。

・日本語版編集にあたり、小見出しを追加するとともに、内容の一部を巻末の註に移動しました。

・〔 〕で示した部分は翻訳者による補足です。

サマンサとジョシーに

純血種という病◉目次

目　次

目　次

序

マーク・ベコフ

私は長年にわたり、人間と動物との関係について研究を続けてきた。その過程では、*The Emotional Lives of Animals*〔『動物たちの心の科学』（青土社）〕や、ジェーン・グドールとの共著 *The Ten Trusts*〔『一〇の信頼』〕など何冊かの著作を発表し、同じくグドールと共同で「動物の倫理的扱いを求める動物学者の会（ＥＥＴＡ）」という組織も設立した。私は、動物は人間にとって友と考える。人間は彼らにとって信頼のおける保護者なのであって、所有者ではないという考え方に心から賛同している。また、犬（および他の動物）たちは商品などではなく、意図的に苦痛を与えることは非倫理的、非人道的で、まったく不必要だと強く感じている。

こうした立場から私が思うのは、犬のブリーディングに関して、我々は理性的な議論をすべき時期に来ているのではないか――実を言えば、もうとっくの昔に来ていたのではないか――ということだ。ブリーディングに起因する健康問題が存在すること、健康に問題を抱える犬が増えていることは、多くの有力な研究によって実証されている。それを考えれば、我々は大変な危機に陥っていると言える。生後二ヶ月のブルドッグの多くが必要とする目の手術、四歳のラブラドールに見られる股関節の異常……血統書つきの犬の世界では、明らかに何か間違ったことが起きているのだ。だから私は、「純血種」はもうこれ以上必要ないと考えるし、本書の著者と同じように「私たちはなぜ自分が愛するものを傷つけようとするのか？」と問いかけざるを得ないのである。本書は実に重要な本だと私は思う。

　著者のマイケル・ブランドーはジャーナリストであり、犬の支援、地域社会活動の経験を持ち、犬に関連する文化を身近に観察してきた人物である。その彼が書いた本書は啓蒙的で、倫理的な見地から、今まさに必読の書だと私は思う。ブランドーは本書で、いわゆる「純血種」の犬に関わる人間の俗物根性、消費主義に真正面から取り組んでいる。それに加えて、愛犬趣味の世界で市場が二番目に大きく、最も急速に成長している「デザイナードッグ」の問題にも触れている。また本書では、愛犬趣味の歴史についても詳しく書いている。ボストン・テリアやイングリッシュ・ブルドッグをはじめ、一九世紀に高貴なステータス・シンボルとして商業的に販売されるようになった犬たちの歴史もたどっている。

　著者によると、社会的ステータスを上げるために飼う犬の評価基準は、長い間、上流階級の人々によって定められてきたという。本書では、古代の宮廷で飼われていた犬、高度に様式化された王族の狩猟に使われた犬について書いている他、「金ぴか時代」のエリートによるケネルクラブの創設などにも触れている。さらに、ドッグショーなどで犬がその外見だけで評価されていること、厳しい評価基準が実は極めて恣意的であることなどについても書いている。有名な犬種の犬を飼う動機は、主に「自分がいかに貴族的か」をアピールすることにあるという。人間は、そうして自らの自己中心的な欲望を満足させているわけだ。その一方で、数え切れない犬たちが不必要に苦しみ、死んでいく。

　血統に対する近代の狂信や、いわゆる「ブリーディング」の概念は、ヴィクトリア朝時代のイギリスの発明品だが、そうした考え方は我々の文化に根づき、結果として、犬、そして人間にも憂慮すべき影響を与えることになった。人々が高級な犬を求める理由は、多くの場合、今も昔も変わらない。高級な犬を所有すれば、飼い主は自分の地位や購買力、鑑識眼、趣味などをひけらかせる。犬の「血統」ばかりでなく自らの「血筋」をアピールできる。本書においてまず、我々人間がいかに大きく道を踏み外してしまったかを示す。希少かつ高級な犬の外見は、常識に反する奇形的なものなのに、その外見を維持するために、犬の性質、行動さえ、変容させることになってしまった。また著者は、ブリーディングの害についていても批判する。犬に不利益を与えることがわかっていながら、それを黙認してまで外見を維持する必要があるのか、と問いかけるのだ。雑種よりも純血種を良しとする嗜好は、詳しく吟味してみれば、まったく自然なものではないと著者は言う。何百万という犬が捨てられ、施設に収容されている一方で、さらに多くの犬を生み出そうとする行為は決して正当化できるものではないだろう。非現実的で、偽善的でさえある人間の期待に犬が応えないからという理由で犬を捨てる人があまりに多すぎる。

著者の分析は挑発的だ。犬に対するごく普通の人々の考えは、実は人々が互いに対して抱いている社会的な偏見（これは不公正の大きな源でもある）に大きく影響を受けている、ということが示される。もし人間が、自分たち自身に対して持っている価値観を動物にも適用すれば、所有する（所有していると思っている）動物たちを好きに使ってもよい、という考えにいたるという。著者によれば、これこそが誤った態度ということになる。そのせいで優先順位の間違った、ニセ科学に基づくブリーディングが追放されずに続いたのだ。追放するための努力は、ほとんどなされてこなかった。実際、人類最良の友である犬の福祉と発展を任された人々――ケネルクラブのメンバーやそこから資金を受け取っている科学者、ブリードクラブ、工場のようなブリーディング施設、「評判の」ブリーダー、黙って犬の後始末をする地元の獣医師――は巨大な犬産業を作り上げてきた。階級を暗示する有名ブランドとなった犬（パピヨン、ゴールデン、ポーチュギーズ）には特権が与えられた。おかげで動物の健康が犠牲になっている。繰り返すが、人間には魅力的でも犬自身にとってほぼ意味をなさない特徴を生み出すようなブリーディングはやめるべきだ。障害を抱えさせ、痛みや苦しみ、早すぎる死さえもたらす、解剖学的、生理学的、あるいは遺伝的な疾患を引き起こすようなブリーディングが気高いはずなどない。しわくちゃの顔の犬が今にも死にそうな息をしているのを見ると、私の気持ちは重くなる。純血種のブリーディングをやめさせる最良の手段は、純血種の犬を買わないようにすることである。

著者が本書で語る社会の歴史は信頼に足るものだ。諧謔と風刺に彩られてはいるが、今日の我々にとって深刻で重大で必要なメッセージであることは間違いない。同時に、生まれが明確でなく、「美しくない」外見のせいで偏見を持たれ、不遇な扱いを受けてきた雑種犬の立場を変える重要な一歩になると思われる。著者は本書で、ドックショーの下劣な過去を暴露し、今ではもう普通になった奇怪な外見が場当たり的に作られたことを明らかにする。一部の専門家たちは保守主義に陥っており、それが非常に危険であると著者は言う。専門家たちは、「純血種」の犬は雑種より健康で、賢くて、忠実で、訓練がしやすいのだと主張する。それを否定する証拠がいくらもあるにもかかわらず、考えを変えないのだ。

犬を飼おうと思っている人々が本書を読み、ブリーダーではなく地元のペットシェルターに足を運んでくれることを願っている。助けを必要としている犬を引き取るのは、思いやりのある行為だと言える。また、消費者の選択としても合理的である。犬と人間の双方に利益があるからだ。これ以上に喜ばしいことがあるだろうか。ブリーディングは不快な遺産である。今にも殺されそうな状況で救助を待つ何百万もの犬がいるのに、子犬は生産され続けている。その行為は偏見に基づき、極めて不平等であるにもかかわらず、ウェストミンスター・ケネルクラブ・ドッグショーでは毎年、作られた犬たちが称賛を浴びている。こんな状況は大幅に見直す必要がある。本書は画期的な本だ。本書を読んだ人たちは、きっと現状の問題について話し合おうとするだろう。また、議論を犬の利益に結びつけようと努めるに違いない。自分を引き取る決断をしてくれれば、引き取られた犬たちは飼い主への感謝の気持ちを決して失わないだろう。犬にとって何が最も良いかをわかっていながら、それを実行しないのは、犬たちの深い信頼に応えないのは、悪意ある裏切りでしかないだろう。

最後にもう一度、著者の言葉を引用しておこう――「血の『純粋さ』と姿形の完璧さを求めるブリーディングは、これまでもこれからも純粋な狂気である」

はじめに

この、いささか攻撃的な本を書こうと思い立ったのは、路上を歩いていて、落ちていた「あるもの」を避けようとした時だった。私は当時、犬の糞の放置を禁じる法律がニューヨークにできるまでの経緯を一冊の本にまとめる仕事をしていた。調査の一環として、地元のシェルターから引き取ったばかりの雑種犬を連れ、マンハッタンの歩道をぶらついていたのだ。悪臭を放つそれを回避しようとした時、私はふと疑問に思った——「純血種」の犬はなぜこれほど人々の心を惹きつけるのだろうか。周知のとおり、子供の頃に純血種の犬を飼っていた人は多い。飼うのは主に善良な中産階級の家庭であり、できれば最新流行の犬が欲しいと願う人は多かった。時代遅れの雑種よりも、高級な純血種を飼っている方が立派に見えると信じていたからだ。だが、その信仰はいったいどこから生まれたのだろうか。

犬の散歩代行をして、一〇年にわたりあちこちを歩き回ってきたが、その間に、自分の観察力の及ぶ範囲で、犬の分厚いカタログが私の中に作られていった。人間の関心を集めるために犬が獲得してきた、あらゆる理想の形、サイズ、毛色がパノラマのように収載されているカタログだ。とはいえ、それは私にとって本質的に新しい何かを教えてくれるものではなかった。私はこれまで、純血種、雑種の分け隔てなく犬との時間を過ごしてきた。ニューヨークに暮らす何百軒ものエリートたちの家で犬の世話をしてきたし、犬のトレーナーに弟子入りしたこともある。全国放送に愛犬と共に出演し、ドッグパークのボランティアとして何千時間も働き、ありとあらゆる犬の飼い主と会話を交わしてきたのである。そこで私が学んだのは、毛の色や社会的ステータスとは関係なしに、すべての犬を愛することだった。私は小さい頃から、祖母の牧場で働く犬や父の狩猟のお供をする犬、ジャンプをして輪をくぐる犬、近所に住んでいた盲目の女性の介助をする犬などを見てきた。なので、本書の執筆を始める前から、こうした特別な能力がない限り、犬たちのほれぼれするような多様な外見は、そのほとんどが皮相的なものであることを理解していた。

鳥猟犬（バードドッグ）たちは今、マンハッタンの上流家庭の薄っぺらな空気の中、自分の特性を生かす機会もないまま暮らしている。ポーチュギーズ・ウォーター・ドッグもまた、水から飛び出した魚のごとく場違いな場所に生きている。ウィリアム・ウェグマンの元で飼われていないワイマラナーは、ただ少し頭の良くない愛玩犬になってしまっている。ドビー〔ドーベルマン〕やロッティ〔ロットワイラー〕は優れた番犬であるかもしれないが、飼い主が求めているのはそうした特性ではなく、その特徴的な姿形とピンと立った耳だ。バセット・ハウンドは、かつては獲物を追跡することができたが、現代のコンテストに出場するような世代は、知性が少し足りず、皮膚もたるんでしまっている。もはやしつこく急かさない限り、獲物の匂いをたどることなどできないかもしれない。黒いラブラドール・レトリーバーとゴールデン・レトリーバーは、スコットランドの荒れ地や貴族の荘園といった古き記憶を呼び起こしてくれそうだが、今では他の犬と同じくカウチポテト族になってしまった。

本書のための調査を続けていくうちに、私の関心の対象は、犬ばかりでなく、犬の外見に夢中になっている人間へと広がっていった。ニューヨークという世界屈指の華やかなコミュニティで、特権的とも言えるペットたちを散歩させることに私は長い年月を費やしてきたわけだが、そうした仕事の中で最も苦労したのは、犬の糞を拾い上げることではなく、犬に過剰な期待を寄せる人々を回避することだった。預かった犬たちに対し私が負っていた崇高な義務は、思う存分、脚のストレッチをさせてあげることだ（もちろん道中のトイレ休憩（ピットストップ）も含まれる）。同時に、犬たちを最寄りのドッグランに無事に連れて行ってリードを外すことも大事だったし、犬たちの無条件の愛に対し条件だらけの散歩で報いようとする雇い主たちから、一時間ばかり自由になってもらうことも重要だった。私が世話をしてきた犬たちに必要なのは自分自身になる機会だったが、そのための時間はいつも足りなかった。それは純血種であろうと雑種であろうと同じことだ。ドッグランの時間は貴重だった。涼しげな木陰、緑豊かな芝生、そうしたものはどんな犬種にも平等に存在している。近くの枝の上から挑発しているように見えるリスでさえ、血統を理由に犬を差別することはない。

散歩中の犬たちが一番したくないこと、必要としていないことは、見ず知らずの通行人――ウェストミンスター・ケネルクラブ・ドッグショー〔ニューヨーク市で毎年開かれる巨大なドッグショー。以下ウェストミンスター・ドッグショー〕のチャンピオン犬を探し歩くようなタイプ――からの称賛を浴びるために、熱いアスファルトの上で足止めをくらうことだ（犬が嫌がっているのはリードを引っ張る力でわかる）。私は犬たちを引き連れて、人間にとっても犬にとっても危険な社会的状況をくぐり抜けようとする。だが、犬に向けられた盲目の愛の津波は、混雑した道で人々が互いにぶつからないように引かれた境界線すらもたちまち呑み込んでしまう。純血種の犬を見ると、子供たちは飛び出してくるし、大人たちは誰も彼もが遠くから指をさす。そして、許可もなく駆け寄って来ては質問を浴びせかけるのだ。

もしホワイトハウスで新しい犬が飼われ、私がそれと似た犬を散歩させていたとしたら、通行人たち（パパラッチ）は好奇心に駆られて、「それってポーチュギーズ・ウォーター・ドッグじゃない？」とか「もしかしてプチ・バセット・グリフォン・バンデーン?」などと、物怖じもせずに尋ねてくることだろう。実際、ドラマ「セックス・アンド・ザ・シティ」の中で主要登場人物のシャーロットがキャバリア・キング・チャールズ・スパニエルを飼い始めた時、私は「キャバリアでしょ?」という問いかけに数え切れないほど答えさせられる羽目になった。それだけではない。映画「ドッグ・ショウ!」がヒットしてから九週間にわたって、ノーリッチ・テリアのブームが沸き起こったが、その犬が通るたびに必ず「あなたの犬はノーリッチ?　それともノーフォーク?」という質問が繰り返された。ボーダー・コリーもまた、ウェストミンスター・ドッグショーで脚光を浴びたあとは、連れて歩くのが疲れる存在になってしまった。映画「ベートーベン」の二作目以降、私はセント・バーナードの散歩の依頼は断るようにした。ディズニーが、あるリメイク作品の続編を発表した際には、ニューヨーク中の歩道が黒い斑点で覆われ、「ダルメシアンですよね?」という声であふれかえった。

このような熱狂がある一方、私が世話をした雑種犬で、純血主義者たちの視界に入ったものは一頭もいなかった。彼らの社会的レーダーは、そうした犬たちを完全に無視したのである。それはまるで、セントラルパークでバードウォッチングに熱中する人々のようなものだった。つまり、彼らが探していたのは、名前を同定できる犬、ラベルを貼って屋根裏に保存できる標本みたいに特別な犬だったのだ。そのような犬のカタログを作成することは、純血主義者たちの自尊心に訴えかけ、また奇妙な達成感ももたらしているようだ。というのも、犬種を尋ねてくる人々にとって(ほとんどの場合、彼らはその答えをすでに知っているのだが)、その血統当てクイズが難しくなるほど、正解を言い当てた時の名誉も高まるからだ。そして実のところ、この種のゲームの本当の目標は、自分たちが犬のことなら何でも知っている――それはアニマルプラネットやハリウッド映画で得た知識なのだが――ということを、犬の飼い主や私のような散歩代行者、あたりの通行人全員に知らしめることなのである。

愛犬家は、人類の最も親しい友人である犬たちを称賛し、感嘆の声を上げる。だが、自分たちが犬のためと思ってしていることが、必ずしも犬自身の利益になっているわけではないと気づいている人は、どのくらいいるだろうか。ラブラドールやシェパードの毛並みは愛すべきものかもしれないが、末永く散歩を楽しむためには、股関節形成不全を改善するためのハイドロセラピーが必要な場合がある。しわくちゃ顔が特徴的なシャー・ペイとボクサーの飼い主は、しつこいアレルギーとてんかんのために動物病院を何度も予約し、ゴールデン・レトリーバーとスコティッシュ・ディアハウンドの飼い主は、腫瘍病棟やICUに駆けつけるためにペットタクシーを呼ぶ。しかし、皆、愛犬を街中連れ回すのに忙しすぎて、そうした特別な配慮が必要になったのは、熱烈な愛好家たちが犬に背負わせてきた問題のせいなのだということを、ゆっくりと考えてみようとも思わないのだ。

疑問の余地はもうまったく残されていない。長年疑われていたとおり、犬種の特徴が際立つようなブリーディングが、犬たちに様々な苦痛を与えていることは、数々の研究の結果から明らかだ。癌、四肢の奇形、肌の異常、目や耳の感染症などに苦しむ犬は多く、その数は増え続けている。純血種の多くは明らかに危険な状態にあり、愛犬家はこの悲しい現実に立ち向かわねばならない。ラブラドールがラブらしく、パグがパグらしく見えるように強制するブリーディング、品評会の基準に合致させ、恣意的な美の理想を体現させるためのブリーディングは、確かに美しい犬を生むかもしれないが（これは各人の好みによるだろう）、平均的な雑種よりも身体的、精神的に劣る生き物を作り出す可能性も高い。犬の外見のみを優先して健康や気質を軽視した結果、様々な問題が生じてきている。獣医師はその「極端な身体構造」を憂慮する。漫画のキャラクターのような身体的特徴は人間には魅力的に見えるが、犬にとっては不快感や痛み、短命の原因となる。そして、予想もしていなかった安楽死を選択せねばならず、飼い主が苦悶することにもなる。

私たちはなぜ自分が愛するものを傷つけようとするのか。なぜジャーマン・シェパードは、生涯を通じて脚を引きずらねばならないのか。なぜフレンチ・ブルドッグの呼吸は辛そうなのか。純血種の愛好家たちは、自分が育て愛してきたお気に入りの犬が苦しむことを決して望んではいない。だが、先天性疾患と特徴的な外見が問題になっている犬（いわゆる「アレルギーを起こしにくい犬（ハイポアレルジェニック）」も含む）に対して、配慮が足りていないのもまた事実だろう。私は、こうした問題の根は過去にあると考えている。硬直した審美眼、潜在的な階級意識、血の「純粋さ」への信仰、「本物」に対する素朴な考え、間違った理由で犬を愛する傾向、そうしたものがあるがゆえに、私たちは、近親交配の危険性や極端な身体構造の負の側面、今日のペット産業の邪悪さを伝える大量の情報に関心を払わない。もしあなたが、より広い歴史的視点を持ち、こうした事実に目を向けられる善意の動物愛好家なら、ある朝、こんな天啓と共に目覚めるかもしれない――人間の友人となるために犬が理想化される必要はないし、商品のようにパッケージ化される必要もないのだ、と。生まれる何ヶ月も前から「評判の」ブリーダーに前金を支払い、写真うつりのいい純血種を手に入れなくても、同じだけの幸福を与えてくれる、申し分のない素晴らしい犬が、家から数分のシェルターで手に入ることを知れば、私たちの生活はずっと豊かなものになるに違いない。

犬は人間をありのまま愛してくれるが、一部の人間は犬の中に自分の見たいものだけを見る。実際、私が犬の散歩をしている時に、呼び止めて次のような質問をした自称「古き良き犬の愛好家」は一人もいない。「アメリカにいるゴールデン・レトリーバーの六〇パーセント以上が癌で死ぬって本当ですか？」。もし、そんなことを尋ねた人がいたなら、私はきっと、深刻な問題を抱えた純血種を紹介したウォール・ストリート・ジャーナル紙の各種記事や、学ぶことの多いＢＢＣのドキュメンタリー番組“Pedigree Dogs Exposed”〔「犬たちの悲鳴――ブリーディングが引き起こす遺伝病」〕を教えたことだろう。(1) 時間が十分にあれば、ＢＢＣがクラフツ・ドッグショー――世界一のドッグショーであり、ウェストミンスター・ドッグショーのロールモデルでもある――の報道をしないと決めたことも、話したかもしれない。ＢＢＣは、「犬の社交界」がその価値観を見直し優先順位を変えるまで、報道をしないと決めたのだ。だが、私の腕をつかんでこう尋ねてきた愛犬家は一人もいない。「アメリカンケネルクラブ〔以下ＡＫＣ〕の手本となったイギリスの名高きケネルクラブに改革を迫るため、エリザベス女王自身が後援から手を引いたというのは本当なのか？」と。

犬の血統と外見の完璧さに対する狂信は、イギリス経由で私たちアメリカ人の元に到達した。その結果、大西洋の両岸で問題が起きることになった。ほとんど知られてはいないが、イングリッシュ・ブルドッグの足取りのようにおぼつかなくはあるが、犬の健康危機の存在をとにかく認めようという動きは生まれている。しかもそれはアメリカで始まった。イギリスでそうした動きが大々的に報道される一八年前、アメリカは、大半のメディアが強大な影響力を持つＡＫＣを恐れる状況にあったが、そんな中マーク・デアは、画期的なエッセイ“The Politics of Dogs”〔「犬の政治」〕をアトランティック・マンスリー誌に発表した。(2) それ以降、書籍、雑誌、科学研究が、純血種の問題に関して警鐘を鳴らし、(3) アメリカでは、誤った判断を続ける古い権威への支持が徐々に低下してきた。(4) その他にも、たとえば、先に触れた「犬たちの悲鳴」というＢＢＣの番組は、社会的な主張とウィットの組み合わせというイギリスの伝統を用いて、思い上がったペットオーナーたちを痛烈に批判した。また、単に俗物根性を持つだけでなく、重大な罪を犯しているとして、ケネルクラブを審判の場に引きずり出した。またエコノミスト紙は、現代の純血種の多くは、イギリスの伝統技術を凝縮したものなどではなく、「先祖のオオカミをグロテスクに歪めたものだ[5]」と断じた。

犬の置かれた立場を見直すべきと主張していても、私は、熱狂的な愛好家たち――純血種を所有し、ブリーディングし、展示し、評価する人たち――が皆、動物虐待から利益を得ている唾棄すべき悪党だと言いたいわけではない。加盟しているのがAKCであろうが、それよりも健康志向のユナイテッド・ケネルクラブであろうが、純血種マニアたちが、これまで改良を重ねてきた犬たちが消えてしまうことを望んではいないのは明らかだ。また、ブリードクラブ〔単犬種団体〕やケネルクラブが、犬の病気――毛色や耳の形くらいはっきりとそれぞれの犬種を特徴づけるものでもある――への対応に必要な莫大な金銭を工面してきたことも、紛れもない事実だ。とはいえ、こうした努力のほとんどは、現行のシステム内では限定的な効果しかあげないと考えられる。純血種を存続させるために従来の厳格で狭量なルールを守りたい人にとって、そして犬たちの血を「純粋」なものに保ち、「正しい」見かけを維持したい人にとっては、病気を防ぐためのDNAの検査制度が、自己破壊的な試みに変容してしまう恐れがある[6]。パグやキャバリアなど様々な問題を抱えがちな犬種は、たとえ多くのファンがいたとしても、その犬自身のためにブリーディングそのものを法律で禁じるべきだとする獣医学者は、次第に増えてきている[7]。

しかし、どう贔屓目に見ても、状況改善への足取りは依然として重い。大西洋の両岸の動物愛好家たちの多くは、いずれも、科学者から新しい情報を得る必要性を感じていない。ましてや、彼らが雇っている散歩代行者の意見など、相手にもしない。数万年前、狩猟採集民たちは、進化生物学や集団遺伝学の助けなしに、あるいは「ナイトライン」や「トゥデイ」といった番組や地方の放送局の継続的な報道なしに、今の私と同じ結論に到達した。血の「純粋さ」と姿形の完璧さを求めるブリーディングは、これまでもこれからも純粋な狂気であるという結論だ。にもかかわらず、血統主義者たちは、基準に合わない形、サイズ、毛色を厳格に排除する「伝統的な」ブリーディングには、ヴィクトリア朝時代の商業的発明にとどまらない価値があると頑なに信じ込んでいる。なぜか？　政治的正しさや社会意識の高さを持ち合わせた消費者、あるいは教育ある消費者でさえ、ゴールデン・レトリーバーへの投資はゴールドマン・サックスからデリバティブ商品を買うようなもので、その犬種のブランドを守るのはマーズバー［チョコバーのブランド］を助けるようなものという認識ができないのはなぜだろうか？

そうした質問に対する答えは、多くの場合、単純である。たとえば、それは俗物根性のせいであるとか、大昔からある動機によるのだとか、過去の慣習をそのまま受け継ぐ傾向が原因、といった具合だ。本書（原題 *A Matter of Breeding*）は、イギリスおよびアメリカにおける愛犬家たちの社会史であると同時に、驚きと不信が織りなす一大叙事詩でもある。私は本書を科学研究と偽るつもりはない（その方面のことを知りたければ、ネットを検索すれば大量に情報が手に入るはずだ）。実際この本は、公私を問わず様々な場所で行ってきた犬と人間の観察と、数年かけて秘密裏に積み上げてきた記録調査を組み合わせて、書き上げたものである。私が強く願っているのは、本書を通じて読者の皆さんと疑問を共有することだ。その疑問とは具体的には、①犬たちはいかにして今日見られるような多様な形、サイズ、毛色になったのか、②誰がどのような理由で犬たちをそうさせたのか、③どうして私たち人間は犬に関する問題の多い判断を今日まで尊重してきたのか、④人間の間違った優先順位のために犬はどのような代償を支払ってきたのか、である。この疑問の答えを明らかにしていきたいと考えている。街の歩道やドッグショーのグリーンカーペットで出会う純血種たちは、何も天から突如として降ってきたわけではない。犬たちは、他の豪奢な商品と同じく、消費者の目を引くように意図的にデザインされ、パッケージ化されたものだ。犬に対するのと同じ根拠のない偏見を人間に向ける者がいたとすれば、浅はか、無神経、人種差別的、正気ではないといった評判をたちまち呼ぶだろう。最も大切な友人である犬の利益を最大化するため、と愛犬家たちは考えているかもしれないが、厳格な基準を課すことは、犬にとってはまったく不必要である。

本書で紹介した歴史的事実には、古いものもあれば最近のものもあるが、それが今日どれくらい変化しているかは読者の判断を仰ぎたい。一九三四年、イギリスの歴史家エドワード・アッシュは、「新しい背広、新しい車、新しい妻をもつのは喜ばしいことだが、それを見せびらかせないのであれば、喜びも随分と減じてしまうことだろう」と述べた。「高級」なペットが持つ普遍的な魅力について語った際の言葉だが、これは犬の愛好家たちが自己正当化のためにひねり出した最初期の理屈と言えるだろう[8]。別のイギリスの権威は、この考えの核心により深く切り込み、「どういうわけか小生は、育ちの悪い雑種を連れて歩けるような人間に敬意を一度たりとも感じたことがない。犬とその主人のタイプが同じであることはとても多いのである[9]」と述べている。同じ人は一八九〇年代に「雑種の犬について来られて特に問題はないと考える人など一人もいないはずだ[10]」とも言っている。映画監督のクリストファー・ゲストは、映画「ドッグ・ショウ!」の着想について説明する中で、こう分析している。「飼い主とペットの間に存在する真の力学に私は気づきました。純血種の飼い主が雑種の飼い主を見下すのとまったく同じように、純血種の犬も雑種の犬を見下しているのです[11]」

犬は科学実験の道具でも、芸術作品でも、継承すべき伝統を伴う歴史的遺産でもない。犬たちは、まさに今この瞬間にこの場所で、私たちの心が存在する時と場所で生きているのだ。この愛すべき友人たちは、避けることのできない健康問題に直面しており、その問題は極めて深刻化しているが、それは別に目新しい話ではない。私たちは約一五〇年前に道を誤り、友人である犬たちの評価基準を変え、自分たちを喜ばせるために犬をとことん歪めるようになった。そうなってしまった理由をあれこれと詮索する前に、この騒ぎから一歩身を引いて、はじめて子犬を見て恋に落ちた時のことを思い出して欲しいと私は思う。

＊　＊　＊

最後に、犬問題の第一人者の言葉を記しておこう。あるイギリスの専門家が、一八七五年にアメリカ人に対して送った助言だ。当時アメリカ人たちは、犬の品評会やロゼット〔バラ飾り〕、イギリス王族などの「趣味の良さ」について学んでいる最中だった。上品な紳士だったその専門家は、公共の場で間違った犬を連れて歩くことについて、単刀直入にこう警告している。「雑種犬の市場価格は、その犬の皮の値段から、首を吊ってその犬を殺すためのロープの代金を差し引いたものである(12)」

この言葉に私たちはどんな答えを返すべきだろうか。何か言い返せるようなことを私たちはしてきただろうか。

第1章　イギリスの古き良き伝統

　鍵を差し込んだ時には、もうすでにアパートの部屋の中からは犬の悲しそうな鳴き声が聞こえていた。部屋の奥のどこかにいるらしい。部屋に入って、壁に電灯のスイッチがないか手探りを始めると、暗闇の先から、いら立っているような犬の吠え声が二度ほどかすかに聞こえてきた。私は犬の散歩代行を何年も続けているが、何かがおかしいのはすぐにわかった。普通、子犬は元気いっぱいで、真昼の散歩のために私がやって来ると、誰にも止められないほど興奮するものだ。何度も吠えるし、爪で引っ掻こうとする。だから、なかなかケージを開けることができない。開けるとすごい勢いで飛び出して走って行ってしまうので、リードをつける暇がない。結局、ラグに爪が引っかかるなど、何かが起こって動きが止まるまでは手の出しようがないのだ。

　ところが、今、私がケージから出そうとしている犬は、興奮しているどころか、普通程度の声すら出さない。元々控えめな性格なのか、それとも何かが彼を押し止めているのか。悲しげな声は出すが無理に抑えつけているようだ。それも途切れ途切れだ。静かになると、こちらは余計に落ち着かない気持ちになる。犬は私が部屋に来ていることをちゃんとわかっているし、それに対し反応をしようともしている。しかし、それも満足にはできない。どうやら呼吸が苦しそうだ。私は壁に手をつけ、暗闇をゆっくりと中へ進んで行った。その間、犬は何度も鼻を鳴らし、咳をする。次第にその頻度は高まるようだった。苦しそうな呼吸も徐々に早くなっている。恐る恐る居間に入ってみると、間接光で中の様子が見えた。その後は暗い廊下を通ってキッチンへと入って行った。電灯のスイッチはまだ見つからなかったが、ケージの輪郭はわかった。暗い中でグレーに見える。中の生き物は残っている力を振り絞って、もう一度鳴き声をあげたが、声はすぐに小さくなり、うがいをするような音が聞こえたかと思うと静かになってしまった。

イングリッシュ・ブルドッグのボブ

ボブは赤ん坊のブルドッグで、喜びの表現の仕方が独特だった。部屋の奥にあった長方形のケージに私が近づいて行くと、ボブは再び精一杯の声を出し始めた。まるでアニメに出てくる犬のような声だった。ボブの姿はまだ見えないが、何日か前に一度会っているので、見れば彼だとわかる。生後五ヶ月のイングリッシュ・ブルドッグ。最近では最も人気のある犬種だ。だから、同じような犬と毎日のようにすれ違う。道の両側に木が植えられ、正面にブラウンストーンを張った家が立ち並ぶ高級住宅地を歩いていれば、いくらでも見るような犬である。

ボブも、すぐにイングリッシュ・ブルドッグとわかる特徴的な外見をしていた。何世紀にもわたる選抜育種の結果、先祖であるオオカミからは遠くかけ離れた姿になった。大きく腫れぼったい目は、道行く他の犬たちを怯えさせる。皮膚はたるんでおり、そのせいで顔にはいくつものひだができている。耳は垂れている。もし自然のままに進化していれば、そんな耳には決してならなかっただろう。鼻は、まさにペットショップのウィンドウに押しつけた子供の鼻のようにつぶれている。全身が筋肉という印象も受けるこの動物は、しかし、自然界で自力で生きていけそうにはとても見えない。身体は大きく、肩は力士のよう、首はトラック運転手のようだ。飼い主は、人生の大半を近所のジムでのボディビルで過ごしてきたゲイのカップルなのだが、その姿を見ていると、犬は二人の間に生まれた子供のようでもある。洋梨を逆さにしたように、上が大きく、下が小さい形をしている。ボディビルダーの逆三角形の身体に似ているかもしれない。そのウエストは「スズメバチのよう」と言われている。一世紀前のブリーダーにとっても、それは際立った特徴だったようだ。ボブの筋肉も、祖先たちと同じように単純に見た目の魅力だけを追求したものである。何しろ、彼には歩くだけの力すらない。頭蓋骨は身体に比べてはるかに大きい。完全に均整を欠いてしまっている。

異常に大きな頭は、ブルドッグという犬種においては珍重される特徴の一つだ。それだけ極端な身体だと、健康面で様々な問題が出てくるが、それにもかかわらず、頭を大きくすることはずっと奨励されてきた。ボブが生まれるずっと前から、ブルドッグの平均的な頭蓋骨は大きくなりすぎ、母の胎内から出るにはもはや帝王切開しか手段がなくなっていた。またブルドッグは、交尾も自然な方法ではできない。上半身の大きさを目立たせるため、雄も雌も幅が極端に狭い「男らしい」尻にされたことで、交尾がとても困難になってしまったのだ。今では人工授精がごく普通に行われている。一見、ボディビルディングの雑誌にでも出てきそうな立派な身体で、大きく熱気球のように膨らんではいるが、口を開くとその顔には愛嬌があり、怖いという感じはしない。太く短い脚は森林にいるクマを思わせる。しかし、どたばたとした動きは見ていて楽しく、クマとは大きく違う。楽しく、可愛らしいために、実はその犬が動くこと自体に困難を抱えているという事実には目が向きにくい。

愛すべき犬ではある。その飼い主たちも多くは実に良い人たちで、決して悪人ではない。ただ、流行に影響されやすいだけなのだ。皆が良いというものに深い考えなく飛びついてしまいやすい。最新流行のブランドとなっているブリーダーの育てた子犬ならば無条件で賛美し、心からその子犬を愛する。何日か前、私が面接に来た時、飼い主は豪華でお洒落な居間で、私と向かい合って座り、身体の不自由なかわいいボブをしきりに自慢していた。ボブは、二人の「父親」が自分の名前を交互に呼ぶのに合わせて行ったり来たりする。私はその様子を見ながら、皮肉なおかしさを感じていた。子犬が生まれて五ヶ月以上もがんばってようやく、何メートルかの短い距離を歩けるようになったのだ。私たちは三人とも、あの絵本の「ちびっこきかんしゃ」のように子犬が息を弾ませて行き来するのを見て笑い、声援を送った。これほど不自由な身体の犬は本来、存在しないはずだということを私は知っていた。ボブは自然の中であれば、生まれてくるはずのない犬だ。ただ、こうして無理に生まれさせた犬が売られ、長い間、子孫を残し続けてきたのも事実だ。

面接から数日後、再びボブに会った私はまたどうにかして笑おうとした。小さく窮屈なケージから弾丸のように飛び出した彼は、キッチンの床に降りると、よたよた歩き、コンクリートを固めて作ったような大きな頭を苦労して持ち上げて私を見た。驚くほど充血した目だ。ケージの中には、消化しかけの食べ物が三ヶ所に吐かれていた。きっと朝食が消化しきれなかったのだろう。散歩から帰ってきたら、私はこれを綺麗に片づけなくてはいけない。今はともかく定められたスケジュールを守る方が大事だ。散歩の前にはまず水を飲ませるよう言われている。嘔吐で脱水状態になることが多いからだ。ただ、その水さえエレベーターの中で吐くことがあるので、必ずペーパータオルを持ち歩くようにとも言われた。

数え切れないほどの処方薬

ブルドッグが水を飲む時の音は独特で、これに似た音は他にないだろう。ボブが長い時間かけ、自分の名前が書かれた磁器のボウルからすごい音をたてて水を吸引し終えたので、私はしゃがみ込んでハーネスの取りつけにかかった。黒革にたくさんの鋲がついた、いかにも高級なハーネスだ。その後は急いで歩道まで出る。一二階の部屋から遅いエレベーターに乗って地上に出なくてはならない。ボブは、その間じっと待っていることに「だいぶ慣れた」とのことだった。しかし、それでも二三丁目まではいつでも行けるとは限らないという。急がなくてはと思いながら、私はキッチンのカウンターの脇を通り過ぎようとしたが、驚いたのは、置かれた瓶や缶の数である。形も大きさも実に様々だ。細いものもあれば太いものもある。ここがこの家のいわば、エネルギーの源ということなのだろう。プロテイン・パウダーがある。ステロイド剤もあれば、栄養ドリンクもある。ボブの飼い主の筋肉を強めるのに役立つものが数多く並んでいる。他には、私には何なのかわからないものもたくさんあった。また、飼い主用のものとまったく区別なく、ボブに使う薬もある。錠剤もあれば、液状の薬もあり、これも種類が多い。ボブが抱える数え切れないほどの病気への処方薬には、地元の動物病院でもよく見かける茶色のラベルが貼られていた。ひとしきり見て、下世話な好奇心も満足したので、私はボブを廊下へと連れ出すことにした。

突然、発作を起こすことがあると注意されていたので、もちろん気をつけた。食べ物や水をうまく取り入れられないだけでなく、ボブは、一度に数メートルしか歩けなくて、すぐに休憩を入れてやる必要がある、ということもうるさく言われていた。無理させると失神するのも珍しいことではないという。だから、ちょっとしたことでいちいち心配しすぎないように、何かあってもすぐに獣医に連れて行ったりする必要はないとも言われていた。キッチンから出て進路を変える時には、自分のはるか後ろに確かに犬の重みを感じていた。

目まぐるしく変わる流行

ここは「ホモ天国」ともされる区域だ。マンハッタン、チェルシーの数ブロックがそう呼ばれる。書き手自身がゲイでなければ、そこの住人の生活ぶりにここまで興味を持つことはなかっただろう。だが、私には何とも面白くてからかいたくなる。なるほど、こういうものが、こういうことが流行っているのかといちいち感心する。私はここから何ブロックか離れているだけの近所に住んでいるし、性的嗜好も彼らと同じではあるが、生活ぶりはまるで違っている。ここでは何もかもが私にとっては珍しい。ここはゲイの流行を作り出す区域だから、生活の表面的な部分は絶えず変わり続けているのだろう。実際、目眩がするほどの速さで変わっている。立ち並ぶ建物の外観も常に変化し続けていて、とてもついてはいけない。店舗のウィンドウの商品も次々に変わるし、ホテルのフロント・ロビーも短期間で改装される。道行く人たちの服装もすぐに新しいものに変わる。私がもし犬の散歩代行者などしていなければ、この界隈の住民たちの部屋の鍵を大量に持って歩くこともなかっただろう。(1)

犬に関する流行も、チェルシーでは常に移り変わっていく。ボブが最近ここに来たのもそのせいだ。ほんの少し前は、かわいく元気なジャック・ラッセル・テリアが流行だった。テレビドラマ「そりゃないぜ!?　フレイジャー」には、このジャック・ラッセル・テリアが登場するが、劇中では最初から最後まで子犬のようだった。これが多くの視聴者に、永遠に子犬のままでいる犬がいるという甘い誤解を与えた面もある。この誤解は時限爆弾のように遅れて社会に良くない影響を与えることになり、しかも、それはいまだに続いている。いつまでも幼く、おもちゃのようでいられるというのは、ゲイにとっては人気になるポイントではあった。しかし、ピーター・パンのようなペットは短命なことが多い。一時はとてもかわいがられても、すぐに年老いて、くたびれてしまう。その頃には、また新しい犬がやって来るのだ。次は、狐に似た日本の柴犬だった。毛並みが綺麗で品の良い犬だ。だが、柴犬も間もなく、アフリカのバセンジーに取って代わられた。バセンジーは身体の細い中型犬で、運動能力が優れている。アフリカの野生犬に似て、口がくちばしのように尖っている。

　最新流行の犬たちに関しては、よく誕生までの物語が付随しているが、そのほとんどは事実とは違う嘘の物語だ。たいてい、綿密な計画の下、既存の飼い犬の品種どうしをかけ合わせて人間が作り出した。すべてはいわば「雑種」だったものを、最初はゲイの男たちの一部が気に入る。そして、次第に人気が拡大して、ついには全国的に知られるようになる、その繰り返しだ。頑丈で、野性味あるバセンジーという犬を知る人は元々、非常に少なかった。男らしくめったに吠えない寡黙な犬らしく、自己主張をすることもなかったのだ[2]。

　エキゾチックなバセンジーが最先端とされた時代は数年続いたが、その後には、フレンチ・ブルドッグの時代が来て、さらにボブのようなイングリッシュ・ブルドッグへと人気が移った。大陸ヨーロッパのブルドッグは、その名の示すような「雄牛（ブル）らしさ」があまりなく、鈍重な印象はあまりない。より繊細で、洗練されている。まさに過去には多くいた、大陸への「グランド・ツアー」帰りのイギリス良家の子女のようである。彼らは大陸の文化に染まり、言葉遣いも普通のイギリス人とは少し違うのが特徴だった。私がその午後、ボブの住むアパートまでやって来た時は、ちょうど流行がフレンチ・ブルドッグからイングリッシュ・ブルドッグへと移り変わったばかりの頃だった。実は、イングリッシュの方が犬種としてはフレンチよりも先に作られていたのだが、チェルシーでの流行の順序は逆になった。だが、イングリッシュ・ブルドッグの流行もどのくらい続くのか誰にもわからない。ずんぐりむっくりの身体に異様に大きな頭。たるんで、ひだになっている皮膚。その顔は美しいとは言えず、母親（ボブの場合は二人の父親だが）のみが愛することのできるような顔だ。この犬種が、彼らのファッショナブルな生活に盛んに取り入れられるようになったのは、ちょうど、ある本が出版された頃だ。それは、いわゆるコーヒーテーブル・ブック〔大型の豪華本〕で、ボブの飼われている家の居間にもやはり置かれていた。本の中は、スペインの闘牛士（マタドール）の写真で満載だ。股の部分が膨れ上がった闘牛士の写真ばかりを選んで載せた本である。

イギリス人にとって特別な犬

イングリッシュ・ブルドッグは、その姿形も、動きも、すべてが奇妙なので、どうしても見世物のようになりやすい生き物である。イギリスという国にとっては、何世紀もの間、国を代表する犬種ではあるが、生き物としては、あまり普通とは言えない。ただ、大西洋の向こうの国アメリカでは、イギリス崇拝者たちが様々なかたちで好んでブルドッグを象徴として利用してきた。たとえば、イェール大学のフットボール・チームは、一八八〇年代からイングリッシュ・ブルドッグを公式のマスコットにしている。その姿がフットボールの選手に似ているからだ[3]。

ブルドッグは、他に比べるもののない、孤高の存在であり続けている。「超人ハルク」を思わせる強そうな外見は確かに唯一無二だが、ただそれだけではない。元来の用途を示す「ブルドッグ」という犬種名がそのまま残されていることからも、この犬種がいかにイギリス人にとって特別なものなのかがわかる。他の犬種の多くは、羊を集めること、鳥を狩ること、車を引っ張ること、子供を護衛することなど、何か有用な目的があって作られている。だが、ボブの祖先は違う。

ブルドッグは、一六世紀にマスティフとテリア種をかけ合わせて作られたとされる。「強固な意志も持ち、恐れを知らず」とも言われるこの犬種は、一種、病的な想像力の産物だと言える。[4] そもそも異常なのが、この犬を作った目的がエンターテイメントだということである。人を楽しませること、ただそれだけが目的で作られた犬なのだ。鎖でつながれた牛と闘い、見る人を楽しませる犬、それがブルドッグだった。闘いの際、ブルドッグは牛の顔に嚙みつく、できれば鼻先に嚙みつくのが望ましい。顎の力が強いブルドッグに嚙みつかれれば、牛は大きな唸り声をあげる。何時間も嚙み続け、時には牛が自らの流した血で窒息したという伝説もある。

さすがにそれは大げさな話だとは思うが、ブルドッグが雄牛と闘ったのは事実だ。しかも、鎖で拘束されているとはいえ、大きな牛と正面から闘いを挑むよう作られたのだ。[5] このブルドッグに牛を襲わせる「ブルベイティング」という見世物は、何世紀にもわたり禁止されることもなく続けられ、階級を問わずあらゆるイギリス人が夢中で見たという。しかし、驚くべきはそこではない。驚くのは、恐ろしいこの見世物が現在のイギリス社会でさえ、ある程度は受け入れられているという事実である。特に「古き良き時代」を懐かしむ人々には好感を持たれている。明確に理由の説明がなされたことはないが、普段であれば暴力にも、動物虐待にも反対するような人であっても、ブルドッグだけはかわいいと思うことは珍しくない。牛のミルクさえ一切飲まないヴィーガン〔完全菜食主義者〕でも、動物愛護の精神からハッシュパピーなどレザーの靴を絶対に履かないという人でも、なぜかブルベイティングに対しては態度を和らげることがある。[6] この本で詳しく触れることになるが、犬のブリーディングという世界には、普通の人がもはや持たなくなったはずの古い価値観や信条がいまだに生きていることが多いのだ。

ブルベイティングという残虐な娯楽

現在のブルドッグは行儀良く座り、自分が品定めされるに任せることもできる。人の脚に噛みつきたくなる衝動を抑えることもできるようになった。今は何もせず、そこにいるだけでかわいがられ、生きていくことができる。だが、過去にはそうはいかなかった。生きるためには「仕事」をしなくてはならなかった。仕事とはつまり、鼻先や耳に噛みつくなどして牛を攻撃することだった。[7]

現在も闘犬に使われているアメリカン・ピット・ブル・テリアと同様、ブルドッグの闘いに対しても、大金が賭けられていた。大勢の人が、ブルドッグという犬の怪力と、愚かさと紙一重の盲目的な勇気とに賭けていたのだ。ブルドッグは、狂ったように闘う「戦闘機械」となることを期待されていた。攻撃性をどこかで抑制することはなく、敵を倒すまで闘い続けるような機械だ。機械なので思考力は持たないとされた。仕事からすれば、思考力がないことは美徳と言えた。だが、そんな性質を持った犬が果して、どのような犠牲を払ってでも守るべき国民の財産と言えるだろうか。

ブルドッグの熱狂的な愛好家の中には、「ブルドッグにとっては脳の縮小は望ましい変化」と言う人がいる。脳の器である頭蓋骨は異常なほど大きい方が喜ばれるのに、中の脳は小さくなっていくべきというのだ。ブルドッグの知性は、すでに他の犬種に比べ際立って低い。もし、さらに脳が小さくなるようなことがあれば、そのせいで、ますます知性が低下し、それに関連するあらゆる能力が下がることも間違いない。ブルドッグは知性が低いために教育はまずできない。勇敢に闘う以外、他に何をすることもできなかった。[8]いわば人間が作り出した怪物である。ブルドッグを擬人化すると「コックニーのアクセントで話すシルベスター・スタローン」だと言う口の悪い人もいる。向こう見ずな兵士のようなブルドッグが巨大な牛に立ち向かった場合、牛が怒って、熱狂するウェストミンスターの群衆の方に向け、彼らを放り投げてしまうこともあった。いったい何頭のブルドッグが放り投げられ、背骨を折ることになるのかを賭ける人もいた[9]。

動物の扱いが酷かったのは、何もイギリス人だけではない。過去においては、どこの国でもさほど変わらないことをしていた。残酷なスポーツを発明したのがイギリス人というわけでもないし、犬の「品種改良」を最初に始めたのも彼らでもない。ただ、イギリス人がより積極的に品種改良に取り組み、画期的な技術を編み出してきたことも事実だ[10]。イギリス人が動物どうしを闘わせるようになったのは、ローマ人の影響だと思われる。紀元一世紀頃、ローマ人たちは今のイギリスにまでやって来て、その地を我がものとしたからだ。だが、イギリス人はただローマ人の真似をしただけではなかった。彼らは犬の品種を自ら新たに作り出し、その新しい犬種を使って、闘いをより刺激的なものにすることができた。

ブルドッグが現れる以前には、マスティフという犬種が、闘う犬としてよく使われていた[11]。この犬種は、中世になって闘いのために独自に作られたもので、マスティフどうしの場合もあれば、牛やクマを相手にすることもあった。また、王の前でライオンと闘わせたこともある。マスティフを別の動物と闘わせる場合、相手の動物には何らかのハンディを負わせることが多かった。たとえば、目を焼いたり、牛ならば脚を蹄のところで切ってしまう。牛は、その傷ついた脚で立ち、身を守るしかなくなるわけだ。マスティフの不機嫌そうな顔はライオンに似ているとされ、ブルドッグよりもはるか前から国の象徴となっていった。まさに王者と呼ぶにふさわしい大きな犬は非常に珍重されていたが、飼うには大変な費用がかかった。しかも、傷つき、闘いを続行できなくなった時、別の犬に取り替えるのは簡単ではなく、よほど裕福な一部の人たちを除いては、その負担には耐えられなかった。

ところがやがて、そこにブルドッグが現れる。ブルドッグは、マスティフとテリア種との混血だと言われている。マスティフよりは小さいが、同じくらいに勇敢な犬だ。ブルドッグの維持には、マスティフほどの費用はかからなかった。また、リング上で倒れた時、あるいは群衆の方へと放り投げられたあと、別の犬と入れ替えることも容易だった。マスティフをより「民主的」にした犬と言ってもいい。ブルドッグは体高が低いため、怒った牛に近づくことは、気高い祖先たちに比べれば容易である。やはりライオンにどこか似てはいるが、ブルドッグは、マスティフとは違い、貴族的なものとして扱われることはなかった。ブルドッグは民衆のための犬だった。王侯貴族だけが持てるわけではなく、肉屋などの普通の民衆が飼って自慢にできる犬だ。多くの人に飼われることで、それだけ自分の闘う能力を発揮できる機会も増えた。また、そのおかげで闘う能力はさらに高まり、その力だけでブルドッグという犬が生きていける可能性も高まった。

百戦錬磨のブルドッグは、その闘いにより、飼い主に大金をもたらすこともできた。犬はひたすら勝利を目指して闘った。闘わせる飼い主に冷たい目が向けられることはほとんどなかった。犬が強くなるほど催しは面白くなり、大金を賭ける人も増えた。怒った牛に闘いを挑むのは容易なことではない。一九世紀のはじめ頃には、この闘い方で犬の義務への献身ぶりがわかるとされた。必死に闘う犬は目的に対して一途だとして称賛されたのだ。大きな闘いの際には、飼い主が自分の犬から一頭を選び、その脚を一本切り落とすということも行われた。自分の犬がどれほど強靭かを示すためだ。闘いが進む中で、残り三本の脚も一定の間隔をあけて順に切り取られていった。何があろうとまったく逃げずに変わらず闘いを続ける姿を見せるためだ。ブルドッグは生まれながらの殺し屋だった。[12]「この品種の犬たちは、人間の注意深い選別によって作られた」と、あるブルドッグの歴史家は書いている。「美しいこと、均整が取れていること、などはこの際、まったく望まれていない。犬の外見には何の価値もないのだ。重要なのは、勇気と力があり、獰猛であること[13]」

ブルドッグのような特異な犬が、なぜ、他のすべての犬種を差し置いて、イギリスという国の象徴となったのか。またこれほど恐ろしい生き物を作り出した「フランケンシュタイン博士」とはいったい、いかなる人間なのか。一つ言えるのは、かつては国のあらゆる階層の人間が、ブルベイティングという野蛮で残酷な見世物を何度も目にしていたということだ。その体験は国民の精神に強い影響を与えただろう。疑問を抱くことなく、闘いのために我が身を犠牲にすることを美徳とする考えが早くから植えつけられたのではないか。それは、戦争をしたい為政者にとっては都合の良いことだっただろう。どれほど愚かで残酷な虐殺ショーでも、日頃から見慣れていれば、特に何でもなくなる。それを見慣れた目には、焼き討ち、強姦、略奪なども特別に酷いこととは感じられなくなるかもしれない。ただ何も考えず相手を殺すまで闘うブルドッグのような犬種が作られたことを、このように国家の目的と結びつけて考えることもできる[14]。

変わりゆくブルドッグ像

そして今、過去には苛酷な闘いを繰り返していた犬を「かわいい」という人が多くなった。なぜ、そうなったのか。まず確かなのは、ブルドッグがドッグショーに当然のように登場するようになった一九世紀、この犬はもはや恐ろしい存在ではなくなっていたということだ。中国のパグとの交配により、今のブルドッグは以前とはまったく変わってしまっている。もはや牛をはじめ、どの動物とも闘う機会はなくなった。現代のブルドッグはヴィクトリア朝的な繊細さと、ゴシック的な恐ろしさの入り混じった奇妙な犬となっている。獣医の世話になることも多く、飼うには費用がかかる。[15] だが、それでも人気は高い。[16]

確かに一世紀近くの間は、小間物屋で忘れられ、埃をかぶった古い陶器の像のようになっていたのだが、ブルドッグはその後、磨き上げられ、かつての栄光を取り戻すにいたった。二〇〇七年には、一九三〇年代以来、久しぶりにAKCのトップ一〇リストにも載った。つまり、小さなボブのような犬が引く手あまたになったということだ。人気があるので、大量生産のソーセージのように次々に作られている（すでに書いたとおり、すべてのブルドッグが帝王切開で生まれるので、どの犬も必ず医師のメスの力を借りている）。飼い主は皆、犬を連れて誇らしげにマンハッタンの街を歩き、レトロでお洒落なブルドッグを自慢する声があちこちから聞こえてくる。好奇心旺盛な人々に最新のニュースを知らせて回った、在りし日の「触れ役」と同じように、自分の犬の素晴らしさを大きな声で広めているのである。「そうなんだ。昔は、こんな大きな牛に襲いかかって倒していた犬なんだよ」。私は何度もそういう話を聞かされた。「牛の鼻先に噛みついてね、それで息の根を止めるんだ」。血塗られた過去はブルドッグにとっては栄光の歴史であり、その輝きはまだ失われていないようだ。

良かれ悪しかれ、アメリカ人にはまだ、イギリス人の真似をしたがるという癖が変わらずにある。犬の愛好家として有名だったジェームズ・ワトソンは、こんな発言をしている。「ブルドッグが好きな人たちは、しがみついたら離さないという、その犬がかつて持っていた力に惹かれているのだろう。その傾向は本国のイギリスよりもアメリカで強いと思う。アメリカの熱烈なブルドッグ愛好家たちには、頑丈そうな角張った顎を持った人、強い意志を持った人が多い。また外見に気を使っている人も多いようだ[17]」。ニューヨーク市で、屠殺場でのブルベイティングが禁止されたのは一八六七年になってからだ。イギリスでは、すでにその何十年も前から公式には「良くない」とされていたにもかかわらずである。アメリカでは、家畜の周囲に犬を放しておくと肉が柔らかくなると広く信じられていた。

ブルベイティングが大西洋の両側で法律的には禁止されてからも、犬だけはその象徴として維持したいと願う人が大勢いた。元々が野蛮で凶暴だった犬を生き残らせるには、時代に合わせて文明化しなくてはならず、一九世紀の後半には、それが多くの愛好家たちにとっての生涯の目標になった。文明化とはすなわち、マスコット化である。マスコットになってしまえば、昔と変わることなくイギリス的なものを崇拝する世界中の人々がそばに置いておくことができる。最初の目的が失われてしまっても、ペットになれば、ブルドッグは長く生き残れると考えられた。ブルベイティングは人道的な理由からイギリスでは二〇〇〇年近くも前に禁止され、国民的な英雄だったブルドッグはその時から闘いの舞台を失った。それだけのために作られたのに、唯一の仕事である闘いができなくなった。剥製がクリスタル・パレスに展示されることはあっても、実用的な意味は何もなくなってしまったのだ。それは、元来は家畜として飼われていて、後に愛玩用になったすべての動物に言えることだろう。必ず一度は「用なし」になる。しかし、愛好家たちには、英雄であるブルドッグのいない世界など考えられない。二〇世紀の初頭、あるブルドッグのブリーダーはこんな発言をしている。「攻撃する以外に何も能がないような獰猛な獣はもはや求めてはいなかった。しかし、獰猛さ、攻撃性以外の際立った特徴はすべて残したいと愛好家たちは望んだ[18]」

戯画化された犬

変化は突然には起きないので、ブルドッグが現在のような犬に変わるまでの間には過渡期の犬がいたわけだが、そうした犬も、人々に一定の関心を持たれなければ存在することは難しかった。[19] それでも、過去に比べて「潔癖」になった人々に合わせて犬種を作り変えることは、最初に予想されたほど難しくはなかったようだ。生まれながらの殺し屋で、扱いの難しい獰猛な獣をいったいどうすればおとなしくさせられるのか。そのための方法として最も簡単だったのは、生きているだけでほとんど何もできないような不具にしてしまうことだった。他にどんな方法があったのだろうか。ただ、性質を変えてブルドッグという犬種を後世に残す作業は、長い時間をかけてゆっくり慎重に行われた。実際にはもう失われてしまっていても、見た目には失われたはずの強さ、活力が感じられなければならない。そのため新しいブルドッグは、いわば過去のブルドッグを戯画化したような犬になった。

「これは、ロワー・ブロードウェイを一度も見たことのない人に、そこがどういうところかを伝えるのにも似ている」ワトソンはそう書いている。「そこにいかに素晴らしい建物が立ち並んでいるのかを、写真を使わずに文章だけで伝えるようなものだろう」[20]。ブルドッグは、外見だけを残して中身は何にもなくなってしまった。現実の動物というよりは、アニメーションのような存在になった。大した動きはしないが、見るだけならとても印象に残る。顔つきだけは、一九世紀まで続いた闘いの舞台と同様、人目を惹くようなものでなければならなかった。闘いの場では強さが大事だったが、ドッグショーという場所では、その表情がとても大事だった。

平凡な顔をした犬は評価が低く、ショーにはなかなか出られなかったという。重要な特徴として特に選び出されたのは、額の「ひだ」である。そのひだが、過去の栄光を象徴する特徴とされたわけだ。過去においても、ひだに何か有用な役割があったかと言えば、それは疑わしい。噛みついた牛が噴き出した血がかかっても、そのひだを通って流れ、目の周りにたまるのを防いでいたと主張する人もいるが、怪しい説だと言うしかない。しかし、往時を偲ぶために、そのひだが強調されるようになった。ドッグショーの審査員たちは、「素晴らしいひだ」、「立派なひだ」といった言葉を使って褒め称え始めた。[21]ひだの深さが、チャンピオンを決める重要な条件になったのである。

ブルドッグについては、「下顎がなければ、正常な見かけとは言えない。ひいては、良い印象を与えるはずの他の部位、たとえば目や耳や頭の形も目立たなくなってしまう[22]」とも言われた（下顎がなければ異様に見えるのはどの種でも同じだろうが）。そして、下顎はどんどん誇張され、頭蓋骨も大きくなっていった。その方が迫力が出るというのである。ワトソンはこう書いている。「頭蓋骨は大きければ大きいほど良い。（耳の前側で測った時の）顔の一周の長さが、少なくとも肩までの高さと同じくらいなければならない。だが、他よりはるかに目立ってしまう部位があってはいけない。全体の均整が崩れ、異様な姿になってしまうだけでなく、力強い動きができなくなるからだ[23]」

ただ、姿が異様かどうかは見る者次第である。それに、下顎を大きく見せれば、頭の他の部位への注意をそらすことにもなる。エドワード・アッシュはこう言っている。「顔の下側を上側よりもできる限り大きくしようとブリーダーは努力した。上顎を下顎に比べて相対的に小さくするため、特別な器具も使われた。ブリーダーたちはまず、犬がごく幼く、筋肉や骨がまだ柔らかいうちに、顔の中央部分や、唇の両側の腱を切断した。そして、中をちょうど犬の顔に合うようくり抜いた木製のブロックを取りつけた上で、木槌で強く叩く。そうすることで、顔の骨、軟骨の位置を変える。顔にはさらに万力を取りつけ、その変形した状態が保たれるようにする。そのまま骨や筋肉が固まるのを待つのである[24]」

こうして顎の位置が定まり、顔が十分に平たくなったブルドッグが登場すると、一八五〇年代には、毛の長いタイプのブルドッグは急速に排除されるようになった。またそれと同時に、愛好家たちの間では、ブルドッグの外見はどうあるべきか、品評会での評価基準をどうするべきか、ということについて激しい論争が起きた。飼い主が賞をめぐって争うためには、評価基準、得点制度を明確に定める必要があったのである。一八七五年頃には、ブルドッグという犬種は完成にほぼ近づいていた。なお、この年には、イギリスでブルドッグ・クラブが設立されている。特定の犬の品種に関連した専門団体としては最古のものだ。ブルドッグ愛好家たちの目的は、イギリスのザ・ケネルクラブにもAKCにも認識されるようになった[25]。

新たなブルドッグのあり方に、すべての人が賛同していたわけではない。「下の歯がはみ出して上の歯よりも前に出ている、神の創った動物の中に、いまだかつてそんな者が果たしていたのか。私は、皆にそう問いかけてみるべきだとある人から言われた」犬の歴史を研究していたフリーマン・ロイドはそう記している[26]。時代とともに常識は変わり、許容される残酷さの程度も変化した。歪な外見の犬を作ることも、現代の目から見れば異常と言わざるを得ないが、それ以前の苛酷な闘いのことを考えれば、少し人道的な方向へと進んだと捉えることもできる。ブルドッグはもはや、群衆の一時の楽しみのために命を危険にさらさなくてよくなったのだ。

曲げられた自然

しかしながら、ブルドッグを新しく生まれ変わらせようという試みも、残念なことに罪のないものとは言えなかった。その試みが、ブルドッグという犬に長期的な悪影響を及ぼすことになったからだ。ブルドッグは、長い歴史の中で、闘いに勝つために様々な工夫を重ねて作り上げられてきた犬である。しかし、その工夫の価値は下がってしまった。それで、今度は外見だけを戦闘的に見せる工夫がなされるようになった。だが、不自然な方法で顔を変形させたがために、まず呼吸に問題が生じた。また、皮膚のひだは、感染症の原因となった。ひだはブルドッグが生きる上で必要なものでないのだということを、嫌でも考えざるを得なくなった。目が異常に大きくなったことも、数々の病気につながった。できるだけ強そうに見せるために、胸の幅が無理に広げられたことも害となる。ボブも、二人の飼い主と同じような大きく膨らんだ「ハト胸」の持ち主だが、それにより、前脚の間隔が広くなりすぎ、安定して立つことが難しくなってしまう。脚のつき方の問題は、すでに一世紀前から指摘されていて[27]、実際、ボブもよたよたとしか歩くことができない。かわいいと言えばかわいいが、生き物としてはやはり問題である。

犬の胸の幅を広げるため、過去には様々な道具、犬にとっては酷な道具が使われてきた。左右の前脚の間には、子犬のうちにパッドが取りつけられた。大きな詰め物がされたパッドなので、前脚は大きく開いたままになる。かわいそうな子犬は、他の子犬のようにケネルの庭を楽しそうに駆け回ることもできず、ただよたよたとぎごちなく歩くだけになる。成長期の若いブルドッグの肩にかなり重量のあるおもりを載せて固定するということも行われた。最も残酷と思われるのは、成長期の子犬を狭い小屋に閉じ込めるという方法である。天井が非常に低いため、中の子犬は真っ直ぐに立つことができない[28]。

後の時代には、交配の技術が進歩したことで、この種の残酷な道具は廃れていった。犬の改造は、拷問具のような道具の力を借りることなく、より「自然」なかたちで行われるようになったわけだ。しかし、品種「改良」とは、あくまで、犬を見る側の人間にとっての改良であって、犬自身にとっての改良ではなかった。

AKCのスタッドブック〔血統台帳〕委員会の委員だったジェームズ・ワトソンは、すでに一九〇四年に、雌のブルドッグが交尾をしたがらない問題が生じていることを指摘していた。ブルドッグに対する需要の高まりに応えるには、雌のブルドッグの身体の自由を奪って無理に交尾をさせなくてはならなかった。そのために、「レイプ・ラック」と呼ばれる酷い道具が使われることもあった。さらに、子犬が生まれても世話をしようとしない母犬が増えたという記録もある。おそらくそれは事実だろう。せっかく無事に子犬が生まれ、母犬も無事だという奇跡的な出来事（すでに触れたとおり、現代の技術による外科手術ができなければ、母犬の臀部の小ささ、子犬の頭蓋骨の大きさから言って、それは奇跡としか言えない出来事だろう）が起きても、母犬が子犬に無関心だというのである。[29] 母犬は、その子犬がこの世界での生存に適していないと知っているのかもしれない。あるいは、*SOS Dog*［『SOSドッグ』］という本にも書かれたとおり、ブリーディング技術の「進歩」につれ、犬が個々に他から隔離されて育てられるケースが増えたことも影響している可能性がある。[30] 孤立して育った純血種の犬たちは、他の犬たちと触れ合う機会を奪われてしまう。他の犬と触れ合う体験は、子供を世話することや、（レイプ・ラックなどなしに）自然なかたちで交尾をすることにも必要なのだろう。

極端な攻撃性——犬になる機会を持てなかったオオカミたちを絶滅へと追いやった気性——を持つブルドッグが作られるまでの間には、何世代にもわたって選択が行われてきた。その後、ブルドッグはさらなる選択によって攻撃性を取り除かれ、異様な姿形の犬へと変貌したが、その過程で、犬として「普通の行動」を取る能力は失われてしまった。交尾をする、子を育てる、他の犬と交流するといったことができなくなったのだ。似たような兆候は、ブルドッグの近い親戚であるブル・テリアにも見られる。ブル・テリアの場合は、子犬の時に兄弟姉妹たちとボール遊びすると、必ずといっていいほどお互いを攻撃し始めてしまうので、絶対に人間の監視が必要になる。また、子を生んだ雌犬には、乳を飲む子犬たちを噛み殺さないよう、口輪をはめなくてはならない。そんな怪物のような生き物ができたのは、人間の介入のせいなのだ[31]。

良い血統に生まれたからといって……

私がその日、散歩に連れ出すことになったボブは、一九七〇年代から作られ始めた「リメイクのリメイク」のブルドッグではなく、一八九〇年代に作られた「戯画化ブルドッグ」の方だ[32]。ボブをエレベーターで地上へと降ろし、街へ連れ出すことは、それだけで一大事業だった。飼い主の二人から前もって言われていたとおり、ボブはエレベーターの中で水を吐いた。ロビーに降り立つと、私たちは、磨き上げられた大理石の床の上をできる限り速く移動した。だが、途中で急につないでいたリードの引きが強くなった。見ると、ボブはすでに食べたばかりの朝食のほとんどを失っていた。まだ昼食の準備も始めていない。私はこの後、あらかじめなされた指示に従って昼食の準備をしなくてはならないのだ。ドアマンはこれまでの経験から、対処の仕方を知っていた。「モップもバケツもいつもそばにあるから大丈夫」と言ってくれた。ドアマンの顔には笑みが浮かんでいた。彼も、この悲喜劇的な小さな生き物に心惹かれ始めているようだった。ボブの日々の試練を目撃する人は誰もがそうなる。彼はドアを開け、ボブがすぐに歩道へと出られるようにしてくれた。

「よーし良い子だ！」私は、ボブが歩道の端でうずくまって小便したのを見ながら言った。小便は小さな川となって排水路へと流れていった。ボブはよたよたと何メートルか歩き、また少し嘔吐し、鼻を鳴らしながら私を見上げた。すでに完全に息が切れている。小さなメディシンボールのような犬が、顔中の穴という穴から水分を出していたけれど、それを見ても心配しすぎないよう私は自分に言い聞かせていた。再び歩き出そうとしたが、ボブはその前に咳をした。なかなか動かない。歩こうとしても、よろめき、ふらついてしまう。今にも失神しそうに見える。外へ出てわずか数分であったが、もう家に帰る時なのだろう。私はボブを腕に抱えて建物まで連れて帰ることにしたが、下手をすると呼吸困難にさせてしまうので、容易なことではなかった。胸を圧迫しないよう、私の腕を彼の変形した四本の脚の周りに固定する必要があった。私は低い唸り声とともにボブを持ち上げ、ビルの入り口を走り過ぎた。ドアは、我々の帰りを待ち構えていたドアマンの手で開けられていた。

「まるでぜんまい仕掛けのおもちゃですよ」ドアマンはボブの頭を軽く叩きながら言った。「いつか彼が、他の犬と同じように本当の散歩ができるくらい強いなれることを祈りましょう」

祈りながら、私は部屋の鍵を回した。ボブは私に、今すぐ自分を部屋に戻して、手近に目についたおもちゃを渡すよう要求していた。そういう信号を私に送っていたのだ。飼い主は「三〇分間の散歩」という約束で私に料金を支払っていた。だから、彼にはまだ少し時間が残されていたことになる。私はまずケージの中を掃除して、ボブの餌と薬を補充した。それから、ラグに座って、ボブの一番のお気に入りのおもちゃで共に遊んだ。お気に入りのおもちゃは古い靴下だ。すでに散々噛んでぼろぼろにしてしまっている。その靴下で綱引きをすると、ボブは楽しそうにうなる。その時はしばらく苦しみを忘れれるようだ。とはいえ、その後の昼食はやはり、ほとんど吐き出してしまったのだが。もっと時間を取ってボブと遊んでいたいところだったが、同じアパート内に暗い部屋の中で散歩の順番を待っているブルドッグがあと一〇頭ほどもいた。

時間が来たので立ち去ろうとすると、ボブは鼻を鳴らしながら従順にもキッチンまで私のあとをついてきた。その後は、特に騒ぐこともなく、よたよたと歩いてケージまで戻って行った。自分でもなぜなのかよくわからないが、私は犬にいつも話しかけてしまう。おそらく、話しかけることで、立ち去る時の罪の意識が少し軽くなるのだろう。私はボブにこう言った。「心配するな、俺は明日も同じ時間に来るよ。パパたちも、もうしばらくすれば帰ってくるさ」。ボブは淡い青の毛布に横たわっていたが、きっと私の言ったことがわかったのだと思う。その態度には、もっと成長した犬のような落ち着きがあったからだ。ボブは私を見上げたが、彼の充血した目は、彼自身のまったく知らないブルドッグの過去を語っていた。

まるで王宮のように豪華な装飾を施された部屋を私は出て行きかけた。そして電灯のスイッチをオフにしようとした時、廊下へと続く玄関の両脇に淡緑色の大きな彫像が二体あるのが目に入った。動物の彫像で、作りかけのボブの彫像にも見える。台の上に鎮座しているのは、緑がかかった半透明の犬のようでもあり、ライオンのようでもある。突き出された長い舌は蛇かあるいは竜か。目からは怒りを感じる。猫のような歯と鳥のような鉤爪を持っていて、凶暴な魔物のようでもある。きっと神話上の生き物なのだろう。そうであって欲しいと思った。私は灯りを消して外に出て、ドアを閉めようとしたが、その時に例のコーヒーテーブル・ブックがまた目に入った。スペインの闘牛士の写真が数多く載ったその本の隣には、もう一冊、光沢のある表紙の本が置かれているのが、ドアから漏れる光で見えた。その本のタイトルは『ケネディ・スタイル』だった。ケネディ家は名門には違いないのだろうが、その一家に強く惹かれる気持ちは私にはよくわからない。良い血統に生まれたからといって、人はその血筋にどう向き合えばいいのかわからないのではないだろうか。私の疑問に対する答えはどこかにあるのかもしれないが、今のところ見つからない[33]。

第2章　純血種への行き過ぎた信仰

私はマンハッタン西一二丁目に建つ古く大きな家へと入った。散歩代行の顧客になりそうな人との面接のためだ。家に入った私を、当の犬が一切、迷うことなく先導してくれる。その両側には、まるで装飾品のような猫が一匹ずついる。猫たちは慎重に歩を進め、時折は立ち止まるのだが、その友達である愉快なフレンチ・ブルドッグはそうではなかった。身体は小さいが彼女はとても強気だった。鼻を鳴らし、しわがれた声で吠えながら、一目散に突進して行く。

飼い主からは「ウィニーです」と紹介された。私は、ウィニーの耳の後ろをひと掻きするだけですぐに仲良くなった。そのパラボラアンテナのような耳は、頭に比べて不釣り合いに大きいものだったが、頭自体もまた、小さな身体に比べれば過剰に大きく見えた。「七歳です。猫が大好きなんですよ」ウィニーの飼い主の女性はそう言った。狭い玄関ホールで思いがけず犬と猫が仲良く暮らす平和な王国を目にして喜んでいた私の気持ちを察したらしい。犬自身が受け入れてくれたので、飼い主はすぐに私を雇うことに前向きになった。あとは形式的な手続きをするだけだ。

フレンチ・ブルドッグのウィニー

新しい雇い主は身振りで私を廊下の先へと迎え入れる。私の新しい親友はあとをついてくる。何も言われなくても本能でわかるのだろうか。犬の位置は絶妙だった。私のかかとのすぐ脇だ。さらにその周りには猫がいる。やがて猫たちは左右に分かれ、それぞれに別の部屋へと消えていった。「この子はどっちの猫も好きなんですよ。私は三匹を三銃士なんて呼んだりもしています。でも、外を散歩させる時は気をつけてくださいね。他の猫に会わせないように。この子が好きなのはあの二匹だけですから」。話は応接間の前に来るまで続いた。

応接間で私はソファに座り、ウィニーの不自然な作りの身体を撫でていた。その姿は犬よりもむしろ猫に近い。ウィニーの小さい身体に、ドーム形のライオンのような頭がついている。顔は誰かに殴られたような顔、ペルシャ猫にも少し似た顔だ。あの「長靴をはいた猫」を思わせる耳は、いつも何かに用心しているようにピンと立っている。背中は、脅えた子猫のごとく丸まっている。ライオンのような大きな目、ボタンみたいに平らな鼻。まん丸の頭にはチェシャ猫のような笑い顔が刻み込まれ、ハロウィンのカボチャにも似ている――チェシャ猫との違いといえば、長い尻尾がないことだった。ウィニーの尻尾は切り株のように短い(1)。

「テレビは一日中つけたままにしています。この子はアニマルプラネットが好きなので」飼い主はそう私に言った。突拍子もないことを言っているようにも聞こえる。犬ではなく、まるで人間について話しているようだ。おかしいとは思ったが、彼女の言ったことは嘘ではなかった。ウィニーは、大きく真っ平らな画面に次々に映し出されるトラやシマウマ、キリンたちにすっかり魅了されていた。「この子はリードでつないで歩く時はとてもおとなしくていい子なんです。でも、散歩の時は、ピザのかけらとか、鶏の手羽肉が落ちていないか、よく注意していてください。見つけるとこの子は猛スピードで走って行きますから」

この話を聞いて、私はやっぱり犬は犬なんだな、何も悪いことはないぞと思った。ただそのあと、何か目に見えないものが部屋の中に入って来たように、会話の方向が急に変わった。飼い主と私は、コーヒーテーブルをはさんで向かい合い、ウィニーに対して何をして、何をすべきでないのかを話し合っていた。ところが、自分でも抑えきれない何かの力に導かれるように、飼い主は誰にも求められていない打ち明け話を始めた。「ブリーダーは、この子は決して良質の犬ではないと私たちに言いました」彼女は、目の前にいる、ひたすらに可愛らしく、無垢な生き物に対して謝っているような態度を見せながら、そう話す。「この子の耳はたるみすぎているというんです」

誤った慈悲心

私にとっては何度も聞いたような話だった。どのような血統であろうと、またその犬が個体としてどれだけ優れていようと、必ずどこかに欠点はあるのだという。フレンチ・ブルドッグの場合は、耳が真っ直ぐに立たないことがよくある。ビーグルは鼻、口の部分が長すぎることが多い。バセンジーは、尻尾がどちらか一方に少し傾いているのが特徴だが、その角度が良くないものがいる。コッカー・スパニエルは、目の周りの縁取りがアーモンドのような形になっているのが普通だが、はっきりとしたアーモンド形になっていないものもいる。

品評会で何と言われようとペットを愛することはできる。しかし一方で、飼い主たちが、ペットを細かく調べ上げ、評価を下す他者の存在をどこかに常に感じているのも確かである。おかげで、ただ犬が好きなだけの素人の愛好家が、玄人の存在を知ることになる。特別の教育を受け、鼻孔の間の距離を適切に保つことだけに、尻尾のカールを美しく保つことだけに全生涯を捧げているような業界のプロフェッショナルの存在が、嫌でも目に入ってしまうのだ。犬の姿形を評価する際のルールはあまりに細かく複雑で、厳格である。もはや一般人の常識を超えている。外の世界の人間にはまったくわけがわからず、先史時代の秘密の呪文や、難解な幾何学の公式などとほとんど変わらない。

たとえばダックスフントだ。ダックスフントの身体は頭部、胴体、脚の三つに分けることができるが、それぞれの長さがちょうど三分の一ずつになっているのが理想とされる。そうでなければ品評会で賞を取ることは望めないし、その子孫にも高い値はつかない。飼い主の名誉も傷つくことになる。ボルゾイという犬種の場合は、高さと長さがまったく同じなのが理想とされている——つまり正方形をなすような犬がいいということだ(2)。評価者たちは均整に固執し、細かい数字を追求しており、それがもはや狂気とも言える水準にまで達している。ウェルシュ・コーギー・ペンブロークが高く評価され、ケネルクラブ入会にふさわしいとされるには、次の条件を満たす必要がある。まず、「後頭部から鼻口部(マズル)の端までが、その鼻口部の端から鼻の先端までよりも長く」、「頭部の長さを五分割した時、目より前の部分が五分の三を占めている」こと(3)。鼻の先端から、目を通って両耳の先端を結ぶラインが「ほぼ正三角形を描く」こと(4)。品評会のプロの審査員も、一般の飼い主たちも、こうした厳格な基準に完全に従うのだが、この基準は実は極めて恣意的なものであり、短い期間で驚くほど変わってしまう。

毛色も犬が人々に評価される上では重要な基準であり、厳しく管理されてきた。今ではすっかり忘れられているが、一九世紀には、まだ新しい犬種だったラブラドール・レトリーバーの子供が黄色い毛をしていたら、即座に殺すということも行われていた。真っ黒であればいいが、そうでなく、部分的に少し黒くなっているのは望ましくないとされた。気まぐれな基準だ。リチャード・ウォルターズは著書 *The Labrador Retriever*〔『ラブラドール・レトリーバー』〕の中でこんなふうに書いている。「その時代、黄色い犬に何が起きたのかについては記録がまったくない。マームズベリーのビックルーケネルの在庫記録には、黒い犬についての記述しか見当たらない。考えられるのは、望ましくない色の子犬が届いた時には、すべて即座に処分していたということだろう[5]」

現在でも、ウェストミンスターやクラフツのドッグショーなどでは、完璧主義者の審査員たちが非常に高い要求をする。完全な黄色、チョコレート色、あるいは真っ黒の犬なら良いが、鼻口部や胸にほんの少しでも色の違う毛が混じっていると、それだけで評価は下げられてしまう。ＡＫＣの基準はやや寛大とはいえ、それでも「胸にわずかに白い部分があるのは許容範囲だが、決して望ましいとは言えない[6]」とされている。

毛色だけではなく、毛色と目の色との組み合わせについても、細かく評価される。ＡＫＣの犬種標準〔スタンダード〕では、「黒と黄色のラブラドールの目は茶色、チョコレート色のラブラドールの目は茶色かハシバミ色であるべき」とされる。また、「黒あるいは黄色の目はきつい印象を与え、望ましくない。小さな目、左右に寄った目、丸く突き出した目は、ラブラドールらしくない」ともある。目の縁の色についても基準があり、「黒と黄色のラブラドールは黒い縁、チョコレート色のラブラドールは茶色の縁である。目の縁が色落ちしていると失格」となっている。

他にもある。たとえば、黒や黄色のラブラドールの鼻の色は黒、チョコレート色のラブラドールであれば茶色でなくてはならない。最近人気の黄色いラブラドール（イエローラブ）には、鼻がピンクのものがよくいるが、それは「受け入れられない」とされている[7]。毛色と同じく皮膚に関しても、細かく評価基準が設けられている。特に、皮膚が普通の犬より「多い」犬種に関してはそうだ。例をあげれば、イングリッシュ・ブルドッグやボルドー・マスティフがチャンピオンになるためには、顔の皮膚のひだが全体に均等に配置されていなくてはならない。ローデシアン・リッジバックという犬種は、背中に独自のマークがあるのが特徴で、このマークがないと価値を認められない。二〇〇八年にBBCの取材に応じたブリーダーは、マークなしで生まれた子犬はかわいそうなので（誤った慈悲心だろう）殺すと明かしている(8)。

フレンチ・ブルドッグとパリの貴婦人

あまりにも細かい評価基準は、無関係の人間には恣意的で、非現実に見えるかもしれない。しかし、この基準はあくまでも私たちと同じ人間が定めたものである。ウィニーをはじめとするフレンチ・ブルドッグは、まるで漫画から抜け出たような外見をしているが、偶然にそうなったわけではない。AKCが基準を定めるよりはるかに前から、先人たちは、自分たちの頭にある完璧な理想の犬に少しでも近づけようと、長い間にわたって闘い、努力をしてきたのだ。たとえば、一九世紀末の専門家たちは、そもそもフレンチ・ブルドッグという犬種が非常に少ない中、尻尾は真っ直ぐが良いかカールしているのが良いかで激論を闘わせた。フレンチ・ブルドッグは、イングリッシュ・ブルドッグに次ぐ地位を二つの犬種と争った。ミニチュア・ブルドッグとトイ・ブルドッグである。この三種は外見が非常によく似ていた。ただ、世界的に人気の犬種となれるのは三種のうち一種だけと見られた。どの種も女性に好かれ、それぞれの愛好者の間で長年にわたる「キャットファイト」が続いたが、結局、勝ち残ったのはフレンチ・ブルドッグだった(9)。

だが、勝利には代償が伴った。勝者は決まったが闘いは続いたからだ。今度はフレンチ・ブルドッグの中でどれが最高かを争うことになった。そして、品評会での評価基準をめぐる闘いが起きた。理想のフレンチ・ブルドッグとは果たしてどのようなブルドッグなのか、それを判断する基準をどうするかで、品評会のスポンサーが揉めた。フレンチ・ブルドッグは確かに愛好者は多かったものの、それがどういう犬なのか、細かい点まで明確に決まっていたわけではなかったのだ。どういう基準を満たした犬にトロフィーやロゼット〔バラ飾り〕を授けるのか、誰にもわからない。ニューヨーク・タイムズ紙がフレンチ・ブルドッグの品評会について記事を書こうにも、何をどう書いていいかもわからないという状況だった。フレンチ・ブルドッグという血統自体、不安定なもので、愛好家たち自身が、まだ確固たる血統になり得ておらず、新しく生まれてくる個体の均一性も保たれていないと認めていた。

良いフレンチ・ブルドッグの基準を満たしていないウィニーの耳は愛嬌があるが、フレンチブルドッグ・クラブ・オブ・アメリカを設立した女性たち、愛好家の中でもエリートと言える女性たちにとって、それはとても笑い事などではなかった。このクラブは一八九七年に設立され、純血種の中では歴史の浅い部類に入るフレンチ・ブルドッグに特化した団体の中でもおそらく最古のものと思われる。フレンチ・ブルドッグをめぐる状況はそれ以降、短い間に大きく変化することになる。

ブルドッグはそもそもイギリスで生まれた犬だが、本国では、身体が小さくなることは許容されていた。小さいからといって特に悪いこととはみなされなかったのである。あるイギリスの織物職人がフランスのノルマンディー地方へと渡った際、この小さくなったイングリッシュ・ブルドッグを持ち込んだことが、フレンチ・ブルドッグの起源とされている。[10] 小型化したブルドッグは、フランスで地元の犬と交配することでさらに小さくなった。フランスでもブルドッグは人気となり、多く飼われたが、生まれた土地から隔離されたことで、独自の進化を遂げていった。ただ、しばらくの間、交配は特に管理されておらず、血統が正確に記録されることもなかったようだ。

ところが、パリのある貴婦人のお気に入りになってから状況が変わる。その貴婦人はブルドッグを一種のアクセサリーのように扱った。そして都市のエリート層の間で、彼女と同様にブルドッグを愛玩することが流行したのである。フランスに渡った当初、ブルドッグの飼い主は多くが労働者で、富裕層向けの衣服を作っている人たちだった。彼らは犬を社交に使うわけではなく、着ている服に犬を合わせるという発想もなかった。いわゆるブリーディングは行われていなかったといっていい。フランスでは、大都市のケネルクラブが、どのような姿形であれば優れたブルドッグと言えるか、という基準を明確にしたわけではなかった。フランスに渡って日の浅い頃のブルドッグはあくまで「友達」として飼われていて、品評会に出す目的ではなかったのである。自由に他の様々な犬種と制限なく交配もさせていた。純血種こそ至上と考える愛好家にとっては、想像するだけで恐ろしい状況だったと言えるだろう[11]。

耳の形をめぐる争い

フレンチ・ブルドッグの耳の形がどこから来たものなのかはわかっていない。その家系図には欠落部分があるため、このように由来のわからない特徴がいくつかあるのだ。この耳の問題は、フレンチ・ブルドッグ愛好家のコミュニティに長年続く対立をもたらした。ごく些細な違いが大きな亀裂を生じさせ、悪感情をかき立てることになったのである。

フレンチ・ブルドッグが社交界で人気となり、この犬のおおまかな特徴が知られるようになった時には、二種類の耳が混在していたが、両者の区別は明確になっていなかった。一つは、途中で折れていて、完全にぴんと立ってはいない、薔薇の花のような形状の耳だ。これはまさにウィニーの耳で、古き良きイギリスの誇り高き先祖から受け継いだものである。ところが、フランスに来て交配を繰り返すうちに変異が起きた。ぴんと立った耳を持つ、先祖とは明らかに違ったフレンチ・ブルドッグが現れたのだ。そして、これが問題の元になった。

新時代の象徴のようなアメリカの摩天楼を思わせる先の尖った形状は尊大な印象を与える。わざわざ時間と手間をかけてフレンチ・ブルドッグの公式の犬種標準を定めようとする人は誰もいなかったため、そのコウモリのような耳は、一部の人にとっては明らかな欠点となり、また別の人たちには称賛の的になった。ヨーロッパ人たちは総じて、成り上がりのアメリカに対して良い感情を持っていなかった。そのせいなのか、イギリスとフランスの専門家たちはどちらも、薔薇の花のような折れ耳の方を「趣味が良い」とみなした。彼らにとって、コウモリのような耳は良き伝統を破壊するものでしかなかったのである。一方、アメリカの愛好家たちは、元々コウモリ耳の方を良しとしていたのだが、ウェストミンスター・ドッグショーで高く評価されたのは、折れ耳のフレンチ・ブルドッグのみだった。そこで、パリのブリーダーから折れ耳のブルドッグを直接輸入することで、両方に対応できる体制を整えるようになった。高価な犬の飼い主は、自分の愛情が、賞金や銀のカップというかたちで報われることを期待するものだが、もっと大事なのは、自分の飼っている犬が社会の中で特別とみなされ、称賛されることなのである。[12]

折れ耳か、コウモリ耳か

ＡＫＣが一九〇九年に法人化され、一九二九年にすべての犬種標準を設定する権限を得て、権威を確立するまでは、品評会は現在よりもはるかに殺気立ったものだった。愛犬家の世界に確固たる権威がなかったため、誰かが多少力を持ったとしても、まだそれに逆らうことは可能だった。他の愛犬家たちと対立し、孤立したとしても、数年後に皆の頭が冷えればまた輪の中に戻ることができた。

極端な例として、一八九七年に起きた出来事があげられる。この時、マディソン・スクエア・ガーデンで開催された品評会で賞を与えられたのは、折れ耳のフレンチ・ブルドッグだった。だが、そのことが発表された途端、きついコルセットを巻いた女性たちの一団が怒りの表情を露わにし、手に持っていたまるで竜の口のような中国製の扇子を一斉に閉じ、高価なベルベットの椅子から立ち上がった。彼女たちは、自分たちのかわいがっている高価な犬たちを連れ、急いで会場から飛び出して行ってしまった。彼女たちは、たくさんの飾りつけをした髪は怒りで逆立っていた。夫たちは、おそらくただ付き添いで来ただけなのだろう。いずれも大人物のはずだが、この時ばかりは決まり悪そうに妻のあとをついていく[13]。

品評会と同じ日、同じホール内で、その後ある会合が執り行われた。怒りの声があがる。皆、今後の品評会では折れ耳のフレンチ・ブルドッグはすべて即座に失格にせよと求めていたし、それだけではなく、今回の審査は撤回し、銀のカップを返還せよとも求めていた。だが、この訴えは聞き入れられなかった。そこで女性たちは夫に、自分たちのためのクラブを設立させた。それがフレンチブルドッグ・クラブ・オブ・アメリカである。極端ではあるが、当時としてはまったくあり得ないことではなかった。自分たちの好みを重要視し、その好みを犬種の評価基準に取り入れるためにクラブまで作るということが本当に行われていたのだ。

フレンチブルドッグ・クラブ・オブ・アメリカは、ある夜、ニューヨークのデルモニコスというレストランで設立された。一八九七年四月七日には他に大したニュースがなかったのだろう、このクラブの定めた基準はすぐにニューヨーク・タイムズ紙で公表されることになった。そこには、「あの耳は今後『コウモリ耳』と呼ばれることになる」という、国際的な意向を無視した決定も紹介されていた。これは、海外メディアからの激しい反発と（些細なことにこだわるのは彼らも変わりがなかったのだ）、自国のイギリス崇拝者たちとの小競り合いを招く結果につながった。[14]

伝統的な愛好家たちはこう考えた。アメリカの成金たちは、よくもまあ自分が作り出したわけでもない犬を手に入れて、見る影もないほど台無しにしてくれたもんだ。それは野蛮人の理不尽なふるまいであり、伝統の侮辱でもある。もしかしたら、支配的な文化が新しい方向へと流れ始めたことを知らせる警告であるのかもしれない。ヤンキーどもはステータス・シンボルを略奪したのだ。品評会の結果に抗議するために、傲慢にも、マンハッタンの高級ホテル、ウォルドルフ＝アストリアに、評価されないコウモリ耳のフレンチ・ブルドッグばかりを展示するということまでやってのけた！　こうして、ヨーロッパの宮殿にも匹敵するような豪華な大理石の柱、ヤシの木、シャンデリアを背にして現れた、ニューヨークの上流階級と彼らなりの「完璧なペット」は、無視のできない勢力となっていくのである。[15]

コウモリ耳に対する社会の認知度はゆっくりと高まっていったが、争いはその後も長く続くことになった。品評会にコウモリ耳に対する理解がない審査員がいた場合には、寄付の常連たちが寄付を取り下げてしまうこともあったほどだ。また、評価基準を示す際のほんの些細な言葉遣いをめぐって諍いが起きるのも、珍しいことではなかった。ジェームズ・ワトソンは、一九〇六年にこんな回想をしている。「散々に揉めたあとでようやく、コウモリ耳の支持者たちの意見も聞き入れられるようになった。そして、ブルドーグ・フランセは耳によって二つの部門に分かれて評価されることになったのだ。ちなみに、このブルドーグ・フランセというフランス語の呼び名は、英語よりも適切であるように思う。英語にしてしまえば、フランスらしさが損なわれてしまうからである」[16]。上流階級の関心事とはこの程度のものであり、AKCなどのケネルクラブは、まさにこうした人たちによって作られていた。趣味嗜好の世界では、見栄えがすべてだ。専門家なる人たちがいて、何かしらの基準を設けて犬に優劣をつけようとする。評価基準は非常に細かく、尻尾の先から鼻の先まで、あらゆる部分についていちいち基準が設定されている。

コウモリ耳はやがて、良いフレンチ・ブルドッグの条件として世界的に認められるようになった。フレンチ・ブルドッグという犬種の最も際立った特徴と考えられるまでになったのである。それと入れ替わりに、ウィニーのような折れ耳は、評価を下げる根拠とされた。このアメリカナイズされた新しいフレンチ・ブルドッグは、慈悲心にあふれる有閑婦人たちの心を惹きつけるようになった。その中には、ホイットニー、ベルモント、ルーズベルト、ヴァンダービルト、ベネットといった、とてつもない名家に属する人たちもいた。タイム誌はフレンチ・ブルドッグについてこんなふうに書いている。「女性の心が強く惹きつけられ、愛してしまうものが何かあるとしたら、あの犬たちはその一つを持っている。他の誰も持っていない、少なくとも、持っている者は他にほとんどいない、そういうものを持っている。あのグロテスクな外見は、グロテスクだからこそ余計に、外を散歩している時にも、広い部屋の中にいる時にも人目を惹くことになる」[17]。社交好きな集団が作ったふざけた前例のおかげで、あの奇妙な、不具に近い生き物が違和感なく受け入れられるようになった。怪物のような頭蓋骨も、腫れぼったい目も、ごく普通のものとして見られるようになったのだ。良かれ悪しかれ、愛犬家たちの世界には平和が戻った。あの醜い頭につくべきは折れ耳かコウモリ耳かで争いが起きることはもうないだろう。

誰のための利益か？

「耳の形には関係なく、もちろん私たちは皆、ウィニーを愛しています」飼い主はそう言って、この犬の独特の性格など、数多くの素晴らしい特質を褒め称えた。いくつかひどい欠点はあるが、それを補って余りある美点を持っているという。犬としての評価を下げる耳は、飼い主にとって十字架のようなものだ。飼い主は、その十字架を背負っても胸を張っていなくてはならない。ウィニーの重い頭も飼い主にとっては負担となる。重い頭は、評価を下げる要素ではない。むしろこの犬種が良いと評価される条件を満たしていると言える。あまりにもよく条件を満たしているからこそ大変なのだ。

飼い主が加入しているブリードクラブでは、一八九〇年代に頭蓋骨の大きさに関する基準を定めている。そのせいで、ウィニーのように特別な世話を必要とする犬が生まれることになった。ウィニーはあまりに頭が重いために、散歩する時には、人間がしっかりとリードで支えなくてはいけない。階段を降りる時にも人間の介助が必要だ。さもなければ、ウィニーは転倒して、ひどいケガをすることになるだろう。フレンチ・ブルドッグの真っ平らの顔も、生きていく上では大変不利になる。空気力学的にこれほど悪い形はないだろう。品評会の審査員が長年の間、「顔は平らであればあるほど良し」と評価してきた結果、ここまで極端な形になったのである。

人間の気まぐれで顔を真っ平らにしたことで、ブルドッグの健康は大変な危険にさらされるようになった。愛好家たちがまったく考えもしなかった影響が出たのだ。それは生命維持に不可欠な呼吸への影響だった。現在では、フレンチ・ブルドッグ、イングリッシュ・ブルドッグ、パグ、グリフォンなど、他にも平らな顔を持つ犬が多くいて、皆、同じ問題を抱えている。顔があまりにも平らだと、口が浅くなり、身体の冷却がうまくいかず、また心臓まひも起きやすくなる。

この種の犬には、軟口蓋の除去手術がよく行われる。愛玩犬として完璧に生まれたことによる不幸だろう。フレンチ・ブルドッグには、関節疾患を抱えた個体も多い。犬種標準に従わせるために、奇妙な姿勢を取らせていることが原因だ。顔の皮膚にひだが多すぎることから、目に頻繁に感染症が起きるという問題もある。身体の他の部分から切り取ってきて貼り付けたようなたるんだ顔を持つことで、食道の形は異常なものになっている。そのせいでよく嘔吐するし、肺炎にかかりやすく、それが死につながることも珍しくない。「正しい」フレンチ・ブルドッグの見本とされる犬の多くが、脊髄の手術を必要とする。背中が不自然に湾曲しているからだ。ウィニーのような犬が生き続けるためには、手術を繰り返さなくてはいけない時もある。

フレンチブルドッグ・クラブ・オブ・アメリカが設立されたのは、何よりもまず、コウモリ耳の評価を高めるためだったが、同時にそれは「フレンチ・ブルドッグの利益を増大する目的で作られた世界初の団体」[18]でもあった。だが、フレンチ・ブルドッグのための利益とは言いながら、それは本当は誰の利益だったのだろうか。[19]

プロクルステスの寝台

フレンチ・ブルドッグの歴史を見ればわかるとおり、一般の人が思うのとは違い、犬種標準は必ずしも、遠い昔から途切れることなく代々受け継がれるというものではない。伝統と呼べるほど古いことは稀で、ほとんどはごく最近になって決まったものなのだ。古くても一〇〇年もの歴史があることはまずない。[20] 現在知られている犬種は、大半が最近になって作られたものだ。明確な基準なしに一つの犬種を長く維持することはできないのだから当然だろう。どの基準も新しいのだとすれば、犬種も皆新しいというわけだ。ドッグショーは、犬種とその基準、両方がなければ成り立たない。

歴史の本、ブリーダー、ブリードクラブ、その関係者たちの売り口上のせいで誤解をしている人は多いが、DNAを調べると、街で見かける犬種も、品評会に出る犬種も皆、ごく最近になってできたものだ。[21] 実は、DNAなどの科学的な証拠に頼らなくても、そのことはすぐにわかる。犬種を定義する基準がいつ定められたかを調べればいい。古くからの伝統があるなどという言葉が本当でないことが、それで明らかになるだろう。神話を事実らしく見せている社会的、心理的な障壁があるが、少しの勇気さえあればその向こうを見ることは可能なのである。

犬種の権威を訴える人たちは、とにかく何か古い時代の話を探し出して安心しようとする。その犬種が古くから存在したことを示すような品物が何かないか必死で探す。犬にまつわる貴重な遺物を持ち、守ることで、個人を超えた何か偉大なものの一部になれた気がするのだ。ただありふれたものを大事に持っているわけではなく、希少の種を絶滅から守るという、普通の人間にはできないことをしている気分になる。審査員たちは、部外者から見れば奇妙な習慣を守り、一定の型にはまった犬以外認めないことで尊敬を集める。飼い主たちは、品評会でつい最近選ばれた、最新のチャンピオンに似た犬だけを飼うことで、自分は種の維持に貢献する特別な人間だと感じることができる。

実のところ、犬に限らず、「骨董」と呼ばれるものには、ほぼすべてに似たような要素がある。何かが神話を事実に見せているのだ。ギリシャ神話にプロクルステス（「伸ばす人」という意味）という強盗が出てくる。彼は、通りかかった旅人に「休ませてやる」と声をかけ、自分の家に連れていき、鉄の寝台に寝かせる。もし、旅人の身体が寝台からはみ出したら、はみ出した頭や脚を切断し、寝台よりも身体が短かったら、長さが合うまで引き伸ばそうとした。つまり、自分勝手に決めた基準に旅人を合わせようとしたわけだ。プロクルステスによる旅人の受難はいつまでも続くかに思われたが、牛頭人身の怪物ミノタウロスを退治した英雄、テーセウスの登場で彼の悪行も終わる。テーセウスは、プロクルステスを寝台に寝かせ、はみ出た頭と脚を切断して殺したのである。これで、人間の身体を鉄の寝台に合わせなくてはならないという不健康な妄想は消滅した。

犬種標準も、プロクルステスの寝台と同じようなものだろう。ただ古く見える、由緒正しく見えるだけの恣意的な型を用意し、そのままでまったく何の問題もないはずの犬を無理に合わせる。そこには犬に対する思いやりなどまったく見られない。身体のこの部分はどのくらいの長さにする、色はこう、と適当に決めて、犬の方をそれに合わせる。一見してすぐわかる極端な特徴を犬に与えたいのだ。生きて、呼吸をし、感情もあるはずの生き物を、誰もなぜそれが存在するか覚えていないような鋳型にはめるのだ。鋳型の存在理由はわからないがともかく良いものだと皆、信じている。そして、うまく型にはまった犬だけが、純血種として扱われることになる。犬種はそうして保たれる。フレンチ・ブルドッグのウィニーも、犬用のプロクルステスの寝台に寝かされた。寝台はサテンやベルベットの張られた気持ちの良いものではないが、それは重要なことではないのである。

あらゆる犬は「雑種」である

身も蓋もないことを言ってしまえば、どのような目立つ特徴を持たせようと、品評会でどれほどの評価を与えようと、公式の基準を設けて権威を高めようと、すべての犬は結局は「雑種」である。犬の歴史を曇りのない目で見ればそういうことになる。純血種の愛好家たちは、その犬種における「完璧な」犬を保護したり、あるいはそれが手に入るまで奮闘するという、間違った使命感にかられている。しかし彼らは、自分たちが気に入って大事にしている犬種は、どれも皆、様々な犬を交配させた結果生まれた雑種であることを都合良く忘れている。そうした犬は、交配でたまたま持つことになった特徴を適当に選んで強調しただけなのだ。

短い期間で数多くの交配をさせる方法は現在ではごく普通のことと思われている。だが、そのせいで、次々に新しい「犬種」が誕生し、犬のカタログは混乱している。どの犬種も、それ以前に存在した犬種を混ぜ合わせて作ったものだ。全部が混ぜ合わせた結果なら、そもそも純血種などどこにもいないことになるだろう。一九三〇年代にエドワード・アッシュはこう記している。「その言葉が適切かはわからないが、犬のブリーダーは、ある犬種がどのようにして作られたかを明らかにしないことが『習慣』のようになっている。今日では、それが自己防衛になるのだ。高い値段がついている犬種が実は、アルセイシアンとシーリハムとスパニエルの雑種にすぎないと言われれば、誰が高い金を出して買うだろうか[22]」

最近のペット愛好家は、「デザイナードッグ」と呼ばれる種類の犬に高い金をつぎ込むようになった。これは、いわゆる「純血種」の犬どうしを、王室の結婚のように相手を十分に吟味して交配して生み出す犬のことである。今のところ人気はあるが、これも先細りになる可能性が高い。デザイナードッグの親となる「純血種」の犬たち自身、厳密には交配の結果生まれた犬にすぎない。斬新なもののように扱われているが、実は何も新しくない。新しいことがあるとすれば、交配によって誕生する犬が健康である可能性が高いかもしれないこと、この犬種は過去に王族に飼われていたなどという作り話をこしらえる時間がないことくらいだろう。

残念ながら、犬種の誕生にまつわる本当の物語は、ほとんどの場合、そう面白いものではない。たとえば、ある時、都会から田舎を訪れた人が、農地で目を惹く犬を見つける。彼らはその名もなき雑種犬が気に入り、飼い主に金を払って譲り受け、都会に連れ帰る。その雑種犬の子孫を、ブリーダーはフレンチ・ブルドッグなどと同じように、無慈悲に一定の型にはめようとする。彼らの目的は、まったく同じ特徴を持つ犬をたくさん作ることだ。残酷な選別を生き残った子孫だけが地元のケネルクラブに「純血種」として認定される。血統の創始者は田舎から連れ帰られた犬だが、その背景は曖昧なので、特に広く知られることはない。知らせても価値がないからだ。[23]

犬とオオカミ

血統に対する偏見は非常に古くからあり、歴史のはじめから存在したと言ってもいいほどだ。人間は信じたいことを信じるものだから、偏見はどうしてもあるのだろう。たとえば、一六世紀の医師ジョン・カイウスは、王族よりも頑なに、「たちの悪い、ろくでもない雑種犬」を用なしの存在とみなした。二人の女王と一人の王のかかりつけ医だった彼の言葉は、愛犬家の間で、現在でも揺るぎない影響力を持っている。カイウスは、一五七〇年に次のように記している。「そのような犬が種を維持することはない。様々な種が混じり合っていて、ある一つの趣をもった犬に見えることもない。雑種犬は、高貴な姿とは似ても似つかないし、完璧で血統の優れた種が持つ、価値ある性質を発揮するわけでもないのだから。この問題については、これ以上書く必要もないだろう。私はただ、そんな犬たちを無益なものとして、この本から追い出すだけである[24]」

願望を事実と混同する思考はあまりにも根強く、犬の祖先がオオカミだということを頑として認めない人たちも多くいた。DNAを解析し、証拠を示せる時代になってはじめて、彼らも渋々折れたのだ。

元はオオカミで、そこからあらゆる犬種が生じているのだと思えば、純血種という考えが無意味だとすぐにわかるはずである。マーク・デアによれば、カニス・ファミリアリス〔犬の学名〕は、それ自体、「近親交配と交雑（あるいは雑種化）」の結果だという。オオカミから分かれて間もない生物が、先祖であるオオカミと交配（これを戻し交配と呼ぶ）することで生じた生物の子孫が犬ということになる。[25]すべての犬の共通祖先が一つであることを示す確かな証拠が見つかったのは、ようやく一九九三年になってからだ。[26]

世界にはオオカミを高貴な存在とみなす文化もあるが、欧米の文化はそうではなかった。むしろその反対だ。だから、犬はオオカミの子孫だという考えがずっと以前からあったにもかかわらず、それを決して認めず、両者を切り離そうと懸命になる人たちがいたのだ。雑種犬は確かにオオカミの子孫かもしれないが、高級な純血種の犬はそうではない、とする人も多かった。高級な犬は、オオカミと同じで高貴さに欠ける雑種犬とは独立した存在とみなされた。今でも、雑種犬を劣った存在とみなす考え方はまったく消えずに残っている。

ブリーダーも愛好家も、特定の犬種を称賛する時に言うことはいつも同じである。自分たちのお気に入りの犬種は、人間に対してとにかく忠実だというのだ。忠実で賢く、そして勇敢。いずれも、共に暮らす犬という動物に対して人間が強く求める特性だ。高貴な犬種であれば、必ず持っているはずの特性だろう。もしこうした特性を持っていないのならば、人気を集めているはずはない。そう考えるのだ。そういう観念は心の奥深くにまで浸透していて簡単には変えられない。一方、オオカミという動物には昔から、子供を殺し、羊を盗む悪い獣というイメージがある。絶対に近寄るべきではない邪悪な獣と考えられてきたのだ。はじめてのドッグショーが開催される頃には、邪魔者、嫌われ者のオオカミたちはイギリス諸島には一頭もいなくなっていた。人間の手によってずっと昔に絶滅させられていたからだ。しかし、愛好家たちがどれほど高貴さを求めても、犬は人間が思うような高貴な動物ではなかった。純血種の犬は雑種とは違い、洗練されている、ゴールデン・レトリーバーには凶暴さがまったくない、といった愛好家たちの主張に反し、犬には現在も、人間が思うよりもオオカミの部分が多く残っている。厳密には、犬とオオカミは別の種なのか、ということに関しても研究者たちの意見は完全に一致はしていない。[27]

人間とオオカミ

犬の問題には感情がからむので、どれだけの証拠を見せられても、それまで信じていたことを変えるには時間がかかる。最新の知識をすぐに受け入れられない人は多い。つい最近になってDNAの解析が進むまでは、純血種の犬と雑種の犬はまったく違う祖先から生じたという考えは広く受け入れられていた。都合の良い系図を作ることもかなり自由にできたし、ケネルクラブの設ける犬種標準にわざわざ異議を唱える人も少なかった。ゴードン・ステープルズは「今、存在している様々な犬種が、すべて同じ祖先から生じたなどという考えは、私にとっては、口に出すのもはばかられるほどバカげたものだ」と言っている。ゴードンは、おそらくひどく繊細な心の持ち主だったのだろう、一方では「雑種犬などは、それを吊るすのに必要なロープくらいの価値しかない」とも発言している。[28]ペット産業、ドッグショーの文化、そして数多くの獣医たちは、プロクルステスが寝台の長さに合わせて身体を切断したり伸ばしたりするような理不尽な基準に依存している。そして、純血種の犬は雑種犬よりも生まれつき優れているという奇妙な考え方にも依存している。

そもそも純血種とされるような犬はどのように生まれてきたのか。その由来は犬種ごとに様々である。どの犬種にも細かい特徴がいくつもあり、一つ一つ違った要因で生じたと考えられる。ある時、オオカミの中に、たき火を囲んで暖を取る私たちの祖先のそばにやって来るものが現れた。私たち人間の親友となったオオカミたちは、その時から姿形を変え始めたのだ。ドッグショーでの賞を獲得する前に、彼らが得なくてはならなかったのは、私たち人間の信頼だった。元は危険な捕食動物だったのだから、まず人間に対して危害を加えることはないと理解してもらう必要がある。したがって、普段からおとなしく、危害を加えそうもない態度を取らなくてはいけない。人間の側も、捕食動物らしい個体ではなく、よく懐く性質を持ち、生涯にわたって発育遅滞の状態にあるような子供を選んで育てることになるだろう。その方が安心できるからだ。

オオカミは、人間のそばで暮らすことに適応するべく、外見も変えてきた。彼らの内側で何か、変わろうとする力が働いたように見える。形が変わったのは、たとえば前頭部だ。前頭部は丸みを帯び、そのせいで顔が穏やかに見えるようになった。頭が丸くなった上に、見るものを射るような鋭い目も丸く大きく、かわいらしくなった[29]。絶えず獲物のにおいを嗅ぎ回っているような尖った鼻はつぶれ、顔は短くなった。歯も長さが揃って、恐ろしげに見えなくなった。まっすぐ上を向いた耳が垂れ下がるものも現れた。これは、人間に飼われていない野生動物にはまずあり得ないことである（象の耳は数少ない例外と言える）。耳が垂れていると、慢性の感染症にかかる危険性が高まるからだ。尻尾も変わった。尻尾が上を向くものが現れたのである。上を向いていると、移動の邪魔になることがあるので、野生のオオカミではあり得ないことだ。ただし、犬は、持ち上がった尻尾を服従の印として下げるという性質も身につけるようになった。毛皮は柔らかくなり、色も人間の好みに合わせて様々に変わった[30]。

人間は長い間、自分たちの必要に応じて自然に手を加えてきた。自然の法則を知り、どこにどう手を加えれば自分たちの望みどおりのことが起きるか、事前にかなり予測することができるようになった。このままでいけば、自然をすべて自分たちの思いどおりに操れるようになるかもしれない、という楽観的な考え方も生まれた。しかし、人間自身もそうだが、自然もそう単純なものではない。家畜化されたオオカミは、人間の予測をはるかに超えて、様々な犬へと進化を始めた。進化に決まった方向はなく、まったくのでたらめに起きた。

まず各地で、その土地の在来種とも言うべき、これといって大きな特徴のない犬が生まれた。現在の愛好家たちの生きがいとなっている「純血種」の犬が生まれるのはそのあとだ。在来種の犬は土地ごとに違うとは言っても、全体として見ればどれもよく似ていて、人間のためにどこでもだいたい同じような仕事をしていた。特定の仕事や環境に合った特異な身体的特徴を持った犬も中にはいたが、そうでない犬も多かった。たとえば、大きさや強靭さ、走る速さ、毛皮の厚さなどが普通の犬と違っていないと、とても生きていけない地域、対応できない仕事もあった。人間によって選別をされ、他から隔離された地域で生きることで、独自の進化を遂げる犬も多くいた。[31] 毛の色や耳の形などは、偶然に決まり、それ自体は何の機能も果たさないが、家畜化の副作用として多様化が進んでいった。[32]

先祖に近い犬

犬が多様である一方で、愛犬家にも色々な人たちがいる。ひたすらかわいい犬を好む人もいれば、野性味のある犬を好む人、高貴な犬がいいという人もいる。犬というよりも祖先のオオカミに近いくらいの方が好みだという愛犬家もいる。

近年では、高級な犬を所有しそれを自慢する俗物根性に反発するような動きも見られるようになってきた。現代の犬の中には、本来の犬とはかけ離れたものが増えたのではないか、あるべき姿に戻すべきではないか、と考える人たちが現れたのである。寝ていた耳を再び立ち上げ、潰れた鼻を伸ばし、揃っていた歯を、あの赤ずきんちゃんを怖がらせるオオカミのように、また漫画のオオカミのように恐ろしげなものに戻すべき、というのだ。ただし、この種の人たちも一部の非常に裕福な愛好家たちだ。彼らにとって、オオカミは犬の純粋さの象徴であり、彼らの貴族的な生活の模範でもある。

たとえば、コリーは、わかっている限りでは、一九世紀に品評会に出すことを目的として作られた犬種である。そして、このコリーが、現存する犬種の中で最もオオカミに近い子孫であると宣伝された。科学的根拠など何もなく、もちろん、オオカミからの進化を記録してきた人がいるわけでもない。単なる嘘ではあったが、目的とする市場には強く訴える宣伝文句だった。ヴィクトリア女王は、他のどの犬種よりも古いタイプのコリーを好んだ。そして、コリーと呼ばれる犬をすべてオオカミに近い子孫と呼ぶことを許可した。宣伝されている歴史を王室が認めたことで、コリー、特に毛を長くしたラフ・コリーの需要は高まることになった[33]。品評会向けの犬を熱烈に愛好した一人に、大富豪のJ・P・モルガンがいた。彼は、何種類もの犬の交配を試みた。たとえば、ゴードン・セッターとボルゾイなどを交配させ新たな犬を生み出そうとしたのだ。一頭の犬を作るのに四〇〇〇ドルもかけることがあった。ハドソン川沿いに自らのケネルも作っている。品評会の盛り上がりを助けた一人がモルガンであることは間違いない。盛り上がりはその後、何十年も続くことになる。

オオカミに似た犬はコリーの他にもいる。たとえば、ジャーマン・シェパードは、ウェストミンスター・ドッグショーでオオカミのような犬として注目された。後のDNA解析では、オオカミとの間で戻し交配があった証拠も見つかっている。ただ、二〇〇四年に行われた解析では、他の牧畜犬（ＡＫＣが長年にわたり牧畜犬として一つのグループにまとめていた犬たち）やオオカミよりも、実は一般にはさほど近いとは思われていなかったマスティフやボクサーなどと近い関係にあることがわかっている。また、イビザン・ハウンドやファラオ・ハウンドなどは、古代エジプトから続く古い犬種であると考えられ、すなわち他よりもオオカミに近いと考えられていたが、最近のＤＮＡ解析でそれは正しくないとわかった。どちらの犬種もともに、せいぜい二〇〇年ほどの歴史しかない新しいものだと判明したのである。さらに古いとされていたノーウェジアン・エルクハウンドも実際には、さほどでもないことが判明した。[34]また何種類かいるアメリカン・インディアン・ドッグもオオカミに似ているのは外見だけで、ただそのように人間が作ったのだとわかっている。

ジェームズ・ワトソンは、すでに一九〇六年にこのような発言をしている。「私たちは古い言い伝えとされる話をあまりに簡単に信じすぎなのだろう。そのせいで、実際にはそうではない犬を、遠い昔から存在するオオカミに近いものと考えてしまう」[35]。ワトソンの発言はアイリッシュ・ウルフハウンドを語る章でなされたものだが、この野性味ある犬種は、イギリス諸島では絶滅してしまったとされる先祖のオオカミよりも大きい。また、多くの人が得意げにドッグショーに連れて行くことや、鳥やキツネを見ると強い関心を示すことで知られる犬種でもある。アイリッシュ・ウルフハウンドは、オオカミから家畜を守るという役割を終えたと思われたこともあり、すでに絶滅したと考えられていたが、一九世紀になって奇跡的に「復活」した。ただしこれは、正確には少なくとも三種類の犬種の交配によって新たに作った犬であり、それにもかかわらず、いまだ「純血種」と呼ばれている。[36]アイリッシュ・ウルフハウンドのブリーダーたちは最近、今度は別の「復活」をもくろんでいるようだ。高級車のテレビコマーシャルで、その標本のような姿を見ることもある。実際私も、セントラルパークへ犬の散歩に行く途中に、その高級車と犬の両方とすれ違ったことがある。

第3章　犬による社会的地位の証明

犬のブリーダーや熱心な愛好家にとって、重要な点は二つある——外見と血統だ。どちらも評価基準として重大な欠陥があることは証明されてきたが、この二つを重要視してきたという事実によって、犬がいかにして現在のように商業的な犬種に分けられ、価値づけされてきたかが説明できる。

一般の人はドッグショーを「犬のオリンピック」のようなものと考えているかもしれない。しかし、実態はそれとはかけ離れている。実際のドッグショーは単なる犬の「美人コンテスト」であり、そこで審査員は、疑わしい血統書やでたらめな基準に従って判断を下す。そうした基準の大部分は、わずか一世紀半ほど前にイギリスの「ソーシャル・クライマー〔上流階級と親しく交際して、仲間入りを果たそうと画策する人〕」たちによって定められたものだ。アメリカ人は、自分たちの犬と、自分たち自身の権威づけのために、イギリス人の定めた基準をそのまま流用した。毎年、ウェストミンスターやクラフツといった有名なドッグショーでは、「今、最も飼う価値がある犬はどれか」を決定することになる。だが、たとえ選ばれたとしても、それは単に、見た目が良く、一応権威があるとされている団体によって定められた基準に適ったということにすぎない。

「残念ながら、私たちは今、見た目だけがすべてという時代に生きていると言うべきでしょう」オスカー・ワイルドの喜劇[1]で、ソーシャル・クライマーのブラックネル夫人が述べるセリフだ。犬を連れて歩くことが愛犬趣味に加わった頃の話である。愛犬家たちも、自分たちの浅はかさを受け入れ、ブラックネル夫人と同じ視点に立てればよかったのだが、残念なことにそうはならなかったようだ。ヴィクトリア朝時代から現代に至るまでの間にどのようなことがあり、どのような経緯で愛犬家たちの強迫観念のような嗜好が形作られてきたのか、それが語られることはあまりない。そうした歴史が巧妙に隠されてきたのは非常に残念なことだ。犬の外見や血統の純粋性に異常にこだわり、そこに大変なエネルギーと資金が注がれることがなければ、奇妙な育種趣味やドッグショーが今のように発展することもなかっただろう。

名誉の発明

生まれの正しい犬を愛でるという趣味、見慣れぬ毛の模様をもった血統の定かでない犬に対するそっけない態度は、どちらもイギリス特有のものだったが、他の国にも熱心に取り入れられていった。遠い過去からの連続性がある文化、奥深い伝統に根ざした文化を求める気持ちに合致したのである[2]。

イギリスは、高貴さというものを育む豊かな土壌がある国だ。階級や人種に関して、他の国では時代遅れとみなされるような文化を育む温室のような役割を果たす。本来ならばすぐにしおれ、死に絶えてしまうような文化を育て、外に輸出する力を持っている[3]。世界中に知られているとおり、イギリスの社会にはいまだに細かい階級の区別があり、自分より上位の人間への礼儀の尽くし方にも細かいルールがある。それをすべて覚えるには時間がかかる。階級のはしごを上りたいと密かに望む者は多いし、実際に上がろうと試みる者もいる。ある種の人間は生まれながらに他の人間よりも優れている、そう信じるのがイギリス人の国民性となっており、その国民性を自らの力で守ってきたとも言える。また、仮に生まれが良くなかった場合にも、努力をすることで大きな成果が得られる可能性があるとも考えてきた。「ありがたいのは、生まれをお金で買うこともできるということ」作家のサッカレーは、雑誌「パンチ」に連載していた記事にそう書いた。パンチは、当時のイギリスでは誰も知らぬ者のなかった風刺漫画雑誌だ。「人は生まれに価値があることを学ぶ。生まれの良い者を、そうでない者に比べて価値が高いとみなすのはなぜか。特に自身の生まれが良くない場合にそうなのはなぜか。貴族名鑑を開いてよく見てみるがよい。そこに名前が並んでいる人たちについて見ていけば、生まれの売買がどれほど多く行われているかがわかる。高貴な生まれだが貧しい若者が、裕福な都市の成り上がりの娘に自らを売り渡すことも多い。その逆に、成り上がりの男が、貧しく高貴な女性を我が物にすることもある。主としてこの二通りの方法で階級の移動が起きることが学べるのだ」。このサッカレーの皮肉に満ちた連載が*The Book of Snobs*〔『俗物の書』〕と改題されて出版されたのは一八四八年のことだが[4]、その約一〇年後には、イギリスではドッグショーが盛んに行われるようになっている。そして、イギリス人のブリーディング能力に、世界中の多くの人たちが魅了された[5]。

産業革命が歴史において非常に重要な出来事であるのは確かだが、イギリスでは同時にもう一つ重要なことが起きていたと言えるだろう。ある歴史家は、この動きを「名誉の発明」と呼んでいる[6]。イギリス人は、意図的に何かに特別な価値を持たせる能力を持つようになったのだ。事実、一八六〇年代以降、何かの分野で優れていることを称える賞や称号の種類、数が急激に増えている。何千、何万という数の新しい賞や称号が生まれたのだ。その中には犬に与えられる賞も多くあった。イギリスの貴族、政治家で首相にもなったロバート・ガスコイン゠セシル（ソールズベリー侯）は、その状況を見て「ロンドンでは、うっかり犬に石を投げることもできない。爵位を持っている犬かもしれないからだ」という言葉を残している。[7]

一般に、社交クラブは規模が大きくなるほど、その反社会性は下がるはずだ。しかし、イギリスにおける貴族階級はどうやらそうではないようだ。新たに称号を得る人が増え、貴族階級に入る人が増えて、もはや誰も覚えられない、覚えようともしない状況になったが、排他性、閉鎖性はますます高まっている。貴族階級に入りたい人々を選別する門番の役割をする紋章官は、常に大忙しだった。一四八四年にはリチャード三世が、イギリスの官僚機構にふさわしく、貴族の称号を与えることを専門に行う直属機関「紋章院」を設けたが、紋章官の仕事は少なくともその二〇〇年前から忙しかったと思われる。紋章院は、誰が特別な称号を受けるにふさわしく、誰がふさわしくないのかを判断する。称号にふさわしいと判断された人には紋章入りの盾とともに家系図（pedigree）が与えられることになる。このpedigreeという言葉は、イギリス王室を後ろ盾にしたザ・ケネルクラブでは「血統書」という意味で使われている。人間で言えば貴族名鑑にあたる公式のスタッドブックは早くから排他的で、掲載されるのは容易でなかった。無名の犬種はなかなか掲載されない。スピッツやスパニエルの一部の系統は、ドッグショーに出る質を備えていないというので掲載を見送られた。[8]

紋章に使われた三つの犬種

新たに貴族に列せられた人間にどういう属性があるのか、またどういう人間に見られたいのかを知り、それを過不足なく盛り込む紋章を作るにはどうすればいいか、芸術家たちは何世紀にもわたり模索を続けてきた。たとえば、勇気、知恵、誠実さ、寛容さ、忍耐強さ、不屈の精神、不変性、芸術の才、技術の高さ、統率力、そうした属性を見る者に感じさせる紋章を作ることが重要になる。紋章の構成要素、背景などの色にはそれぞれ意味がある。金色は気高さ、緑は希望、赤は強さ、そして紫は王族の印だ。意味を考えて色を組み合わせていく。たとえば、紋章に黒いオオカミが使われたとする。その人が高貴な生まれかどうか、また個人的な嗜好がどうかによっても変わるが、一般に黒いオオカミは、紋章の持ち主が自分の下につく者たちを常に全力に守る人間であることを意味する。たとえどのような時でも頼りになる人間だということを伝えているのだ。

犬はオオカミよりもはるかに多く紋章に使われてきた。犬の紋章は、野生の犬の性質である勇気を表現することもあるが、主に表現するのは、やはり忠義とか、誠実さである。貴族となるにあたり家系図を新たに作り、それに合わせた紋章を考えるという時、犬は使いやすい動物だったと言える。紋章に使われる犬の種類は伝統的にいくつかに限定されていた。紋章を作ろうとした人は、その選択肢の少なさに失望しただろう。昔の感覚では、在来種とされる三種類くらいの犬が選べれば十分だった。そうでないと、紋章の中の犬を、人々の頭の中にある理想の犬に似せることができなかったのだ。武器、盾、兜などにその三種の犬を使った紋章があれば、すぐに犬だとわかる。

三種のうちの一つは、アーラントという犬だ。これはマスティフに似た大型の犬で戦闘に使われていた。アーラントはすでに絶滅したと考えられているが、元々、現在の基準で言う純血種とは違う。紋章に使われる際には、勇気、強さ、不屈の精神などの象徴となる。戦闘に使われた犬という記憶があるために、見る者に訴えかける力は特別に強いとも言える。騎士どうしの闘い、馬上槍試合などのロマンティックなイメージも喚起させる。ルネッサンス期の世界を再現するお祭りである「ルネッサンス・フェア」や、ロールプレイングゲーム「ダンジョンズ&ドラゴンズ」などの愛好者と共通する趣味かもしれない。

もう一つはタルボットという犬である。すでに絶滅し、紋章には使われていても、実際に目にすることはできない。ただ、イギリス人の琴線に触れ、郷愁を誘う犬であり、様々なところに使われている。有名なのは、シュルーズベリー伯爵の紋章、そしてシュルーズベリー市の紋章だ。イギリスのパブや旅館の紋章、アメリカの婦人服のマークにまで使われている。紋章に描かれたタルボットは当然、実物に忠実ではないだろうが、紋章を見ている限り、この犬は猟犬と言われて最初に思い浮かべるような姿をしていると私は思う(9)。正確なところはわからないが、騎士を連想させる半ば空想上の生物のようなアーラントは、ブルドッグやボクサー、スタッフォードシャー・ブル・テリア、マスティフなどの祖先とも考えられている。一方、フォックスハウンド、ビーグル、ブラッドハウンドなどの愛好家たちは、タルボットを自分たちのお気に入りの犬の祖先だと考えたがる。ついには、「タルボット」と名づけた犬種をドッグショーに出そうと試みる愛好家まで現れた。紋章に使う場合、タルボットは、勇気、強さなどの象徴となる。狩りの際、勇敢で、機敏に動く犬だったと考えられているので、そのイメージが活かされているわけだ。

もう一種はグレーハウンドだ。グレーハウンドは、非常に古くからイギリスにいる犬で、元は狩猟用に作られた犬だった。何世紀もの間に他の犬種との交配は多く行われたが、比較的小さく、細身の身体は健在で、今でも一目でグレーハウンドとわかる特徴を持っている。この犬は、力強さというよりは優美さの象徴となる。細く軽い身体で空を飛ぶかのように素早く走るからだ。また、狩りの時には、他の犬ではとても追えないような獲物も執拗に追いかける。たとえば、走るウサギや空を飛ぶ鳥なども当然のように追いかけ、その動きで飼い主を楽しませる。[10] かつて、この犬は、上流階級でも特に位が上の一族以外、飼うことができなかった。たとえ貴族であっても、さほど身分の高くない者は、グレーハウンドを近くに置くことができず、ましてや平民は問題外だった。そのためグレーハウンドは、紋章では主に、身分が高いことの象徴として使われている。二〇一一年のウェストミンスター・ドッグショーで、グレーハウンドの近い親戚であるスコティッシュ・ディアハウンドが、致死率の高い癌にかかっていたにもかかわらず賞を獲得したとニューヨーク・タイムズ紙が報じた時、「かつては伯爵よりも上の位の貴族しか飼うことを許されなかった犬」に対するソーシャルクライマーたちの憧れは最高潮に達した。[11]

愛犬を紋章に

紋章に犬を使うことは長く続いた。ただ、犬の使い方は多様化した。ドッグショーやブリードクラブなどが生まれ、ペットの犬の犬種標準が公式に定められるようになったことが、その多様化に影響している。自らの紋章を作る人が急増すると同時に、犬を使った紋章も急激に増えることになった。過去の紋章について記録した文書を保有する人に聞くと、犬を使った紋章が増えるのはヴィクトリア朝時代からだという。それも、ただ増えるのではなく、極端に増えたらしい。[12]

一九世紀には、それ以前に比べ、社会的な名誉を得る手段が増えたことから、自らの地位を努力によって高める人たちも多くなった。彼らは、自分の象徴となる動物を、より幅広い選択肢の中から選びたいと望んだ。中産階級に属する人間が上流階級に加わる時には、自分を他と明確に区別できるものを求めた。自分と同じような人間が多数いたからこそ、その中で抜きん出るために少しの違いを強調しようとしたのである。その頃までは、皆、犬を使う際には、三種のうちからどれかを選ぶことで満足していた。しかし、マディソン・スクエア・ガーデンで犬の品評会が行われる時代になると、状況に大きな変化が訪れる。アーラント、タルボット、グレーハウンドだけでは、もはや人々の要求を満たせなくなった。他にも高い人気を得る犬種が急激に増えたからだ。長く私たち人間の親友だった犬が、外見からすぐに見分けがつくような数多くの犬種に分かれた。どの犬種も一種の商業ブランドとなり、ドッグショーにも出て、もてはやされるようになった。新たに裕福になった人たちが率先して、そうした犬を自宅の居間に置き始めた。

伝統的な技術で紋章を作っていた芸術家たちは突然、様々な形、サイズ、毛並みの犬を紋章にする技術を身につけるよう求められるようになった。純粋で古典的な技能だった紋章作りが、顧客の要望に応えるより複雑な技能へと変わった[13]。フォックスハウンド、ウィペット、バセット、ビーグル、コッカー、キング・チャールズ、果てはチワワまでもが紋章に使われるようになったのだ。近年では、特定の犬種ではなく、自分自身の飼っている犬をそのまま紋章にしてくれという、さらに高度な注文も増えている。ただし、要望に応えると言っても限度があるので、どうしてもある程度のところで妥協をせざるを得ない。できあがったものを見せると、犬が実物に似ておらず、がっかりする顧客は多いらしい[14]。

銃器製造業者が開いたドッグショー

愛好家たちの犬の色に対する好みは、近年ますます極端になってきている。自分のファッションを補うために犬を使うこともある。すでに書いてきたとおり、一般に純血種と呼ばれている犬たちは、皆が思うほど「純血」というわけではない。そして、犬を紋章に使い、自らの家系の価値を高めようとする人間も同様に色々な血が混じり合っている。そのような人間が開き、純血種であるはずのない犬を集めて評価するドッグショーというイベントは実に曖昧なものだ[15]。

犬の美を競うイベントは、いつ頃始まったものなのだろうか。「封建時代の最後の名残」[16]とも言われる、犬の美を競うイベントは、インターネットでもその情報が流布している。ドッグショーが一八五九年に始まったと書いている本は多く、これは誤った情報だ。属性を見て他者を判断しがちな犬の愛好家にとっては、ある効果を狙ってのことかもしれないが、それでも、これは誤った情報だ。属性を見て他者を判断しがちな犬の愛好家にとっては、ダーウィンの『種の起源』が出版された年にドッグショーも始まったと言えば、ある種の正当性を与えられた気になるのかもしれない。この偶然の一致から、ドッグショーで、おめかしをした純血種たちになされる人工的な選別が、何らかのかたちで「適者生存」につながっていることをほのめかせるからだ。しかし、それは真実からほど遠い[17]。純血種と雑種の健康状態や寿命を比較した統計や、犬向けの健康保険が採用しているスライド制の保険料を調べてみれば、すぐにわかるだろう。ドッグショーとブリーディングが関係しているのは、適者生存などではなく、むしろ飼い主の「社会生存」なのである。

ドッグショーらしき催しが最初に開かれた頃、それはイギリスでもアメリカでも、ほとんどが猟犬のみを対象としたものだった。中でもよく知られていたのが、一八五九年にニューカッスル・アポン・タインで、ペイプという銃器製造業者が開催したドッグショーである。裕福なジェントルマンたちに、最新流行の犬を紹介するのが主な目的だった。狩猟を趣味とし、狩猟の際の装身具にもできるだけ良いものが欲しいと望む人たち、犬も装身具の一つと考えるような人たちが対象だった。一八六〇年代から七〇年代にかけては、イギリスでもアメリカでも、ポインター、セッターなどの銃猟犬（ガンドッグ）ばかりが出ていたが、一八七七年に最初のウェストミンスター・ドッグショーが開催されるまでには、他の種類の犬も徐々に加わるようになってきた[18]。どちらの国でも、より幅広い種類の犬たちが、列車に載せられて、各地のイベント会場へと運ばれるようになった。たとえば、一八六三年からワシントンDCで興行師P・T・バーナムが開催していた「インターナショナル・ドッグショー」はその一つだ。これはチャリティのイベントで、本格的なドッグショーというほどのものではなかったが、一八六〇年代の終わりまで続いた。また、一八七六年、アメリカ合衆国独立一〇〇周年を記念して開催されたフィラデルフィア万国博覧会、一九世紀の後半、ロンドンやパリで何度か開催された万国博覧会などでも、犬の展示は行われた。ニューヨーク鳥類協会が一八六九年の展示会で、あくまで脇役としてだが、犬を展示に加えたということもあった。そして、イギリスでは、「血統の良い犬」を展示することを目的としたドッグショーが徐々に増え始める。[19]

酒場で犬を見せ合う

ただ、犬と犬とを競わせるイベントということなら、その起源は一九世紀半ばよりもさらに前ということになる。イギリスでは、それ以前から、社交の場に多くの人が自分の犬を持ち寄るということがよくあったからだ。たとえば、よく知られている最初のドッグショーが開催されるよりも何十年も前から、イギリスのホテルでは、人々が犬を連れて気軽に集まり、互いに見せ合い、比較することが行われていた。[20]

そうした会合は日常的なもので、誰もそう熱心になることはなかったのだが、一八世紀の終わりに行われていたフォックスハウンドのショーの影響を受けていたことは確かだろう。フォックスハウンドは、キツネ狩りで大きな働きをする、イギリスの上流階級にとっては重要な犬である。[21]フォックスハウンドのショーの中でも重要だったものは、現在もまだ続いている。特に、ピーターバラ・ロイヤル・フォックスハウンド・ショーは大きなイベントだ。筋骨たくましく健康で活発な犬を、身なりの良い調教師（ハンドラー）が自在に操る。調教師は、赤い上着に白の半ズボン、黒の狩猟帽という出で立ちなのが普通だった。そして、ショーの観客（山高帽の男性ばかりだ）は、犬と調教師の姿を見て、笑い、拍手喝采を送った。リングに上げられた犬たちは調教師に動きを止められている間、尻尾を激しく振り続ける。そして、互いに悲しそうな声を出し合い、時々、吠える。やがて解き放たれると、リング上を無秩序に走り回り、飛び上がって空中に投げ上げられた餌を捕まえる。ショーは続いたが、やがてショーの性質は変わっていく。人間も犬も変わったのだ。犬には次々に「改良」が加えられるようになった。改良され、より「美しく」なった犬たちは、礼儀正しく飼い主の横でポーズを取る。走り回り、飛び上がるようなこともない。現在、ウェストミンスターやクラフツのドッグショーではそうなっている。

　ドッグショー、犬の品評会の本当の起源を詳しく探っていくと、たどり着くのは昔のイギリスの小さな酒場だ。イギリス人は、昔から、人間以外の動物を簡単に屋内に入れていた。その点は、衛生に強く執着していたアメリカ人とは違う。アメリカ人は、どの動物なら屋内に入れていいかを慎重に検討した。イギリス諸島では、食べ物、飲み物が提供される場所だからといって、犬を連れて入るのが良くないと考える人は少なかった。上流階級ですらそうだ。犬歓迎のパブを紹介するガイドブックまであった。二本足の動物と四本足の動物が仲良く食べたり飲んだりできるお店がたくさんあったということだ。現在でも、酒場にペットを連れて入る人は珍しくないが、本格的なドッグショーが生まれる前、お気に入りのペットを皆に自慢する場所は主にパブだった。パブには様々な社会階層の幅広い世代の人たちが集まる。その中には愛犬を連れて来て、皆に見せびらかす人も昔から多くいた。フリーマン・ロイドは、自らの若い頃からしばらく続いた民主的な「ドッグショー」について「貴族も平民も皆、兄弟だった」と回想している。イギリス人は、生まれの違い、階級の違いを乗り越える奇跡的な能力があると言いたかったのだろうが、それはあまりに希望的な見方だろう[22]。

飼い主の社会的身分

過去には、同じ猟犬であっても、貴族に飼われない限り、優れた犬とはみなされないという時代もあった。つまり、飼い主の地位が上がれば、飼われている犬の地位も自然に上がったということだ。同様のことは古代ウェールズでもあったことがわかっている。犬の価値が飼い主の人間の地位によって大きく変わったのだ。最底辺の平民の犬と、国王の犬とではその価値が大きく異なっていた[23]。ウェストミンスター、クラフツなどのドッグショーが始まる頃にはその傾向に変化は見られたが、ドッグショー以外の一般の社会では、高貴な人間の犬ほど価値が高いという考えは根強く残った。ドッグショーでは、貴族の犬だからといって勝てるとは限らなかったが、一般の社会では、やはり高貴な人が飼っていた犬ほど高く売れるということはあった。地位の高い人の飼い犬を欲しがる人が、それだけ多かったということである。

ケネルクラブや有名ブリーダーが犬に普通の人がとても買えないほどの値段をつける前から、イギリスの狩猟法では、一般の市民が「身分違い」の犬と関わることは事実上できないようになっていた。また、これも同じ考えから、たとえ高貴な犬であっても、一度「誤った」人間に飼われてしまえば、その社会的な地位は下がるとされた。初期のドッグショーは、たとえ高貴な生まれの犬を連れていたとしても、誰もが参加できるものにはなっていなかった。頭の先から足の先まで何もかもが同じ二頭の犬がいたとしても、一方の飼い主の生まれが良くなければ、両者の階級は同じにはならなかった。純粋に実用的な理由で犬を飼う農民でさえ、この価値観に左右されることはあった。自分たちにとって役立つか否かだけで犬を評価すればいいはずが、つい「生まれが良い」という無意味なことを評価に加えてしまう。一九世紀には、高貴な純血種の犬はふるまいも高貴で、羊を殺すなどということは、雑種犬にしかできないと広く信じられていた。[24]

またドッグショーには、イギリスの古い慣習も影響したと思われる。かつてのイギリスでは、大地主が借地人に、自分の犬の養育や散歩を委託するという慣習があった。高貴な生まれの優れた猟犬を、自分では飼うことのできない地位の低い人間が育て、世話をするのである。飼い主は、自分の犬ではあっても、そのように借地人の家で育てられた方が、大勢に見せるための狩りの儀式に出した時に良い働きをすると知っていた。何人かが自分の犬を持ち寄り、競わせる機会も時折あったが、その際も借地人の育てた犬が高い評価を受けることが多かった。健康状態、気性、外見などが評価の対象となったが、どの点においても良好だったからだ。そうして、高貴な犬には「代理親」が増えていくことになった。権力者の認可を受けた最初期の品評会でも、本当の飼い主に代わって代理親が表彰され、小さな銀の皿を受け取ることが増えた。この銀の皿が、後のドッグショーの銀のカップへとつながっていく。[25]

「家の犬」

イギリスの貴族の家系には、それぞれ「家の犬」がいることが多かった。自分たちの家名と特定の犬種とを結びつけることがよくあったのだ。それはフランスの名家に、「家のワイン」があるのと似ている。ただし、貴族が自分たちの犬とした犬種は、現在、私たちが知っているような犬種とは違う。まだ、今のような犬種は生まれていなかったと言ってもいい。これはフォックスハウンド、これはポインター、これはグレーハウンド、というふうに漠然とした区別はあったが、現在のように各犬種に、厳密な基準があったわけではない。この基準を満たさなくては、この犬種とは言えない、というものではなかったのだ。今、私たちが街の歩道でよく見かけるような純血種の犬たちはいなかった。また、簡単に言ってしまえば、かつての支配階級の飼っていた犬には、現代の社会のようなやり方での宣伝はいらなかったということでもある。どの人がその犬を飼っているかがわかれば、それでもう十分、良い犬だとわかるので、あえて細かい基準を設けて純血種だと証明することに社会的な意味はなかった。

イギリスの社会、経済の状況が変化するにつれ、貴族ではない平民が良い犬を飼えるようになった。彼らも自分の犬を人に見せびらかし自慢するようになった。その場合には、犬を評価する明確な基準がどうしても必要になる。特に都会で飼われている犬は、遠くからでも一目見てすぐに良い犬だと認識できなくてはいけない。かつてのように、邸宅にいてめったには出て来ない何々卿、何々夫人が飼っている犬だから即、良い犬だ、とはならない。平民にも手が届く新しい犬種の中には、古くからどこかの貴族の「家の犬」とされた犬種を元にしたものが多かった。昔はその犬種であると認定する基準が曖昧だったのだが、新しい犬種になると明確な基準が定められることになった。優れた犬であることを比較的、簡単に人に知らせることができる上、同じように血統が良くても馬ほど維持が大変ではなかったため、新たな純血種の犬の社会的有用性は非常に高かった。

ドッグショーのあり方に影響を与えた一人として、一九世紀の終わり頃のソーシャル・クライマー、ゴードン・ステーブルズの名前をあげることができる。ステーブルズは、ドッグショーには、「血統の良い犬を愛でる高尚な趣味を広める役割もある。その役割は大きい」と言った。当時の状況をよく見ていたからこそ言えたことだろう。ステーブルズは「紳士淑女が、雑種のつまらない犬を連れて歩きたがることはまずあり得ない」とも述べている。[26]

残酷な見世物からドッグショーへ

犬の歴史を詳しくさかのぼって調べていくと、今もてはやされている犬種の祖先が、実はそれほど魅力的でもないことがわかってくる。持っているとされる高貴さも他の犬種とさして変わりがないことを示す、困惑するような証拠も出てくるのだ。過去には、見世物として、闘犬や、犬を他の動物と闘わせることもよく行われていた。しかし、ウェストミンスターやクラフツなどで出番を待っている時に、そのことを話題にするのは礼儀に反するとされる。毛を結わえたり、リボンを結んだりして、出場させるヨークシャー・テリアの世話をしている飼い主にそんな話をするべきではない。ただ、そうした嫌悪感を多くの人が持つようになったのは最近だ。そして、過去に関係なく犬を愛好する人は大勢いる。たとえば、ブルドッグは現在、最も人気のある犬種の一つになっている。

すでに書いてきたとおり、かつては何世紀にもわたって犬を使った残酷な見世物が盛んに行われており、国中で大変な人気を得ていた。階級を問わず、あらゆる町、村で多くの人を集めていたのだ。ドッグショーがそうした伝統の上にあるものだというのは否定しようがない。現代人の価値観からすれば、醜悪、残酷と思える趣味の歴史は長い。今の愛犬家たちがよく知っていて、気に入っているような繊細で優しい趣味よりもはるかに長い歴史がある。そして、現代人にはそうは見えにくいが、闘う犬たちも高貴ではあった。その高貴さが、犬たちが人気を集める上で、小さくない意味を持っていたと言える。犬と牛、アナグマ、クマなどを闘わせることは、イギリスの歴史が始まった頃から、公共の競技場での人気の出し物になっていた。そして、上流階級の人間もそれを愛好したために、社会全体もそれに倣い、むしろ高尚な趣味とみなしたところがある。上に立つ人間には、その社会における善悪の判断をする役目もあるため、彼らが良しとすれば皆が同じように良しとしてしまう。やがては、ライオンやトラなど異国の動物たちを連れて来て、王族の前で犬と闘わせることまで行われるようになった。[27]

ジェームズ一世は、エドワード・アリエンという興行師を雇い、動物を使った残酷な見世物の遂行を任せた。アリエンは、見世物のプロデューサー、演者となり、国王に指示されたとおりに闘いを取り仕切った。[28]後の時代に、アリエンの精神的な後継者とも言えるチャールズ・クラフトがしたのと同じことをしたわけだ。一九世紀の初期のドッグショーのプロデューサーたちの中には、過去にはそうした残酷な見世物に関わっていて、ドッグショーに転身した人もいた。[29]

一九世紀頃までには、残酷な見世物が新しいドッグショーへと変わっていく。「血統の良い」犬を作るブリーダーたちは、その頃には、闘いを見世物にすることを時代遅れだと考えるようになる。貴族や王族たちも、新しい動きを後押しする。より人道的な方へと社会を動かす力になったのだ。自分たちは生まれながらに社会を指導する立場にいると考える人たちが、自らの名誉を傷つけかねない娯楽とは距離を置こうとし始めたこともある。[30]質の良くない犬がいなくなり、良い犬ばかりが生まれるよう社会を変える動きも強まった。

イギリスの上流階級は、囲いの中に閉じ込めた犬を牛と闘わせることを罪だとみなすようになると、急いで自分たちを過去から切り離そうと試みた。少し前には率先して血なまぐさい娯楽に興じ、奨励までしたというのに、突然、態度を変え、彼らの真似をしていただけの身分の低い人たちを非難した。そんな酷い娯楽に興じることができるのは下賤の者だけだ、などと言うのである。闘う犬の指導的なブリーダーだった人たちは次々に悪評の高い「野蛮な」仕事を捨て、ただ貴族のような優美な犬を作り出すよう仕事を変えた。その動きに、生まれの正しいヴィクトリア朝時代の上流階級の人たちは満足した。作り変えられた新しいイギリスのブルドッグは、牛と闘うのをやめ、かつて自分たちをヒーローとみなした国民の愛情を取り戻すための闘いを始めることになった。キツネ狩りだけはその後も長く続いたものの、上流階級の中でも繊細な人たちは、牛だけでなく、犬をライオンと闘わせる娯楽もやめた。

イギリスの上流階級には、他にも動物に関わる奇怪な娯楽がいくつもあった。ウェストミンスターやクラフツのドッグショーに権威があるのは、イギリス上流階級との結びつきのおかげなのだが、過去の歴史を振り返ると、果たしてその権威が妥当なものなのか疑問に思ってしまう。ケネルクラブが主催する現代のドッグショーは、都会的で洗練されていて、高級感のあるイベントである。しかし、その先駆けとなった一八五九年の有名なイベントは、ニューカッスル・アポン・タインの騒がしい商業地域の中心で開催され、そういうイメージとはほど遠いものだった。会場は競技場でも宮殿でもパブでもない。もっと非日常感の薄い場所である。なんとこのイベントは、ニュー・コーン・エクスチェンジという市場で開かれた。その犬の品評会はとても立派なものとは言えなかったが、目新しいのは確かだった。同じような品評会がその後、長く続くとは誰も思わなかったに違いない。そのけばけばしく安っぽい催しはあくまで前座にすぎなかったからだ。メインのイベントは、ニワトリの品評会だった。数多くのニワトリが集められ、展示される美しく盛大な品評会である。(31)

美しきニワトリたち

自分たちの思いどおりに犬を作り変え、できた犬を大勢に見せびらかす――有閑階級の間にそういう趣味が次第に広がっていく。ただ、対象となる動物は犬だけだったわけではなく、他にも何種類かの動物が試されたことがあった。一九世紀は、飼育動物の世界にも様々な変化が起きた時代だったのである。ニワトリも、そうした品種改良の実験の対象となった動物の一つだった。イギリスの地主階級から、上はヴィクトリア女王、アルバート公にいたるまで、上流階級の人たちが数々の動物、たとえば、鳥、豚、牛などを好みに応じて美しく作り変え、コレクションすることが流行した。(32) 家畜を美しく改良し、美しさを競う品評会に出すというのは、現代の私たちには奇異に感じられるが、たとえば当時は、ニワトリのその種の品評会は非常に盛んで、大勢の人を集められる人気の催しだった。

ニワトリや牛が美しいからといって、それで飼いたいと思う人は現代には少ないだろう。しかし、ドッグショーが定着する以前には、その後の犬と同様、家畜たちの外見の改良に熱心に取り組む人たちがいたのだ。ニワトリたちは、派手な羽飾りや豪華な頭飾りで、さらに美しく見えるようにして人前に出される。美しい牛を持つことはステータス・シンボルともなった。高い評価を受ける牛の条件はまず、毛皮が美しいこと、そして、大きくがっしりした骨組みにたっぷりとした脂肪がついていることだった。また、身体に綺麗な角（かど）があることも重要だった。一種、幾何学図形のような身体の形が求められたのだ。それは牛以外の動物でも同じだった。間もなく、犬に対する嗜好も同様になる。(33)

博物学者のウィリアム・テゲットマイヤーは、動物を作り変えるイギリス人の趣味について「元来、食料の生産が目的で飼っていた動物たちのはずが、いつの間にか、ただ美しくするという無意味な目的を追求するようになっている。ニワトリに、白い羽根のまったく生えていない大きなとさかを持たせたりするのはその例だ」と言っている。ドッグショーが隆盛を迎える前から、その予兆となるような異常な趣味は存在したのである。家畜に、装飾のための特定の色やマークを持たせることに異常な情熱を傾ける人たちが現れた。食べるのには良いはずの大きな胸は美しくないとされた。細いニワトリは、その貧弱な身体ゆえに称賛された。長い首は貴族的とみなされ、華奢な脚も美しいと珍重された。[34]「雑種」という言葉は、この当時、犬以外の動物にも広く使われた。自分たちの美の基準に合わない動物は皆、雑種である。優美で、有用性に乏しい家畜を作れるほど、その所有者の社会的地位の高さを示すことができた。役に立たない家畜を作り、育て、手入れし、檻に入れて見せびらかすことができるのは、それだけ時間と経済力にゆとりがある証拠とみなされたからだ。[35]

美には代償が伴う

「血統が良い」とされる動物は、自分を他人と差別化したい人間にとって役に立つものだ。美しい毛皮、羽毛を持った獣や鳥を飼うことで自分の地位を高めることができる。ただし、そうした動物を作り、愛好する世界も良いことづくめではない。フランス人の言うとおり、「美には代償が伴う」のである。その代償とは苦しみだ。家畜の品種改良、つまり遺伝子の操作は古くから行われてきたが、元は専ら実用的な目的で行われてきたことが、美を目的としても行われるようになった。それによってわかるのは、美には時に不道徳な側面があるということだ。まったく気にしない人もいるだろうが、心ある人であれば、それはすぐにわかることである。[36]

犬のブリーディングに関して、外見や血統を偏重することを道徳的に問題があると見る人は多くなっているが、問題から目を背ける人もいる。そして実は、はるかな昔、犬以外の動物ですでに同じ問題は生じていたのである。犬で問題が生じる前に学ぶ機会はあったはずなのだ。牛と犬を闘わせるような残酷な娯楽は確かにすでに違法となっている。しかし、たとえば熱帯魚などもそうだが、その形状や大きさ、色、光沢などに応じて生き物の価値を決めるようなことは今も続いている。こうした慣習は大きな害をもたらすのだ。美しさのために品種改良された家畜たちの間では、不妊の個体が増え、病気も蔓延した。これは、一つには王族のように近親交配が続いたためである。人に見せるために完璧な外見を持つよう作られた牛や豚たちには、動きが緩慢なものが多く、また知性が異常に低いものも多かった。後の時代のブルドッグのような問題がすでに生じていたわけだ[37]。

動物の外見を改造したがるという嗜好の中でも、特に奇怪で理解が困難なのは、エドワード・アッシュの言うように「皿のように丸く、平たい顔を異常に好む」ということだ[38]。顔が平たくなり、知性が低くなったのは犬だけではない。テゲットマイヤーが指摘しているとおり、豚も顔が平たく、丸くなるよう品種改良され、他の有用な特徴をすべて失ってしまった[39]。たとえば、パグにも豚と同様のことが起きた。その他にも、同じように平たく、突起のほとんどない顔の犬が多く作られ、そのせいで、パグをはじめとする平たい顔の犬向けの餌も作られるようになった。この種の犬は、普通の餌ではうまく食べることができないからだ。新たに大きな市場が生まれることになったわけだ。ドッグショーは、はじめは納屋の脇で、前座扱いの出し物として、変わった姿形の犬を見せるだけのものだったが、観衆はすぐに極端な犬が出てくることを期待するようになった。

「イギリスには何百という種類の犬がいる。最大の犬は、ブルー・セッターで、体高は国会議事堂くらいにもなる。そして、最小の犬はプードル。肉眼では見えないほど小さい」。BBCの人気コメディ番組「リトル・ブリテン」のある回で、こんなふうに語られたことがあった。もちろん、誇張だ。そもそもコメディでもあり、この番組は最初から何でも誇張する傾向がある。しかし、犬の大きさに極端な差があることは確かである。中には、極端に大きくなるよう品種改良されたが、数年で絶滅した犬もいる。一方で、極端に小さくされたために、ほんの少しのことで健康を損なうほど虚弱になってしまった犬もいる。あまりに細長く引き伸ばされたために、慢性の痛みに苦しめられるようになり、最後は安楽死させるしかなかった犬もいる。そんなことになったのは、犬種を定義する基準を不適切に解釈したドッグショーの審査員たちのせいでもあるし、また基準そのものが不適切なせいでもある。ドッグショーには、最初期の一八六〇年代の時点ですでに厳しいルールが設けられており、犬の受難の種はもうその時にまかれていたことになる。

ベスト・モンスタードッグ賞

賞をもらえる犬を増やす以外にさしたる理由もなく、ドッグショーの部門は恣意的に次々に増やされていった。新しい部門を作るには、サイズや毛色のほか、評価の対象となり、強調できる特徴があれば何でもよかったようだ。たとえば、「小型犬」という部門があったかと思うと、「三ポンド〔約一・四キログラム〕以下の小型犬」という部門が設けられたりもした。体重だけでなく、体高別の部門もあった。だが、部門を分ける基準を何センチメートルにするかには明確な決まりはなく、結局は気まぐれである。[40]「スモール・ブラック＆タン〔黄褐色〕」、「ラージ・ブラック＆タン」、「六ポンド〔約二・七キログラム〕以下の白のテリア」、「縮れ毛のトイ・テリア」など、複数の条件を組み合わせた部門もある。この調子だと、賞を受ける犬をいくらでも増やすことができるだろう。

このように犬の評価部門がどこまでも増えていったのは、家系を示す紋章が急速に増えたのと同じことだ。つまり、社会的な地位を高める手段として盛んに利用されたのである。愛好家たちは確かな根拠もなく、恣意的な基準で犬を区別した。猟犬でさえ、その実用性や健康とは何の関係もない基準で評価されるようになった。すべては、人間の頭の中にだけ存在するハードルを超えさせて、ドッグショーで良い評価を受けるためだ。それによって飼い主は、自分が特別な人間にでもなったような気分になるのだ。

初期のドッグショーでは、たとえばポインターやブルドッグは、「大型」、「中型」、「小型」の三つに分けられていた。スパニエルなら「大型」と「小型」、テリアなら「大型」、「小型」、「雄」、「雌」で、そこにさらに細かい体重の区別が加えられていった。「その他」部門も作られた。「猟犬でない外国犬」や「イギリスまたは外国のラップドッグ（小型の愛玩犬）」といった、あとからつけ加えられたとすぐにわかるような部門がいくつもできたのである。また、「その他の犬、ただしロンドン生まれに限る」など、スノッブの目から見ても高慢としかいいようのない部門もあった。

「『その他、ただし三〇ポンド以上』部門では、F・グレシャム氏の犬が高評価を受けた。その他の数多くある部門に関しては特に何も言う必要はないだろう」とは、ドッグショー黎明期のある主要人物の回想だ。[41]その回想によると、当時のドッグショーには「ベスト・モンスタードッグ」という部門まであったようだ――ここまで細分化された品評会に出られるのであれば、すべての犬に受賞の可能性があったことだろう。

第4章　優生学と犬と人間

テレビの生放送で犬に特技を披露させるのは、精神的に疲れることである。絶好のタイミングで正確な動きをするよう、犬をうまく仕向けなくてはいけないのだから、想像するだけでひるんでしまう人もいるかもしれない。

何年か前、私は愛する雑種犬サマンサと共に、ABCの「グッド・モーニング・アメリカ」という番組に出演するという束の間の名誉にあずかった（アンディ・ウォーホルは「人は誰でも一五分だけは有名になれる」と言っている）。サマンサは、その前日に行われたカメラ抜きのオーディションで「ボールキャッチ」の一等を取り、今度は、何百万人という視聴者の前で同じ特技を披露することになっていた。ボールキャッチは、ドッグフードのコマーシャルのあとに放送される予定だった。サマンサは、アメリカ動物虐待防止協会（ASPCA）に保護されていたのを引き取って飼い始めた救助犬だ。そのサマンサが、誇りをかけて堂々と、投げられたテニスボールを自分だけの力で見事にキャッチする。それを多くの人たちに見てもらって、しがない雑種犬であっても、高級な「純血種」の犬とまったく同じ、もしくはそれ以上のことができると証明するのだ。

雑種犬のサマンサ

サマンサは、ニューヨークの公共公園で毎年開かれる「グレート・アメリカン・マット・ショー」に長年出場し続けているベテランで、少なくとも三つの犬種のミックスである［マットは雑種犬のこと］。もはやどの犬種でもないと言っていいだろう。しかし彼女は素晴らしい犬で、それはAKCも認めるはずだ。純血種と変わらないとみなしてもいいと認めると私は思う。ただし、サマンサの素晴らしさはドッグショーで賞を受ける種類の素晴らしさではない。ショー向きのポーズを取るわけでもない。ただ、美しく、敏捷という点では非常に優れている。生まれつきの運動能力の高さと、数々の特技で、見る人をずっと喜ばせてきた。

テレビ出演をめぐっては多数のライバルと競うことになった。一般的には、ボールキャッチに関して雑種のサマンサよりできると思われている犬がたくさんいたのだ。黒ラブが相手の時は、ほとんどの人はそちらが勝つと思っていた。ところが、それに比べ、毛色から見ても勝ちそうにないサマンサが結局は圧倒的な勝利を収めることになった。サマンサは、スプリンガー・スパニエルも打ち負かし、ゴールデン・レトリーバーにも屈辱を与え、セッターもまるで相手にならなかった。ポーチュギーズ・ウォーター・ドッグもサマンサの前ではおとなしいものだった。大統領にも飼われた犬種だが、その政治力も役には立たなかったようである。

あとは、ドッグフードのコマーシャルから画面が切り替わるのを待つだけだった。そうすれば、雑種犬の力を天下に知らしめることができる。サマンサと私はその日、早起きをした。どちらもあまりものは食べず、ともかく生放送に備えて待機していた。番組のプロデューサーがリムジンを手配してくれたので、私たちはそれでスタジオまでやってきた。ただ、スタジオに着くと、サマンサの持ち時間は一五分ではなく、わずか七秒しかないと知らされた。それだと失敗の可能性が高い。サマンサは確かに生まれつき、ボールキャッチの能力に優れている。だが彼女は、ただ同じ特技だけを繰り返し行ようしつけられた、ひたむきな犬とはわけが違う。私のかわいいサマンサには、他にも色々と興味を持つことがあるのだ。それは仕方のないことだ。

サマンサと私は、ボールキャッチを始めてくれという合図が出るのを、落ち着かない気持ちで待っていた。出番を前にただでさえ緊張するのに、さらに良くないのは、スタジオの中の誰も、その問題のドッグフードのコマーシャルがいつ流れていつ終わるのかを正確には知らないということだった。サマンサには確かにすごい能力があるけれど、テレビの時間は貴重なのだろう。ごく短い時間だけでその特技を見せなくてはいけない。私の仕事は、すぐにあちこちに興味が向く犬を、とにかくボールを取ることだけに夢中になる状態にもっていくことだった。生来の性質を抑え、不自然な型にはめなくてはならない。少なくとも、カメラのないところで審査員を感心させたのと同じ特技を繰り返させる必要がある。

私は、上に取りつけられたモニターを見ていた。かごいっぱいに入ったテニスボールを渡され、ボールを投げ始めるよう指示が出た。投げ始めたら止まらずにずっと投げていてくれと言われた。そのまま本番に入ろうという考えらしい。私が連続で投げてサマンサがキャッチするということを延々と続けている最中に本番がくれば、画面には難なく最高のパフォーマンスをするサマンサの姿だけが映るというわけだ。もはや問題は、サマンサがボールをキャッチするかどうかではなく、いい場面をカメラがとらえられるかということになってきた。私は「底抜け一等兵」というアニメーションを思い出していた。あのアニメーションには、近くに誰も人間がいない時にだけ歌を歌うカエルが出てくる。それと同じかもしれないと思ったのだ。

私はボールをとにかく投げ続けた。それでできる限りサマンサの興味を惹きつけ、ボールをキャッチしようという意思を長く持続させようとした。サマンサもずっとボールを捕り続けた。どのボールもすべて、驚くべき正確さで同じように捕る。跳び上がって、緑色のボールを、大胆で元気と活力に満ちたいかにも彼女らしいやり方で見事にキャッチする。少なくとも二〇球は捕ったはずだ——わずかに一球だけ取り損なったのを除いては。よりによって、全米の何百万人もの人に向けて生中継されている時にだけ、取り損なってしまったのである。

数分後には混乱はすっかり収まっていた。もうボールが弾むこともない。サマンサが一球捕り損なっていたことを私が知ったのは、すべてが終わったあとだった。何度も繰り返し捕り続けて、サマンサのボールへの関心もさすがに薄れていたのだろう。ボールはサマンサの歯に当たり、ステージの周囲に張り巡らされた白い柵を越えて、観客席の中に落ちた。だが、そのたった一回が重要だったのだ。悔しかったがもはやその場を取り繕うしかなかった。あとは家に帰るだけ。他に行くところもない。上のモニターには、再びドッグフードのコマーシャルが映し出されている。司会のジョージ・ステファノプロスに冷たい目で見られながら、私たちはうなだれたままドアの外へと出た。

外見から行動が予測できるか？

犬の外見と行動には果たして関係があるのだろうか。こういう行動を取る犬は必ずこういう外見をしているということはあるのか。今でも、外見と行動の関係を頑なに信じている人たちはいる。なぜ、そうなのか理由を探っていくと驚くのは、そこに「優生学」という学問が深く関わっていることだ。優生学は、恐ろしく忌まわしい歴史とともに記憶される言葉で、今日ではほとんど禁句扱いになっている。しかし、人間ではなくペットに関しては、今も優生学の考え方が生きていると言わざるを得ない。外見や血統によってペットの優劣が決まる、こういう外見で先祖がこういう犬だったから優れている、反対に、たとえば望ましくない模様がついているから、先祖があまり良くないから、この犬は劣っているというのは、完全に優生学の考え方だ。

良識ある現代人であれば、優生学を人間に適用することはまずない。ところが不思議なことに、その同じ人が、犬には平気で優生学を当てはめようとするのだ。ジャーナリストのアンダーソン・クーパーは、二〇一二年五月、自らがアンカーを務めるテレビ番組で、ある報道をした。一九七〇年代にいたるまで、アメリカでも「子供を持つことが望ましくない」とされた人の不妊手術が何万件という単位で行われていたというのである。[1]それを報じる時のクーパーはショックを受け、恐怖も感じているようだった。ところがそんなクーパーも、家ではウェルシュ・スプリンガー・スパニエルという犬を飼っていた。AKCと関係の深い作家、フリーマン・ロイドが「何百世代にもわたり、ほぼ純血を保ってきた」とした犬種である。[2]

輝かしい過去があるにもかかわらず、クーパーの選んだ犬は現在、健康に数々の深刻な問題を抱えている。長年にわたり近親交配を繰り返してきたためだ。先祖に比べて確実に近交係数が上がり、それが健康に悪影響を及ぼしている。[3]純血であることが犬にとっては害になっているわけだ。しかし、ウェルシュ・スプリンガー・スパニエルだけでなく、他にも多くの犬種が、良い血統という時代遅れの考え方の犠牲になっている。血統を守るためには、たとえば、毛色が望ましくない子犬が生まれると間引いてしまう。そうしてその犬種を他と差別化するのだ。つまり、何百万という子犬が、生まれながらの外見で差別され、命を奪われてきたということである。

ただ、悲しいかな、ステレオタイプというのはどうしてもある。何かを自分の目でよく見ることなく、固定観念で簡単に判断してしまうことは誰にでもあるだろう。辛いことだが、事実だ。先入観、偏見というものを完全になくすのは簡単ではない。偏見が特に非難されることもなく許されている例は、日常生活にすぐに見つかる。たとえば、「うちは、チョコレート色のラブラドールを飼っている」と言ったとしても、特に非難されることはない。しかし、仮に同じ人が「私はメイドにはラテンアメリカの人しか雇わない。ラテンアメリカの人は一番掃除がうまいからだ」と言ったとしたらどうだろう。「ラテンアメリカの人」のところを「黒人」、「アジア人」と言ったとしても同じだ。いずれにしても非難の対象になることは間違いない。ではなぜ、私たちは「二頭のゴールデン・レトリーバーと育った」とは言えても、「二人の東洋人を養子にした」とは言えないのだろうか。「私は犬を一頭所有している」、「犬は一頭より二頭いた方がいい」ということも平気で言う人はいるだろう。同じようなことを人間について言えば大変なことになる。[4]

支配階級は純血を好む

優生学という学問は、一九世紀に、個々の人間を適切な場所に配置するための道具として生まれた。頭の形が人間の性格を知る手がかりになると信じていたゴードン・ステーブルズは次のように書いている。「不思議なことではあるが、その国の文明が高度であればあるほど、犬の品種に対する関心も高く、それを守る文化も発達している」[5]。この時代には、肌の色が白いなど、いくつか特定の解剖学的特徴を備えた人間を最上のものとし、いわゆる「黒人」よりも魅力的で知性が高いとみなす考え方があった

（黒人はあまりにも不快なので、一等食堂車の給仕にさえ使わないという習慣もあった）。そこで優生学では、肌の色の白さ、黒さを評価し、等級づける、精緻で複雑な仕組みを作りあげた。要するに、支配階級の人間が偶然持っていた身体的、文化的特徴を恣意的に選び、それを人間の評価基準にしたわけだ。たとえば、ブロンドの髪、青い目、クラシック音楽やキツネ狩りを好むことなどを、何の根拠もなく人間として優れている証拠と決めたのだ。遺伝的に近い者どうしが長年にわたり交配を続けることで副産物として持つにいたった些細な特徴を優生学者たちは数多く見つけ出し、自分たちの人種がいかに他とは違う独特のものかを示す手段とした。自分たちの人種は他の人種よりも本質的に優れていると彼らは感じていた。そして、人種が混じり合うこと、つまり「混血」は不健全であり、関わるどちらの人種にとっても危険だろうと考えた。[6]

しかし、優生学には誤りが多かった。最も重大な誤りは、彼らの調査、実験がすべて偏見に基づいたものだったということである。身体的特徴や行動の傾向がこうであれば、こういう人間であるはずだ、という思い込みが基本にあった。自分の思い込みに合う事実ばかりを探し、それを自分たちの主張が正しい証拠だと解釈してしまったのだ。また、遺伝の影響と環境の影響を混同したことも大きな誤りだった。人間は非常に複雑なものなので、その人がどういう人になるかは、遺伝だけでは決まらず、環境も大きく左右する。ところが優生学者たちは遺伝にばかり注目し、環境には目を向けなかった。また、どの人種、民族でも個人差は大きいのだが、個人ではなく血統ばかりを見ていた。血は純粋である方が良いという古来の信念に固執した。血の純粋さを守るべく近親婚を繰り返した王族などに精神異常や血友病が多く見られることは歴史ですでに証明されているにもかかわらず、その事実は無視した。その後、純血種の犬で起きるような問題は、すでに人間にも起きていたのである。[7]

人の優生学、犬の優生学

一九三二年には、アメリカ自然史博物館において「第三回国際優生学会議」が開催された。これは当時、全米各地で数多く開催されていた、家族、子供の優秀性を競い合うコンテストの一つでもあった。この会議では、生物の能力、特徴が遺伝によって決まるものであることを示す証拠が提示された。提示されたものの中には、長方形に切り取った様々な動物の毛皮の標本などもあった。今日の衣類のカタログの色見本にも似ているし、また、各犬種の望ましい毛色を示したブリードブックにも似ている。会議の参加者は、実際にその標本を手に取って触ることができた。毛皮の感触を自分の手で確かめ、それぞれの質感を知ることができたのだ。ウェストミンスター・ドッグショーでも審査員は同様のことをして、犬の毛の感触を自らの手で確かめる。[8]

優生学の歴史を調べて何より恐ろしいと感じるのは、それがかつて広く一つの科学として受け入れられていたという事実だ。優生学は立派に主流の学問の一つとみなされていたのだ。歴史専門のテレビ局ヒストリーチャンネルは長年、第三帝国が民族純化のためにいかに無慈悲で冷酷な行動を取っていたかを知らせる番組を放送し続けてきた（私の友人は「ヒトラーチャンネル」と呼んでいる）。ナチスの犯した人道に対する罪を明らかにし、彼らの行った野蛮な行為を告発してきたのだ。重要なのは、優生学の基礎を築いたのが、ドイツ人ではなく、イギリス人、しかもダーウィンのいとこに当たるフランシス・ゴルトンという野心的な人物だったということだ。彼は一八八三年に「優生学（eugenics）」という言葉を世界ではじめて使った人物でもある。ゴルトンは優生学という罪深い学問を作ったが、それによって罰せられることはなかった。それどころか、イギリスの支配階級、植民地支配を正当化した業績によって、ナイトの称号も得ている。二〇世紀には、この優生学が民族浄化の根拠としても使われたにもかかわらず、ゴルトンは出世をしたというわけだ。[9]

しかし優生学は結局、人々の支持を失い、その社会的な地位も失うことになった。それはなぜだろうか。古生物学者、科学史家だった故スティーヴン・ジェイ・グールドの言うとおり、それは優生学があまりに見え透いていて一貫性を欠いていたからでも、不明瞭で非科学的な手法を用いていたからでもない。また、必ず支配階級を占める人たちが優れているという結論が出るはずのご都合主義的な姿勢が問題視されたからでもなかった。優生学が衰退する最大の要因となったのは、第二次世界大戦だった。ヒストリーチャンネルが繰り返し強調するように、その戦争によって、優生学が論理的帰結として何をもたらすかを世界中の人たちは嫌というほど思い知らされたのである。[10]

現在は、そう遠くない過去に再び戻ることがないよう、有志の科学者たちや監視団体などが常に目を光らせ、成長している行動遺伝学などの学問分野にも懐疑的な視線を向けている。しかし一方で、同様の努力がペットの犬に関してはほとんどなされていない。犬に関しては優生学的な考え方は以前のまま残っているし、ブリーディングにも似非科学的な誤った理論が平気で適用されている。

現在の犬のブリーディングは、科学というよりはアートに近いだろう。確かな科学的根拠などなく、恣意的な美的基準のみを頼りに行われているからだ。そういう誤った方法をやめ、最新の科学的知識や、近代的な価値観に適うブリーディングを推進しようという動きはあまり見られない。一八二八年版のウエブスターの辞書では、雑種犬を意味するcurという単語の意味が「退化した犬、転じて『無価値な人間』という意味で、罵りにも使う」と説明されている。[11] 悲惨な過去に学ぶことで、犬のブリーディングをめぐる状況が改善されても不思議はないのだが、実際には、一九世紀から何事も起きなかったかのように変わらぬブリーディングが続けられている。愛犬家の意識も変わらない。犬は人間ではなく動物なのだから、人間と同じ生物学の法則には従わないとでも言うのだろうか。

人間の最良の友達である犬の幸福、犬の生活環境改善を目的としている団体でさえ、あてにはならない。ケネルクラブやその関係の科学者たち、ブリードクラブとそのメンバー、ブリーディング施設、優秀とされるブリーダーたちなどはすべて、同じくあてにはならないのが現状だ。犬のブリーディングは現在、大きな産業になっている。大きな産業だけに、犬に対して大きな投資をしており、その回収が第一になっているらしい。各地域の獣医ですら、彼らに気を使っているのか、あまり異議を唱えるようなことはない。専門家の多くが、倫理にもとる、犬を不幸にするブリーディングの慣習を支持し続けている。重大な問題が起きているのに、多くの人の目がそちらに向かないようにしているのだ。たとえば、ゴールデン・レトリーバーという犬は、次第に病気がちになり、知性も低下し、性格は攻撃的になってきているのに、そのことは指摘せず、犬の毛色が綺麗に保たれていることを称賛するばかりだ。

受け継がれていく古い価値観

現在では普通選挙は世界中に広まり、人種差別も制度上、廃止された。差別を是正するための「アファーマティブ・アクション」もとられるようになった。人権に関し、世界は少し前に比較すると大きく前進したと言える。だが、犬に目を向けると、ほとんど何も変わっていないことがわかる。いまだに、皮膚や毛や目の色、頭蓋骨の形、鼻の長さ、さらには社会的背景が、その犬の性格や能力に深く関わっていると考えられているのだ。血統を過度に重んじる態度は、ドッグショーやペットの世界だけで見られるわけではない。セラピー、介助、捜索、救助などに役立つ実用的な犬たちですら、同様に血統によって選抜されている。こういう血統の犬が美しく、しかも優れている――忠実で頭が良く、訓練もしやすい――といったことを今でも気軽に口にする人は多い。この発言は、対象が人間であったなら大問題になるし、法律にも反することになるだろう。優生学的なステレオタイプを無批判に信じていることを公言したりすれば、人種差別主義者として軽蔑されることは間違いない。

すでに書いてきたとおり、各犬種にはそれを定義、評価する犬種標準と呼ばれるものがある。どのような子犬を選抜し、育てるべきか、反対にどのような子犬は選ぶべきでないのか、犬種標準には事細かに記されている。ドッグショーで日常的に使われている言葉がそこに書かれていると言っていいだろう。そうしたものをざっと見ただけでも、優生学的な考え方が犬の世界にいかに深く浸透しているかがわかる。時代遅れな言葉の数々が今も平気で使われている。

たとえば、「退化（degenerate）」だ。色の褪せた雑種犬を見て、「毛色が退化している」などと言う。これはかつて混血の人を指して「民族の退化」などと言ったのと同じだ。[12]「望ましくない（undesirable）」という表現もよく使われている。外見的な特徴を見て、ドッグショーに出す上で「望ましくない」などと言う。かつては人間に対しても、その人種や階級の中で珍しい生き方をしていると、そこに所属している者として望ましくないと言われたものだ。また「表情（expression）」や「本質的要素（essential）」という表現も使われる。前者は、人相学から直接借用されたもので、チャンピオン犬を選んだはいいがその理由がうまく説明できない時、ドッグショーの審査員は「表情が良かった」などと言う。後者は、その犬の血の「純粋さ」を示すと根拠もなく信じられている特徴を指すのに使われる。

かつて人間にとって混血が良くないこととされたのと同じように、犬にとっても純血種が雑種になることは忌まわしいことだと考えられている。そのような考え方は、ドッグショーの審査員だけではなくて、犬を愛好するすべての人に染みついてしまっている。あまりに当然のことなので、自分たちの価値観が時代遅れであることにも気づかない。ブリーダーも審査員も飼い主たちも古い価値観をまったく変えようとしないため、疑うことを知らない子供たちにそのまま受け継がれてしまう。[13]

「純血種」の驚くほど多様な子犬たち

犬の種類は比較的、見分けやすい。その分類は、かつての人間の分類よりもはるかに厳密に行われていると言っていい。現在知っている犬種を、当たり前のものとして受け止めている人は多い。姿形、サイズ、毛色などは、現在のものが当然で、他にはあり得ないと考えている。しかし実際には、ほとんどの犬種は、商業的な理由、あるいはドッグショーなどで勝つために人間が意図的に作り出したものだ。どの犬も人間が意図的にそうしたからこそ、独特で、他に代わりのない特徴を持つようになった。品評会で高く評価されるため、飼い主が自分の趣味の良さを街でひけらかすため、あるいは自分の社会的地位を上げるために、犬を望みどおりの姿にしたのである。豊富な犬種はあくまで人為的なもので、通信販売のシアーズのカタログや、ハインツの有名な五七種類の商品のように、あくまで商業的な理由で意図的に作られたものなのにもかかわらず、ほとんどの人はそれを知らないか、忘れてしまっている。[14]

ベテランのハンターでもある犬の歴史家、デイヴィッド・ハンコックは、BBCのドキュメンタリー「犬たちの悲鳴」の中でインタビューに答え、犬の外見的な特徴に対する人間の不合理な信仰には驚いていると語った。たとえば、犬の耳の形や毛の色が、その犬の本質的な性質や能力を知る手がかりになる、というのは単なる思い込みだと指摘した。それは飼い主がその外見で人間性を判断されないのと同じことだ。「テリアはこういう犬だと断言してしまう人は、デボン出身だから、ダラム出身だからこういう人間に違いない、と人間を判断してしまうのと何ら違いはない」ハンコックは、まったく信じられないという様子でそう語っている。[15]

ブリーダーは、同時に生まれた子犬の中から、ある特徴を持ったものだけを選び出すことを繰り返してきた。毛皮の手触り、耳の形など、生きていく上では重要でないが、見た目にはわかりやすい特徴で子犬を選別してきたのだ。これが、犬の健康に問題を引き起こすことになった。ニュージーランド、マッセー大学の獣医学・生体医学研究所のケヴィン・スタッフォードはこんなことを言っている。「犬種があまりにも多すぎることが問題だと言う人もいる。たとえばテリアだけでも非常にたくさんの種類がいる……犬種はもっと減らすべきだろう。似たような能力、外見の犬はもっと交配を進めて、同じ犬種に属する犬の遺伝的な多様性を高める必要がある[16]」

覚えておかねばならないのは、頭の形や毛色がその犬種にふさわしくないという理由で、今でも多くの犬が、日常的に去勢され、殺され、冷遇されていることだ。「純血種」とされる犬は、実は驚くほど均一性がなく、多様な子供を産む。純血主義者たちは、そうした多彩な遺産を必死に隠そうとしているのである。[17]

アメリカにおける権威

アメリカ人は、自らをイギリス式の優生学の正当な継承者とみなしていた。自分の価値、社会的地位を証明する手段として、飼い犬を重視した点も同じだった。価値のある犬を連れていれば、それだけ自分自身の価値が高いことの証拠になると考えた。ただし、南北戦争などの影響もあり、アメリカでドッグショーが盛んになったのは、イギリスよりかなりあとのことである。犬種の公式な登録もイギリスほど急速には進まなかった。しかし、やがてはアメリカもイギリスに追いつくことになる。二〇世紀には、AKCやウェストミンスター・ドッグショーは、イギリスのザ・ケネルクラブやクラフツ・ドッグショーと肩を並べるほどの存在になっていく。アメリカには、イギリスのようにブリーダーやドッグショーに権威を与えられるような王族や貴族はいない。それに最も近い存在となったのは、フリーマン・ロイドという人物である。

ロイドは、イギリスのイメージコンサルタントをアメリカに輸入した。イメージコンサルタントとは、髪型や服装、行動、話し方などがその人の地位にふさわしいものになるよう指導する仕事のことである。彼らは、良い血統の犬を飼うことも、その人の価値を高めることにつながると考えた。ロイドは一九四三年、『アメリカンケネルクラブ・ガゼット&スタッドブック』という冊子に向けたエッセイの中で、姿形の「正しい」犬の価値について書いている。犬の姿形を正しくするため、優生学の役割は大きいとはっきり言い切っている。「実際、犬の頭や顔の形は、人間の場合と同様、その能力、性格を知る有効な手がかりになる。骨相学の理論、技術は、人間と同じように犬にも適用できる」ロイドはそう書いた。[18]

この冊子には、一九四七年に別の著名な専門家が同様の内容の記事を書いている。優生学がいかに悲惨な結果をもたらすかを世界が学んだ直後だったにもかかわらず、犬の世界ではまだ戦前と同じ主張が繰り返されていたということだ。「重要なのは、競争を通じて犬種をより良いものにしていくこと」と記事には書かれている。ドッグショーのために定められる犬種標準は非常に重要なものであると主張された。これは、いわゆる「社会ダーウィニズム」の主張とまったく同じだった。[19]

ジェントルマンの深い考え

フリーマン・ロイドはハンター、犬の歴史家で、ドッグショーの審査員を務めていた。犬に関わる美術品のコレクターでもあった。そのロイドが強調したのは、常に専門家が監視の目を光らせていることの重要性だ。血統の正しい犬を最高の犬に育て上げることはもちろんだが、どの犬が最高かを正しく判断できる人間の存在も大切だ。そして、その判断基準を次の世代へと受け継がなくてはならない。どの犬が最高かを判断するには、長い年月をかけて鍛えた審美眼と、豊富な知識がいる。生まれながらに優れた感性を備えているはずの白人の紳士でなくてはならないのは言うまでもない。そう考えたが、もちろんロイド自身は条件に当てはまる。

イギリスとアメリカの橋渡し役となったロイドは、ラブラドール・レトリーバーという犬をアメリカ人に紹介する文章も書いている。その際、国内の犬に比して外国の犬がむやみに増えないようバランスを取らなくてはならないとも述べた。バランスを取るのは、個々の犬種について誰よりもよく知っている人間の仕事だとしている。ロイドは、スプリンガー・スパニエルという犬種を例にとって警告した。ロイドはこう書いている。「スプリンガーの『長い』血統は、書類の上ではきちんとしたものに見える。しかし、アメリカに連れてくるべきではない。その外見から判断するに、『薪(たきぎ)の中の黒人』〔知らないうちに問題を持ち込むこと〕になると思われるからだ[20]」

あとになって振り返れば、ゴールデン・レトリーバーを選んだのも、黄色のラブラドール・レトリーバーを選んだのも、そう深い考えがあってのこととは思われない。ロイドの言うような審美眼と豊富な知識を持った人間の判断とも思えない。金髪の白人であれば優秀とみなした、かつてのヒトラーとそう違いはない。つい最近まで、犬のブリーディングは完全な趣味の世界だった。ブリーダー、愛犬家の好みが絶対であり、大勢が「良し」としていることであれば、たとえ合理的な理由などなくても、それに異議を唱える者はほとんどいなかった。ドッグショーの文化が強く、そこで高く評価されることが何より優先され、そのことがブリーディングに大きな影響を与えた。チャンピオンには、またペットとして飼うには、どういう犬が望ましいのかの判断に影響を与えただけではない。盲人を導くため、爆弾を探し出すために選抜される犬の外見にも少なからず影響を与えた。何世代にもわたり、ケネルクラブとその関係者たちは、過去の優生学者たちと同様、大きな力を持つ集団となり、社会からも大いに尊重される存在となった。そして、外部のおせっかいな人間たちから手出しされることなく自由に活動することができた。

しかし、それが最近ようやく変わりつつある。外部の人間が前よりは思い切って介入を試みるようになったからだ。そんなことをすれば、世間からは何を偉そうに、という目で見られる危険はある。過激な動物保護主義者と見られ、煙たがられることもあるだろう。傍観者の目には、ブリーダーたち、愛犬家たちの行動は、単に犬が好きゆえのものに映る。だが、実はその行動が時代に逆行するものになっていないか、と外部から疑いの目を向ける人たちも増えてきた。昔から私たち人間に仕えてくれた犬という動物を「改良」すると称して、いったい何をしてきたのかを少なくとも問う必要があるのではないか、という声があがるようになった。狩猟や牧畜、あるいは護衛など、様々な仕事をしてきた犬たちの「改良」を一世紀半にわたって続けてきた専門家に、「現状、どこまで仕事は進んでいるのか」を報告するよう求めるのは、そう間違ったこととは言えないだろう。

「改良」の成果

犬は実際にどこか「改良」されているのか。現在ドッグショーに出ている犬たちの外見は、祖先、つまり過去に人間のために仕事をしていた犬たちと実はまったく似ていない。見比べれば、たとえ素人でもそれはすぐにわかる。まず「改良」の成果はそこに表れているのだろう。

ショーに出るような犬たちのほとんどは、もはや過去のような仕事はしていない。犬種標準に合うよう作られたスプリンガー・スパニエルは、祖先だと言われている犬と似ても似つかない。祖先はイギリスにごく普通にいた犬で、現在のように、賞を取るために特徴的な外見を持たされてはいなかった。鳥を狩る手伝いが仕事で、そのために飼われていたので、外見は特にどうでもよかったのだ。二〇一〇年に始まったテレビドラマ「ダウントン・アビー」は、二〇世紀前半のイギリス貴族の生活を描いたものだが、劇中に登場したイエローラブは、その時代にいたものとは外見的にまったく似ていない犬だった。[21]

ブリーダーやドッグショーの関係者たちは、こうした犬の存在理由は、伝統的な犬種を保護することにあると言う。正しい形態の、他と血の混じっていない、祖先からの血統を受け継ぐ犬というわけだ。特別な能力を持った犬だからこそ、その能力を守るためには、外見的な特徴も守らなくてはならない、という主張もある。外見と能力の結びつきは神聖なもので、一方が崩れると他方も失われてしまうというのだ。外見と能力はまったくの無関係ではなく、ある程度の関係はあるだろうが、外見に細かい基準を多数設けて、厳密にそれを守らなくては能力が失われるなどということはない。しかも、審査員による基準の解釈は時とともに変わっていく。つまり、基準は実際にはあやふやということだ。そんなあやふやな基準を守っているかどうかが、能力に大きく影響するわけはない。

ドッグショーのチャンピオンやその子孫たちは、愛犬家にペットとして飼われてはいるが、もう長い間、実用的な仕事はしていない。それどころか、ショーのために些細な特徴を強調しすぎたために、それが仕事の妨げになると思われる犬も多い。キツネ狩りに使われるはずなのに、胸部が立派になりすぎてもはやキツネの巣穴の中に入り込むことはできそうにない犬。あるいは、毛が長すぎて外見的には綺麗だが、そのせいで動きづらく、視力に影響が出ている犬もいる。にもかかわらず、ケネルクラブやブリードクラブ、ブリーダー、ショーの審査員、愛犬家たちは、犬に関しては高い美意識を持ち、豊富な知識も備えているはずなのに、そのことをさほど意識しているようにも思えない。なぜ、そんな極端な特徴を持った犬が美しいと言えるのか、確たる根拠もないようなのだ。そもそも、狩猟や牧畜、護衛といった仕事を、犬たちに実際にさせた経験がある人は少ない。ドッグショーの審査員たちも、仕事をさせた経験もないのに、実用的な犬の評価をしているわけだ。ドッグショーに出るペットの犬たちはもう狩りには行かないし、羊番もしない。警護もしないし、兵士として戦争に参加するわけでもない。

進化生物学者のグレガー・ラーソンはこう言う。「現代の犬は、外見も行動も、過去の犬とは違う。わずか数百年前の人たちにさえ、現代の犬は奇異なものに見えるだろう[22]」。数百年前の人が現代の犬を見たとしたら、特に犬に知識のない一般の人でさえ、昔の犬と、「改良」された現代の犬との間に、外見上大きな違いがあることはすぐにわかり、驚くことになるはずだ[23]。

目を向けるべきもの

犬を外見的特徴だけで評価することが、より重要なはずの犬の健康や能力を損ねている可能性があると主張をする人が増えてきている。優生学的なブリーディングが続けられると、伝統的な犬種の外見だけは維持されるが、それと引き換えに、犬の能力、健康が失われる恐れがあるのだ。スウェディッシユ・ケネルクラブは歴史的に、ドッグショーでの評価よりも、犬の健康や能力の方を重視してきたが、二〇一二年には、犬の健康を考える学術会議に出資をしている。その会議では、行動特性に基づいた犬の選抜についても話し合われた。講演者の一人、スウェーデン農業大学、動物育種遺伝学部のペール・アルベリウスは次のように話している。「少なくとも、動物を選抜する際に、一つのこと（たとえば「美しさ」）にばかり注目すると、どうしても、別のこと（たとえば、犬の「健康」や「気質」）には目が向かなくなる」[24]。この意見は、動物愛護主義者の極端な声と言えるだろうか。単なる常識ではないだろうか。

スウェーデン軍のエリク・ウィルソンは、軍の極めて実用的な目的のために犬を利用している。ウィルソンも同じ会議に出席し、犬の行動、ブリーディングに関して識者の一人として発言をした。ウィルソンは、純血種の犬（より正確には、遠い親戚関係にある犬の集団と言うべきだろう）は、無作為に交配した犬に比べて、自分たちの目的に合う可能性が高いと考えていた。純血種の犬の方がより信頼できるというわけだ。だが、彼は同時に、ケネルクラブが認めた犬だからといって、質が高いことが保証されるわけではないとも言った。異種交配、つまり、公式のスタッドブックに掲載されていない犬との交配は、犬の健康と能力を保つためには欠かせない。ＡＫＣやザ・ケネルクラブが、新しい血を入れないために排除している犬たちが重要ということだ。

血統と外見を無視し、能力と気質だけで犬を個別に選抜するようにすれば、きっと優れた役立つ犬が増えることになるだろう。しかし、外見の均一性ばかりを重視し、厳格な基準に従ったブリーディングを続けるとどうなるだろうか。ウィルソンはこう言っている。「私は、品評会の類は犬には悪いことばかりもたらしているように思う。能力で選抜するようにすれば、身体的に健康な犬ができるだろう。大きさや色など外見は様々に違ってくるだろうが、それは仕事をする上では重要ではない」[25]ハンターであり、学者であり、現在のケネルクラブのあり方に批判的なパトリック・バーンズは、伝統あるジャック・ラッセル・テリアの飼い主でもあるが、このように発言している。「ドッグショーがこのままのかたちで続けば、間もなく仕事をする犬の血統を完全に破壊してしまうことになるだろう。これまでもそうだったが、これからも害をもたらすのは間違いない」[26]。農作業用の犬、警察犬、軍用犬、レース用の犬、そり用の犬など、使役犬の多くが、AKCに登録すらされていないのはそのためだ。ケネルクラブの影響力は大きく、犬の関係者であればどうしてもその協力を必要とすることもある。しかし、ブリーダーの中には密かに異種交配をしている人も少なくない。そうしなければ、犬の健康と能力を維持できないからだ[27]。

ボーダー・コリーやジャック・ラッセル・テリアといった伝統的な犬種は、最近では、「使役用」、「野外活動用」、「ショー用」、「ペット用」など、いくつかのバージョンに分かれてきている。ドッグショーとは関係のない、審査員の目の届かないところでも、ブリーディングが個別に行われているということだ。だが時には、見当違いの心配が、実用的な犬に悪影響を与えてしまう場合もある。アメリカ警察犬協会専務理事のラッセル・ヘスは、外見や血統が過度に注目される以前、警察犬をめぐる状況がどのようなものだったかを話している。「現在、ほとんどの犬は輸入で、アメリカで育てられたものではない」彼はそう悲しそうに言った。わずか四〇年前に比べて悲惨になった現状を嘆いているのだ。「元来、警察で使う犬は、寄付されるものだった。動物を金を出して買うことは一切なかった。大半の犬はジャーマン・シェパードと似た外見をしていたが、血統書などはついていなかった。しかし、率直に言って、何百ドルもするような血統書つきの犬よりも能力は高かった」[28]

見当違いの美徳

外見に関しても、ドッグショーでは、本来評価されるべきものとは正反対の特徴を持った犬が賞を受けている、という外部からの批判もある。デイヴィッド・ハンコックは、自身が重要と考えていた犬の特徴が失われつつあることを嘆いている。その原因はすべて、「表情」などの表現でごまかそうとする、一部の未熟な審査員のせいだという。ドッグショーが現在採用している、目の色や形に関する審査基準には、何の根拠もないとハンコックは感じている。

「ほぼどの犬種でも、目は暗い色をしている方が高い評価を受ける。しかし、私の出会ってきた使役犬の中で、眼力の鋭いものは例外なく明るい目の色をしていた」とハンコックは言う。目の形についても、実際に狩りに出るハンターと、ショーの関係者では考えが異なっている。ハンコックはこう言っている。「目は卵形の犬が最も健康だと私は考えている。しかし、ブリーダーの中には、真円の目が望ましいと考える人が多い」。また、耳についてはこう発言する。「私は犬の耳は種類を問わず、鋭く尖っているのが自然だと思うが、ブリーダーは丸い耳を良しとする。だが、その好みに合わせようとしすぎると、犬にとっての最も重要な感覚の一つを損なうことになってしまう」(29)

猟犬にどのような能力を求めたがるかは、介助犬にどの犬がふさわしいかという偏見と同様、確かに個人の好みによって変わるものかもしれない。だが、犬の外見ばかりを重んじた結果、そうした実用的能力が損なわれる場合があることについては、熱烈な愛好家でなければ、多くの人が賛同するはずだ。「ドッグショーで審査対象になる犬の行動とは、ただ黙って立っていることである」サンフランシスコ動物虐待防止協会の創始者、ジャニス・ブラッドリーはそう書いている。親が持っていた望ましい行動を受け継がせるのは、常に困難な仕事である。懸命に取り組んだとしても、失敗するケースは多い。外見を最優先にしたブリーディングを行えば、成功の可能性はさらに低くなるだろう。ブラッドリーはそう警告する。[30]犬にとっては不幸なことに、ドッグショーの影響は、その場限りのものではない。著名な生物学者で、犬ぞりレーサーでもあるレイモンド・コッピンジャーは、そうしたドッグショーの方向性が、ペットや使役犬に対しても同様に不利に働くだろうと述べている。行動は親から子へと継承可能であるにしても、それが「先祖が使役犬であったことを表面的に示す」だけのものになる可能性があるからだ。[31]

過激な動物愛護主義者もこれに賛成するだろう。ニューヨーク・タイムズ紙、ウォール・ストリート・ジャーナル紙、ワシントン・ポスト紙などに科学関連の記事を寄稿している作家、スティーブン・ブディアンスキーはこう書いている。「頭と尻尾を真っ直ぐ上に持ち上げる犬は、審査員の注意を惹きやすいし、その分、ドッグショーで勝てる確率も高くなる。この姿形は、犬が優秀で、攻撃的な性質を持っている証拠である」。[32]これについては、正反対の事例からも裏付けることができる。ストックホルム大学のケンス・スヴァットベリは二〇〇五年、ペットならば非常に望ましいと思われる「遊び好き」、「社交的で物怖じしない」という性質の犬が、数多くの犬が集まって評価されるドッグショーの場では評価されにくいと主張しているのだ。[33]

いずれにしろ、ドッグショーでは高く評価されやすい攻撃性は、ペットとしては大きな問題となり得る。コッカー・スパニエル、スプリンガー・スパニエルなどでは、攻撃性が強くなりすぎる、コッカー・レイジ・シンドローム、スプリンガー・レイジ・シンドロームなどの病気が問題になっている。優生学的なブリーディングにおける一つの標準のような存在であるゴールデン・レトリーバーにも同様の病気が発生している。外見を維持するためだけの目的で近親交配を繰り返した結果、犬たちは元来持っていた能力を奪われた上に、健康を害した。そして、もはや単なる愛玩動物として家庭の中で飼育すること、家の誇りを保つためのアクセサリーとして置いておくことすら困難になった。このあまりに深刻な状況の中で、行動遺伝学者たちが今、希望するのは、美しく悲しい犬たちを攻撃的にした遺伝子をどうにか発見できないか、ということだ。それを発見できれば、排除することも可能だと考えているのだ。[34]

働く場所を失ったボーダー・コリー

一九九五年は、AKCがアメリカン・ボーダー・コリーを公認した年だ。この犬種は、非常に特殊で、極めて有用な犬の子孫である。丈夫な身体を持ち、ひたむきな性格で、活発に動き回る。当然、ドッグショー向けに作られたわけではなく、室内で飼うのにも向いていない。本来は広い野山を駆け回る犬だ。AKCが公認するまでには、アメリカ・ボーダーコリー・クラブとの長く激しい闘いがあった。クラブはあくまで、アメリカン・ボーダー・コリーを働く犬として保存したいと考え、ドッグショーに出して審査の対象とすることや、外見だけを基準にしたブリーディングなどは拒否していたからだ。[35]

イギリスでも、同様の伝統的な農業犬が何世紀もの間に進化していた。そして、似たような犬は明確な定義なしでひとまとめに「コリー」と呼ばれていた。ドッグショーの改善を望んでいたマルコム・ウィリスは一九九五年にこう発言している。「使役犬がケネルクラブに登録された場合には、その犬が立派に仕事をこなせるかどうかを必ずテストすべきだ。仕事ができない犬をチャンピオンにするわけにはいかない」。ウィリスは、ボーダー・コリーの未来を憂えていたのだ。彼は、まさに牧羊犬の目を見て怯える羊のように、恐怖に駆られていた。「残念だが、現在のボーダー・コリーの中で、実際に仕事ができるかテストを受けるものは少ない。そして、テストを受けたとして合格するものはさらに少ないだろう。悲しいがそれが現実だ。このまま必要なはずのテストを多くの犬が受けない状態が続けば、ショーのせいでボーダー・コリーが本来の能力を完全に失う日も遠くない」ウィリスはそう言った[36]。それから一〇年以上あとの二〇〇八年、ＢＢＣがクラフツ・ドッグショーをボイコットすることになる。これにより、ザ・ケネルクラブもやむなく対応を始めた。これまでとは方針を変え、犬種標準が定められてから外見だけに注目してブリーディングされてきた犬を、その能力でも評価するとしたのだ[37]。

その間、アメリカでもヨーロッパでも一般の飼い主の心は揺れ動いていた。過去に野原で羊を追っていたボーダー・コリーという犬の物語にロマンを感じていたのに、今やその能力を失ってしまっているという。ツートンカラーで滑らかな毛をしていて祖先にそっくりではあるが、もはや外見だけの「レプリカ」のような存在になっており、しかも、飼うのは非常に困難だ。そんな犬を飼うのはもうやめてしまうべきか、あるいは今残っている特徴だけでも満足して飼い続け、それを誇りに感じるべきか。まったく不適切な環境に犬を閉じ込めることになるが、それでも良しとするべきなのか。

ボーダー・コリーには生まれつき問題を抱えた個体が珍しくない。ぼんやりとただ壁を見つめたまま動かない個体、瞳孔が大きく開き、絶えず震えていて、よだれも止まらないという個体が多く見つかっている。ボーダー・コリーの少なくとも五〇パーセントは、物音を異様に恐れる「ノイズフォビア」にかかっているとも言われている。その多くには、「ザナックス（アルプラゾラム）」という抗不安薬が処方される。一〇パーセントは特に深刻な症状に苦しんでいるという。ボーダー・コリーという犬種はすでに、精神疾患の遺伝子を抱えているという理由で特別な研究の対象にもなっている[38]。

下がり続ける知性

純血種の犬だからといって、すべてがボーダー・コリーと同様の状況にあるわけではない。たとえ同じような問題を抱えていても、愛犬家などからさほど強い反応がないこともあるし、ボーダー・コリーの場合とは正反対の動きが見られることもある。その動きが、外部の扇動家や、過激な動物愛護主義者たちの批判の的にもなっている。先祖の「レプリカ」のようになった犬種の多くは、ドッグショーの舞台やソファの上に置かれることだけを念頭に作られている。そうした犬たちの中には、感覚が鈍り、精神が破壊されて、もはやまったくの無気力に陥っているものもいる。だが、そういう犬たちへの一般の関心は薄い。強い関心を持つのは、それらの犬を褒めそやすドッグショーの審査員、研究する科学者たち、そして飼う愛犬家たちだけだ。

知性をほとんど失っているように見える犬種もあり、その状況に抗議をしている人もいるが、知性というのは扱いが非常に難しい問題である。少し言及するだけですぐに激しい議論になってしまう。一九九四年、ワシントン・ポスト紙は、伝統的なボーダー・コリーを保護する目的で「アメリカの知的レベルはあまりにも低下してしまった」と書いた。同紙の支援者には、ボーダー・コリーのAKCによる公認に反対する人が多かったのだ。「SATのスコアの低下にもすっかり慣れてしまい、そんなニュースにも驚かなくなっている……しかし、どこかでレベル低下を食い止める必要があるだろう。それは犬に関しても同じことが言える」と同紙は書いている。[39] 懸念はボーダー・コリーだけでなく、他の犬種にまで広がっている。

二〇〇六年にケンス・スヴァットベリが一万三〇〇〇頭の犬を対象に実施した調査でそれがわかった。デイリー・テレグラフ紙は「多くの犬種で、知性、身体能力の著しい低下が見られる」と報じている。

犬の「知性」とは、ここでは社交性や好奇心などの特性を指す。調査の結果わかったのは、主としてドッグショーのために外見を重視して育てられた犬の多くが、内向的で、外から見て退屈な性格になったことだ。わずか数世代でそういう変化が起きたというのだ。ところが、こういう調査結果が出ても、犬の関係者の反応は鈍かった。状況を懸念し、危惧する声が高まることはなかったのである。これはあくまで科学者の間での問題と受け止められ、犬を愛好する人たちや、評価する人たちの問題とはならなかった。ただ、こうした現象が起きたことは、外見的特徴と能力に実は関係があることの証拠とも考えられるのではないだろうか。「魅力的な外見の背後にある遺伝子が、犬に起きている恐ろしい現象と密接に関係している可能性はある」とスヴァットベリは言う[40]。

ゴールデン・レトリーバーやイエローラブでも、知性が低下する現象は見られる。これらの犬種の毛色は自然の色素沈着によるものではなく、人為的に作り出したもので、ブリーディングが悪影響をもたらした可能性がある。正当化された優生学的な考えに支配され、外見的な特徴ばかりを重視するブリーディングを改善すべく、スコットランド（ゴールデンやラブラドールなど、かつては猟犬だったがカウチポテト族に変わってしまった何種類かの犬たちの生誕地だ）のアバディーン大学では、また別の調査が実施された。この調査で「知性」とみなされたのは空間認識能力、そして問題解決能力だった。調査の結果、純血種と雑種では、知性に明らかな違いがあることがわかった。デイリー・メール紙は次のように報じている。「由緒正しい血統なのだから、当然、ＩＱテストでも純血種の犬が雑種犬を負かすと思う人は多いだろう。だが、実際にはこの点に関してブリーダーの努力は何にもなっていないようだ。知性で勝つのは雑種犬で、純血種は負けてしまうのだ」

調査では、ボール遊びにおいても、雑種犬は純血種に勝ることがわかった。よく知られている、隠されている骨を見つけ出すテストでも、優秀なのは雑種犬だった。目の前に置いた骨を空き缶で隠し、それを見つけられるかを調べるのだが、純血種の犬の多くは、隠された骨がまだどこかに存在していることすらわからなかった。これ以外にもいくつかのテストをした結果、アバディーン大学の研究チームは、これだけ高い能力を持つ雑種犬はおそらく、警察犬、盲導犬、牧畜犬、そしてペットとしても優れているだろうと判断した。見栄えの点では不利だが、チャンスを与えられさえすれば、その力を発揮できるはずと考えたのだ。

普通とは違うが、これもまた偏見ではないかと思う人もいるかもしれない。しかし、アバディーン大学の調査では、与えられた問題を解決できた犬の一〇頭のうち七頭は雑種だったのだ。トップの成績だった犬はボーダー・コリーでもなければ、スプリンガー・スパニエルでもない。「ジェット」という名の、決して美しいとは言えないボーダー・コリーとスプリンガー・スパニエルの雑種だった。ジェットはなんとテストで満点を取った。[41]

介助犬にはなぜレトリーバーが多いのか？

伝統的な犬の能力は（もちろん今も残っていればの話だが）、現代でも介助犬など、仕事をする犬にとって有効なものだ。だから、仕事をする犬たちを見れば、今の犬の能力がどうなっているかはよくわかるだろう。たとえば、獲物を回収する能力は、介助の仕事にも必要になる。車椅子で移動する人が途中で何かを落とした時、それを喜んで取りに行くような犬ならば、役に立つことは間違いない。障害を抱えた人の身体を支えたり、車を引いたりするには、ある程度、大きいことも重要になるだろう。ゴールデン・レトリーバーやラブラドール・レトリーバーの中には、条件を満たす犬も多い。しかし、ラブラドードル（ラブラドールとプードルの雑種）や、ゴールデンドードル（ゴールデンとプードルの雑種）も同じように条件を満たすことは多い、とアシスタンス・ドッグ・オブ・アメリカのジェニー・バーロスは言う[42]。

バーロスによれば、結局、どの犬が仕事を得るかは、ケネルクラブの定めた犬種ではなく、個々の犬の知性や気質によって決まるという。「我々の一次審査に合格した犬のうち、約五〇パーセントは、最終訓練にまで進むことができない。平均するとそのくらいだと思う。そもそも、一次審査に合格する犬自体が非常に少ない」バーロスはそう言っている。介助犬に向いているのが、ゴールデン・レトリーバーやラブラドール・レトリーバーといった犬種の特性だとする見方は必ずしも正しくない。よく調べれば、それは現実を歪めた見方だとわかる。事実を誇張しているのだ。優秀とされる個体でさえ、そのほとんどは最終訓練を受ける資格さえないとみなされる。つまり、最終訓練を受けて介助犬になる犬は本当に例外的な存在と言える。犬種を問わず、そんな犬はほぼ存在しないに等しいと考えてもそう間違いではない。バーロスは、介助犬に見慣れた顔の特定の犬種が偏って多いことは認めるが、それでも、生涯にわたって学び、働く意欲を強く持ち続けられる犬であることが不可欠だと述べている。「ＡＫＣに登録されているかどうかは我々にとって重要ではない」とバーロスは言っている。

では、病院や老人ホーム、レストラン、クルーズ船などにいる介助犬たちの多くがゴールデンやイエローラブという印象になるのはなぜだろうか。「それは、多くの人の目に触れる時には、一般の人が持つイメージに合わせて、よく知られた犬種の犬を選んでいるからだ。飼い主に連絡が取りやすいという理由もある」とバーロスは言う。犬の世界にもそろそろ、一種の「アファーマティブ・アクション」が必要な時ではないだろうか。ニューヨーク州北部のアニマル・ファーム財団では、アメリカン・ピット・ブル・テリアを単にペットとするだけでなく、人間の仕事の手伝いをする犬と位置づけて訓練を行っている。そして少なくとも一頭、実際に災害救助犬となった。(43)

ドッグショーの評価とセラピー犬の実力

介助犬、麻薬探知犬、地雷探知犬などになるには、並外れた能力と良い気質とを兼ね備えている必要があるが、そういう犬は純血種にも、雑種にも見つかる。特定の犬種だけにそういう優れた犬がいるわけではない。ただ最近では、特別な能力を必要としないセラピー犬も、仕事をする犬とみなされるようになっている。純血種の犬を飼っていることを自慢にする飼い主が、うちの犬は「認定セラピー犬」の資格を持っているといって威張ることが増えた。その資格も血統の正しさ、優秀さの証だと言いたいのだ。都会の歩道では大勢の飼い主が自分のセラピー犬を見せびらかしている。資格を持っているなどと聞くと、私もつい、なるほどと感心しそうになる。

しかし、カーマ・ドッグスのケリー・グールドによれば、セラピー犬に向いているかどうかは犬種にはまったく無関係だという。グールドは処分されそうな犬を救い、情緒に問題のある子供たちの支援に利用する活動をしている。(44)カーマ・ドッグスが利用して成功した犬には純血種もいれば雑種もいる。ありとあらゆる種類の犬がいるのだ。ある犬種が他よりも傾向として賢いということはあるが、賢いかどうかは必ずしもセラピー犬として重要ではないという。「大事なのは、子供に無条件に関心を向けられること、そして子供と固い絆を結べることだ」とグールドは言っている。長年の実績によってわかるのは、ドッグショーで高い評価を受けるような外見でなくても、厳しい美の基準を満たしていなくても、個々の犬の持つ能力や気質によって成功することはできるということだ。個々の資質に注目すれば、一度は価値がないとみなされた犬にも二度目のチャンスを与えることはできる。ドッグショーは、犬の能力を高めることにはまったく役立たない。いくらテレビ映りの良い可愛い犬ができたとしても、そのせいで、見られる以外の仕事をする能力が失われることもある。

貴族階級に強く憧れる消費者の好みに合わせて異常な方法で生み出され、厳しい審査をくぐり抜けてドッグショーのチャンピオンになった犬たちは、引退後、どうなるのか。そうした犬をセラピー犬にしようと考える人は多い。美しさを失ったチャンピオン犬に他に何かできるとも思えないからだ。しかし、セラピー犬となるべくカーマ・ドッグスに連れて来られたかつてのチャンピオン犬一〇頭が、いずれもトレーニングについていけず、カーマ・ドッグスの評価基準を満たせない、ということも起きた。チャンピオン犬はステージでは素晴らしい力を発揮し、そのことでずっと高い評価をされてきた。そのせいで、見ていた人たちは単純に、これだけ素晴らしい犬であれば当然、何をしても優れているだろうと思い込んだ。だが、ステージの上に立ち、ポーズを決めるよう作られた犬の生き方は最初から定められてしまっていた。セラピー犬になるための能力は、生まれた時から失われてしまっていたのだ。

グールドによれば、チャンピオン犬の場合は、ブリーダーの努力が行き過ぎているのだという。ブリーダーは、前のチャンピオンを上回るべく、もっと際立った特徴を持たせなくては、と大変な努力をしている。だが、残念ながら、その努力が犬自身のためにはなっていない。犬種に関係なく、カーマ・ドッグスのテストに一度で合格する犬は、一〇頭に一頭しかいないとグールドは言っている。外見的特徴に厳しい基準を設けて犬種を維持することは、犬の能力を上げ、気質を良くすることには役立っておらず、むしろ逆の影響を与えている。(45)

この犬種だから良いとは言えなくても、反対に、この犬種は総じて良くないので避けるべきとは言えるのではないか、と思う人はいるだろう。純血種の犬は総じて良くないなどと言い切れれば、純血種を絶対と考える関係者に恐怖を与えることができると思うが、そうとも言い切れない。こうすれば一〇〇パーセント絶対に犬が良くなるという黄金律はないし、反対にこうすれば絶対悪くなるという黄金律も存在しない。しかし、こうする方が犬が少し賢く、健康になり、精神的にも安定する確率が高いという方法はある。つまり、少しでも役立つ犬になる可能性を上げる方法はあるということだ。それには、犬種や血統は関係ない。犬種標準を守っているかどうかには関係なく、雑種だろうが純血種だろうが、同様の良い結果につながる。

「純粋」すぎたジャーマン・シェパード

外見的特徴にしろ、能力にしろ、ブリーダーがそれを高めようとして手をかけすぎると、どちらも失われる危険性がある。純血種の犬の多くは、あまりに「純粋」すぎて、その純粋さが自らにとって害ともなっている。

ジャーマン・シェパードは悲劇的な例の一つだろう。二〇世紀には仕事をする犬としては最高とされていた犬種だ。ところが、ジャーマン・シェパードの多くは、おとなしすぎ、仕事の手伝いをさせるには頼りない犬になってしまった。ドッグショーに出すため、あるいは家庭のペットにするために改良しなくても、犬は変わってしまった。アメリカの警察ではジャーマン・シェパードを警察犬としては採用しなくなってきている。これはアメリカに限ったことではなく世界中で起きている動きだ。また同時に、ジャーマン・シェパードを他の犬種と交配させる、ベルジアン・マリノアなど別の犬種に完全に置き換える、ということも進んでいる。ジャーマン・シェパードの生誕地であるドイツですらそうだ。この犬種を生んだことが国家の誇りともなっていたにもかかわらず、使わなくなってきている。[46]
ゴールデン・レトリーバーやラブラドール・レトリーバーの場合は、有用な特性が失われる危機に陥った原因がブリーダーの行き過ぎにあることが明確だったため、何とか対策を講じることもできた。ところが、ジャーマン・シェパードの場合は原因が複合的だったために、能力が失われ、健康が損なわれる悲劇的な状況になっているのに、対策ができなかった。アメリカでもイギリスでも愛好家たちは、この問題について熱心に話し合うことはしなかった。ただ、介助犬、盲導犬としては、ゴールデン・ラブラドール・レトリーバーという雑種犬が役立つことが発見された。この犬はドッグショーなどとは無関係に、支持する専門家が増えている。とにかく、純粋なゴールデンや純粋なラブラドールよりも、信頼できるというのである。
「ゴールデンラブ」と言うと、最近、マンハッタンのヤッピーが自分たちが見せびらかして歩いている高価なイエローラブをより高価に見せるため「ゴールデン」と呼ぶことがあるので混同するかもしれないが、まったく違うものだ。イギリスのエリザベス女王が、自身のイエローラブを「ゴールデン」と呼ぶのでさらに混乱するが、間違えてはいけない。
実は、ゴールデン・レトリーバーも、二〇世紀になるまでは、「ゴールデン」とは呼ばれていなかった。黄色い犬をより高級そうに見せ、価値を高めるために「ゴールデン」と名づけたのである。だが、どれだけ見栄が大事な人間でも、事実を真っ直ぐに見つめることだけは忘れてはならないだろう。ゴールデン・ラブラドール・レトリーバーは、「ゴールデン」という名がついてはいても、あくまで雑種である。血統の純粋性を重んじる通常のブリーディングのルールには反する犬だ。この犬には厳密な定義はない。そして、外見ではなく、能力で選ばれている。仕事の際に着せられるベストがなければ、単に由緒ある犬を飼って見せびらかしたい人たちには存在を認識されることもないだろう。この犬は、一見すると地味だが、その粘り強さ、熱心な仕事ぶりは、ジャーマン・シェパードが変化したことで生じた問題を十分に解決できる。[47]

またこれは、時々発生する珍しい事例などではない。ゴールデン・ラブラドール・レトリーバーの採用は近年明らかに増加している。働く犬を提供する主要な団体の一つ、イギリスの「ガイド・ドッグス」の二〇一〇年の報告によれば、彼らが提供した犬で成功したもののうち四七パーセントが、ゴールデンとラブラドールの雑種だという。二〇一一年の総計では、彼らが使用した犬のうち実に五五パーセントが、ゴールデンとラブラドールの雑種か、ラブラドールとジャーマン・シェパードの雑種だった（純粋なラブラドールは三〇パーセント、純粋なゴールデンはわずか九パーセントだ）。[48]ガイド・ドッグス・オブ・アメリカも、規模は小さいながらやはり同じような傾向になっている。二〇一一年の報告によれば、訓練を終えて無事に仕事に就けた犬のうち、二五パーセントがゴールデン・ラブラドール・レトリーバーになり、二〇一〇年の一年間だけでその割合は二三パーセントも増加したという。[49]

捨てられた犬たちの時代

犬はついに、長年閉じ込められてきた殻を破るかもしれない。いよいよ本当の犬の時代が来る、その兆候が見えている。保健所で死を待つばかりとなっていた犬を救い出し、災害救助犬として使うことが普通になるかもしれない。災害救助犬となって自らの命も救うということだ。こうした犬の多くは当然、雑種である。

逆境を乗り越えた犬たちは、任務も勇敢にこなしてくれるだろう。二〇一三年には、バズフィードの記事に「全米災害探索犬協会が訓練する犬の選択については、ハーバード大学ですら言うべき意見を何も持っていない」と書かれた[50]。連邦緊急事態管理庁（ＦＥＭＡ）の訓練を受け、災害救助犬として認定を受けた中には、一度は「役立たず」とみなされ捨てられた犬が多い。これは、外見、血統、生育環境などを重視してきたあらゆる人たちへの挑戦と言えるかもしれない。一度は捨てられたこの犬たちは素晴らしい能力を持っている上に、気質も非常に良い。知性が極めて高い上に、バランスの取れた性格、訓練がしやすいという良さもある。これだけ有用な犬たちだが、ウェストミンスターやクラフツのドッグショーに出てただちに人気が出るような外見ではない。ゴールデン・ラブラドール・レトリーバーや、さらに素性のよくわからない雑種犬たちが、たとえ優秀だからといって、すぐに広く受け入れられ、その価値を認められるとは考えにくい。現在のブリーディングの基準は、とにかく優生学が基本になっており、雑種犬はそれに合わないからだ。あくまで純粋な血統を重んじるのが優生学なので、雑種犬は存在そのものが認められないことになる。

「良い犬」という言葉の意味をどう捉えるかにもよるが、より良い犬を人間が意図して作ることは不可能ではないと思われる。ただ、優生学に支配された現在のブリーディングを続けるのであれば、それは難しいと言わざるを得ない。血統の正しさを最上と考え、それを守るために犬の能力を犠牲にすることも厭わないような姿勢では、優れた犬は生まれないだろう。ともかく、黒だろうと白だろうと、あるいは二色、三色の犬であっても、真に役立つ仕事ができる犬を飼うのは、一般の飼い主にとって荷が重いことだ。しかし、完璧なペットになる犬を見つけるための黄金律なら、そう難しくはない。

愛犬家の中には、自分の犬が、その立派な祖先と同様の伝説的な犬になって欲しいと望んでいる人がいる。また、血統書のついた犬には、他に類を見ない素晴らしい能力があると考える人もいる。高貴な人たちの紋章に使われ、宮殿で暮らした先祖がいるような犬ならなおのことだ。それ以外にも、子供に噛みついたりしない良き友達となる犬が欲しい時、事前にそういう犬かどうかを知る便利な公式や正確な予測方法がないかと考える人もいる。実は、そうした人たちの大部分に通用する助言がＡＳＰＣＡからなされている。最初に言い出したのがどこの誰かは古いことなのでわからないが、とにかく有用な助言であることは間違いない。それは次のようなものだ――シェパードにするか、セッターにするか、プードルにするか迷ったら、その全部を飼いなさい、つまり雑種を飼いなさいということだ。

第5章　見世物にされた犬たち

ウェストヴィレッジのはずれの角を曲がり、私はいつものとおり、異常に元気な三頭のテリアミックスをハドソン川の土手にあるドッグパークまで連れて行った。穏やかで特に変わったこともない、普段どおりの午後だったように思う。日差しがあり、空気は澄んでいた。元来そこは静かで心地良い地域で、手入れの行き届いた家が多く、中にはニューヨークでも最古の部類に入るとされる家も何軒かある。歴史を感じるレンガ造りの建物。ファサードは、花をつけたつる植物に覆われている。陰になった古風な脇道は、歩道も狭く、人通りも少ない。これくらい人がいなければ、おそらく強盗にあったとしても注目を浴びることはないだろう。所得が高く、穏やかで善良な人たちの多い地域だけに、私も安心して歩くことができる。ただ、問題は私の連れている犬たちだった。この三頭の犬たちは、ここですれ違う人たちにとっては、あまり「好ましい」とは言えない存在かもしれないからだ。

実のところ、血統の良くない元気な雑種犬たちが、このあたりを歩いて何が起きるかは私にもまったくわからなかった。この三頭の雑種犬も、私が仕事として散歩させていたのだが、常識的に考えれば、この界隈の人たちにとっては、馴染みのある種類の犬とは言えない。良い気分になる人が少ないだろうとは思った。何しろ、どの犬種と特定することがまったくできない犬たちなのだ。どの犬も目立った特徴はないが、まず一頭は、長く綿のような毛をしていて、純血種に比べると不鮮明だが毛色がやや斑なところから見て、ソフトコーテッド・ウィートン・テリアの血が混じっているようではある。もう一頭は、頭と身体の大きさが少し不釣り合いで、瞬間接着剤で妙な具合に固めてしまったような不格好な尻尾をしている。そして残る一頭は、胴体が不自然に長く、毛は針金のように硬い。かなり薄れているとはいえ、ダックスフントの血が入っている可能性は高いだろう。統一感のない三頭は、いわゆる愛好家たちが好むような犬ではない。しかし、この犬たちには、純血種を好む人たちの目を惹く共通の特徴が一つだけあった。それは、三頭ともほぼ確実に、ごくわずかではあるが、ジャック・ラッセル・テリアの血が流れていることだ。三頭のうち、オスカーとセバスチャンは身体、マックスは頭がジャック・ラッセル・テリアに近いものだった。そしていずれも、行動がいかにもジャック・ラッセル・テリアだった。私は何度か、マディソン街のＡＫＣまで三頭を連れて行って、認定を頼もうかと思ったことがある。この三頭の雑種犬にジャック・ラッセル・テリアの血が混じっていることは、間違いなく認めてもらえるはずだ。

私は歩きながらいつの間にか空想にふけっていたようだった。このままでは近いうちにボーダー・コリーはいなくなるかもしれない。世界からボーダー・コリーがいなくなったら……などとぼんやり考えていた。だが、その空想は突然、打ち砕かれた。三頭が暴れ始めたからだ。きっと、通りの向かいにいる別の犬の存在に気づいたのだろう。すぐに落ち着かせなくては。私のリーダーシップは危機に陥っていた。三頭が別の犬に出会うといつも、大変な状況になってしまう。犬たちは興奮して口から泡を吹き、はじめて見た奇妙な犬をどうにか攻撃しようとする。騒ぎ出すきっかけは、スケートボーダーが通ったとか、激しくダンスをする人を見たとか、だいたいが些細なことだ。ヘッドフォンをつけた身なりの良いヤッピーが空に向かって何かを話していたというだけで騒いだこともある。厄介だが、まあ犬だから仕方がない。[1]

金色の衣装に閉じ込められて

古く、魅力的なレンガ造りの建物が並ぶ通り。時の経過を感じさせるフェデラル様式の家。鎧戸のペンキは剥げ、ファサードは苔むしている。最近では、こうした古い建物が、この界隈のお気に入りになってしまった。家賃の高騰のせいで、かつては大勢いた「面白い」人たちが、活気あるブルックリンへと移っていったからだ。そして、ヴィレッジが社会的地位の高い人のための地域になったことで、以前は多く見られた雑種犬たちも、飼い主と共に姿を消した。狭い歩道は、ベビーカーを同時に三台押すような大企業勤務の夫婦に占拠され、この地域に長くいたような犬たちは、エアデール・テリア、キャバリア・キング・チャールズ・スパニエル、ラブラドール・レトリーバーといった有名な純血種の犬たちに取って代わられた。その日、三頭の雑種犬の前に現れたのも、気位の高いゴールデン・レトリーバーだった。

地域が高級化すると、そこにいる犬たちも同時に変化することは、紛れもない事実だ。二〇〇八年にトロントでペットの好みについての調査が実施されたが、[2]事前の予想どおり、住民の収入が増えるに従い、ゴールデン・レトリーバーやラブラドール・レトリーバーを飼う傾向が強まることがわかった。反対に、裕福でない人たちが住む地域では、それよりは高級度の下がるピット・ブル・テリアなどの犬種や、犬種のよくわからない雑種を飼う傾向が強まる。[3]

ゴールデン・レトリーバーが特別な犬種であることは世界中で認められており、他の純血種の愛好家でさえ、それは認めざるを得ない。その金色の毛のおかげで、犬がただ立っているだけで王様という雰囲気になる。この犬を作ったことを、人類にとって一つの誇るべき業績と思う人も多いだろう。類似の犬は、すべてこの金色を基準に毛色を評価される。ゴールデン・レトリーバーに近い金色ならば良い犬とされるが、ほど遠い色ならば劣った雑種とみなされる。ほんの数メートル先でリードにつながれているそのゴールデン・レトリーバーに対し、私の連れていた雑種たちは敵意を剥き出しにしていた。

奇妙なのは、三頭がいくら怒っても、ゴールデン・レトリーバーがまるで無関心だったことだ。私は不安になったし、三頭も同じように不安だったのではないだろうか。まだ子犬だったのに、不自然だと思った。あのくらいの子犬ならば、普通はすぐに警戒して興奮するはずだ。通りで見えるもの、聞こえる音、感じるにおい、すべてに関心を示すものだ。ところが、この犬は立派なポーズでただそこにいるだけだ。綺麗な毛をした犬の像のようである。たてがみはやはりライオンのようだ。この犬種は、イギリスで、ツイードマウス卿(元はダッドリー・マシューバンクス伯爵だったが、後にツイードマウス卿という、モンティ・パイソンが考えそうな名前で呼ばれるようになった)が交配によって作り出した。本物のライオンとの交配によってできた、などとまことしやかに言う人もいる。イギリス人の定めた基準に完璧にかなう丸く猫のような脚でしっかりと立っていたゴールデン・レトリーバーは、何も考えていなさそうな顔でただ遠くを見つめていた。その大きく肉づきの良い身体は、まるで別の世界にいるかのようだった。私は、犬の目が悲しげで、落ち窪んでいる、うつろだ、と感じた(4)。三頭にとっては、この犬が死んでいて、綺麗な衣裳だけが残っているということなら納得しやすかったのだろう。しかし、犬が生きているようなので余計に受け入れがたかったのだ。

ラッシーとコリー

この気の毒な生き物を見ていて、私は預かっている三頭の犬と同じくらい激しい怒りを感じた。いったいなぜ、こんな異常なことが行われているのか、何が原因なのか。特定の毛色や脚の形ばかりを大事にして、生物にとって重要なはずの脳については何も考慮しない。なぜ、そんなことができるのか。愛好家たちが犬を自分たちの好みに合わせて作り変えることを始めてから、まだ一世紀にもならない。わずか一世紀前、犬はまだ、ただの家畜だった。ところが、犬の評論家ウィリアム・アークライトがイギリスのケネルクラブに抗議したところによると、その短い時間で犬は「人間の異常さを知らせる広告のような存在に作り変えられた」という。アークライトはまた、ゴールデン・レトリーバーに限らず、純血種の愛好家たちは、たとえば、「耳を長く伸ばすことにばかり熱心になって、他のことが犠牲になっていても無視をしている」と指摘した(5)。

奇妙な特徴を持つ犬は、サーカスの怪物のように多くの人を惹きつける。ショーに出る犬は、まったく動くことなく芸をしているようなものだ。毛色が様々に変わるのはマジックのようだし、目も丸くしたり、細くしたり自在に変えることができる。これも素晴らしい芸だ。魔法の杖を一振りするだけで、脚はまるでゴムでできているかのように伸び縮みする。元はオオカミだった動物が、こうして人間の目を楽しませるまでには、いったいどれほどの長い旅をしてきたのだろうか。また人間がどれだけ手を加えてきたのだろうか。

ウィリアム・アークライトが始まって間もないドッグショーを批判する文章を書いた一八八八年には、のちに「ゴールデン・レトリーバー」という名前を与えられる犬はまだ世間に広く出回ってはいなかった。現在であれば「失格」と評価されるような、暗い毛色の「初期モデル」は、特権階級である土地持ち貴族だけに飼われ、名前のとおり銃で撃った鳥を回収する役目を担わされていた。毛も今ほど長くはなかった。現在では無駄に長くふさふさとした毛になっているので、よほどうまくブラシをかけてやらないと、引っかかったり絡まったりする。

当時の注目の的は、ゴールデン・レトリーバーではなく、新しく改良されたコリーで、愛好家たちの好みに合わせてどれも似たような色をしていた。ほんのしばらくドッグショーに出ていただけで、祖先の犬からは遠く隔たった存在になってしまっていたのだ。コリーの祖先は頑丈な使役犬である。毛色はほとんど石炭のような黒で、coaley〔コーリー＝石炭のような〕が名前の由来だと言われるほどだ。[6] 元来は同じコリーでも、毛色など外見には少しずつ差があったのだが、ドッグショーの観客は、だいたい似たような犬をすべて「コリー」にすることに納得しなかった。外見は違っても、何世代にもわたって同じ性質と、その独特の能力とが維持されてきたのは確かなのに、皆はそれで満足しなかったのだ。間もなく、コリーの毛色は黒一色から、「ゴールデンセーブル」と呼ばれる色と白の二色に変わった。ドッグショーに出すためである。[7] 控えめで働き者の牧羊犬だったコリーは、大きな、光る毛の塊のような犬に変わった。頭も四肢も元より大きくなったし、長い毛に覆われた胴体も大きくなった。[8] そして二〇世紀には「名犬ラッシー」として、小説、映画、ドラマなどの主人公となったが、登場するコリーの毛色が黒一色ということは絶対にない。

消費者が求めるのは、映画などで見たラッシーとまったく同じ犬だ。そこでブリーダーたちは、できるだけコリーの外見が人気のある犬と同じになるよう努力をした。顔は、ボルゾイという犬種に似た細長い、先の尖った形が好まれたので、そのようにされた。ボルゾイは、元はロシア帝国の貴族に飼われていた犬で、それに似せることで高貴な印象にしようとした面もある。ブリーダーたちは、伝統的なコリーを、他の犬種と同様、ショーのためにフランケンシュタインの怪物のような犬にしたとも言える。彼らは、コリーがワニのような顎と、アンゴラヤギのような毛を同時に持つよう手を加えたのだ。アークライトは、これを「できの悪い芸術作品を集めて審査しているようだ」と批判した。[9] 気高い牧羊犬だったコリーは、かつての職場だった農村では物笑いの種となったが、都市の人間はそんな異様なコリーを好んだのである。

リンティンティンとジャーマン・シェパード

アークライトの批判は、コリーについては当たっていたかもしれない。しかし彼は、対象を現実離れしたものに見せることが、ドッグショーだけでなく、ショービジネス全般において重要であるのを理解していなかった。現実離れした存在を現実の誰が好んだというのだろうか。そうしたものに対する好みは、サーカス、見世物ショー、世界博覧会の黄金時代に大きく花開いた。民衆は幻想の世界の味を知り、犬が単なる犬以上の何ものかになるよう要求した。そして、外見が印象的になるように先祖から作り変えられた犬は、コリーばかりではなかった。

すでに書いたとおり、ブルドッグは、長らく牛などの動物と闘うという厳しい環境にさらされていた。それを「見る」ための犬として売ろうとした人たちは、外見だけをかつての闘う犬に似せるべく努力をした。そのせいで、犬の健康や能力が損なわれることもあったが、それは無視したのだ。ブルドッグの皮膚のひだには、顔に浴びた牛の返り血をうまく下へと流し落とす、「実用的」な意味があったとされた。だが実は、皮膚のひだは単なる装飾として加えられたもので、古いブルドッグの顔にそんなひだはない。犬の見栄えのためのブリーディングを正当化するために、専門的に聞こえる手のこんだ理由をひねりだすのは、愛玩用の犬を売る人間たちがよく使う手だ。しかし、逆にそうした説明はあまりにできすぎていて、かえって疑わしく見えることもある。同様に、一応もっともらしい根拠のある目立つ特徴を与えられて、脚光を浴びることになった犬は他にもいる。

現在、「フォックス・テリア」と呼ばれている犬は、ごく最近まで「パーソン・ラッセル・テリア」と区別をされていなかった。ただ、フォックス・テリアに、人の注意を惹くべく無意味に長い鼻を持たせたことで、二つは区別されるようになった。長い鼻は、かつてはその犬が生きる上で重要な役割を果たしていたと説明された。確かに、犬の鼻が伸びるにいたった、まるで「ピノキオ」のような物語は伝えられているが、それは結局のところ作り話でしかない。まったくの嘘ではないにしても、かなりの誇張があるのだ。隠れているキツネを探し出すのに長い鼻が必要だったなどと言われるが、実際にはそんな目的のために長い鼻を必要とした犬は存在しない(10)。

ジャーマン・シェパードは、一八九〇年代に、ゲルマン民族の純粋性の象徴として作られた犬種である。しかし、ドッグショーの対象となる頃には、元とはすっかり違う犬に変わり、その後、映画に出たことでさらに大きく変貌した。有名な名犬リンティンティンがあまりに印象的で、多くの観客を魅了したので、以後ブリーダーたちは、ジャーマン・シェパードをリンティンティンにできるだけ近づけようとしたのだ。たとえば、皆がよく知っていて人気を呼んだ、あの威厳のあるポーズが取りやすいよう、脚にも「改良」を加えた。ブリーダーは、ジャーマン・シェパードの前脚は真っ直ぐのままにした。まるで、岩から力強く伸びる植物の茎のような脚だ。この脚のおかげでジャーマン・シェパードは衛兵のように見える。このようにしたのは、どこか祖先のオオカミに似たところが残る犬の外見や、ナチスとの結びつきから目をそらそうとしたためでもある。また軍用犬だったという実績もあり、この脚が、戦場のヒーローというイメージを持たせるのにも役立った。前脚とは反対に、後ろ脚は曲げられ、不自然に地面に近づくことになった。このことは、犬に良くない影響をもたらした。歩く時にも、胴体が斜めのままになったのだ。この姿勢のせいで、ジャーマン・シェパードは、常に下を見ているように見える。まるでそこには実際に存在しない谷を覗いているように見えるのだ。現在でも、ジャーマン・シェパードと言えば、そういう姿勢の犬と思っている人は多い。そのおかげで、犬自身は大変な苦しみを背負い続けているのだが、それを知らずにイメージに合う犬であることを期待している。[11]

「彼らを犬にしてしまってはならない」

愛好家たちの中には、犬を芸術作品や娯楽作品のように見ている人が多い。肉も骨も、人を驚かせて注目を集められるように、様々な形に変えられてしまった。これは、特に一部の人たちを喜ばせるためであって、自然が意図したものでは決してない。サーカスのリングマスターがむちを鳴らし、自分の思いのままに芸を仕込むように、ブリーダーは自分たちの思いのままに犬の外見を作り変える。彼らが外見を重要視するのは、外見からその犬の能力がわかると信じている人がいまだに多いからでもある。オオカミのような姿の犬はやはりオオカミのように獰猛だと思われやすい。そのためブリーダーは、獰猛なオオカミとは似ても似つかない外見の犬を数多く作ってきた。しかし、時には、犬にすら見えない奇怪な動物が生まれてしまうことがある。

「彼らを犬にしてしまってはならない」一九三〇年代、あるペキニーズの愛好家はそんなことを書いている。ちょうど、あのギョロ目で、小さく奇妙な生き物が上流社会で愛好されていた頃だ。ペキニーズには、蝶の羽根のような耳、猫のような尻尾、そしてサルのような顔を与えるべきだ――ともかく、街をうろつく汚らしい雑種犬にできるだけ似ていないことが望ましいとされた。ゴミ箱をあさり、ライオンのような毛の高貴な犬たちに無礼な態度を取る、あんな酷い犬どもと少しでも似ていてはいけない。その代わり、ペキニーズには、「異世界から中国にやって来た怪物のように、グロテスクなほど大きい目[12]」を与えればよい。いずれにしても、犬らしくないことが望まれた。

すべての犬がオオカミの子孫だという事実は、今では確かな証拠も見つかっており、いくら熱心な愛好家でも否定できない。しかし、その「後ろ暗い過去」を愛好家が認めたのはつい最近のことである。少し前までは、犬の過去についていくらでも自由に物語を作ることができた。系統樹はどこからでも芽を出すことができたし、どの方向にでも枝を伸ばすことができた。犬がオオカミの子孫でないとすれば、たとえば、キツネ、コヨーテ、ジャッカル、あるいはその三種のうちいずれか二種を組み合わせたもの、などどの動物を祖先にすることも可能だった。なぜそうなのか、理由を合理的に説明できればよかったのだ。たとえどの動物であろうと、あの憎むべきオオカミの子孫だというよりはましに思えた。長い間には、おそらく、他にも多くの動物たちの血が系統樹に加わったとも考えられる。そして犬は、そうした多種多様な動物の特徴をすべて取り込んでいる可能性があると思われた。

神話、伝説、空想

ここまで見てきたとおり、大多数の人は、犬は他の様々な種と交配した結果、外見の豊かな多様性を獲得したのだと信じていた。大昔には、神によって創造されたままの最初の「純粋な犬」がいたのだが、たとえば、後にクマと交配したものは大きな犬種になり、キツネと交配したものはテリアのような小さい犬種になったと考えたのだ。一七世紀に出版されたエドワード・トプセルの *The History of Four-Footed Beasts*〔『四足獣の歴史』〕では、実在の動物たちと、一角獣、ドラゴン、スフィンクス、サテュロスなど、架空の動物たちが同列に論じられている。[13] リンネが生物分類を体系化する以前の話だが、動物の系統に関する人間の認識が、いかにでたらめなものだったかがよくわかる。[14]

近代科学が発達し、ある程度説得力のある進化論が生まれるまで、人々は何の制約も受けずに自由に想像をめぐらせ、様々な動物を考え出すことができた。実際、『四足獣の歴史』の中でトプセルは、旅をすることはおろか、ほとんど家から離れたこともない読者を幻惑するようなことを書いている。『シーウルフ（海のオオカミ）』と呼ばれる四足獣がいる。この獣は海と陸の両方に棲んでいる」。ちなみに家紋には、「シードッグ（海の犬）」と呼ばれる不思議な動物が何世紀にもわたって使われてきた。背中に鱗がある魚と犬の合いの子で、たとえば、ストートン家の紋章には一七九〇年からこのシードッグが使われている。[15] トプセルは著書の中でこうも書いている。「古代ギリシャで、犬はライオンの子孫だと言われていた。また、インドでは、トラが犬を妊娠させることがあるとされた。だから彼らは雌犬をトラのいる森の中へ連れて行き、木につなぐことがあった」。ジョン・カイウスはマスチフについて、似たような話を伝えている。「この犬は、獰猛なライオンの子孫だと言われている」[16]

それから四世紀後、フリーマン・ロイドは、このようなネコ科の動物と犬との結びつきを語る神話はまだ生きていると言った。たとえば、「スタッフォードシャー・ブル・テリアは、トラのような筋肉と、ライオンのような勇気を兼ね備えている」[17] などと言われるのは、その証拠だという。スタッフォードシャー・ブル・テリアのいとことも言うべきブルドッグは、見る人によって、トラにもライオンにも似ているように見える頭で、多くの人の心を惹きつけてきた。考えるだけで恐ろしいことではあるが、古い神話は私たちに確実に影響を与えている。神話の影響を受けて「犬とはこうあるべき」と思い込み、その思い込みに合うように犬を作り変えてきたのだ。事実と神話が完全に混じり合っていて、つい最近まで、両者を分けることが非常に困難だった。闘いの際に脚を切り落とされた、あるブルドッグについての、一九世紀はじめから伝わる後述のようなほら話が生まれたのも、おそらく「トラやライオンの血を引いている」という半ば忘れられた神話の影響だと考えられる。

トプセルはこう説明している。「この勇敢な犬はライオンとトラの血が組み合わさることで生まれた。その身体の形、各部分の大きさの比率などは、母親から受け継いだものをそのまま保っている」。ネコ科の動物と犬の交配が強い犬を生んだと信じる人は多かった。チャンピオンになる闘犬たちの身体が強靭で性格が勇敢なのは、ネコ科動物の血を引いているせいだというのである。トプセルによれば、かのアレクサンドロス大王も、犬とネコ科動物の交配による効果に感銘を受けて、自らも熱心に交配を試みるようになったという。大王は、トラと犬の交配により、「偉大な肉体に素晴らしい美徳が宿った」最高の犬が生まれると考えたらしい。クマやイノシシと闘わされたマスティフも、その高貴な血統には、最強の獣、獣の王であるライオンの血が混じっていると信じられた。アレクサンドロス大王は、他のどれほど強い肉食獣でも、トラの血を引く犬——ライオンの鼻にすら噛みついて離さない犬だ——にはかなわないことに驚いたという。

ブルドッグもそんな伝説の犬に負けないほど強かった。いったん牛にかじりついたら、むちで打たれようと、棒で突かれようと、決して離れようとはしなかった。アレクサンドロス大王の見た犬は、屈強な男たちが数人がかりでも、ライオンから引き離すことができなかったと言われている。伝説では、大王は犬の尻尾を切り落とすよう命じたとされるが、それも効果がなかった。続いて、脚を一本、また一本と切り離していくと、やがて「犬の胴体は地面へと崩れ落ちた」のだが、口はまだライオンの鼻から離れていなかった。そしてついには、頭が胴体から切り離されたが、それでも「胴体のない頭は、ライオンから離れていなかった」。なんと素晴らしい犬だろうか！　トプセルはこう書いている。「大王は非常に感動し、気高い魂を持った獣をこれほど早く殺してしまったことを悔み、悲しんだ。犬の魂は、百獣の王の前でも、まったくひるむことはなかったのである[18]」

ライオン、トラ、クマ――良い犬が血を引いていると考えられたのは、いずれも卑しいオオカミよりも高貴とされた動物たちだ。しかし、科学が進歩した現代に生きる私たちは、異種の動物の交配によってたとえ子供が生まれても、その子供は子孫を残せないとわかっている。一方で、犬とオオカミの交配で生まれた子供はいまだに子孫を残すことができる。犬はオオカミの子孫というより、オオカミと同種の動物というわけだ。しかし、今も私たち人間は以前と変わらず犬をそれ以上の存在だと考えてしまう。犬を何種類もの動物の血を引く動物と考える古い伝統は、私たちの脳の奥深くに根強く残っている。

伝説では、ありとあらゆる絶対にあり得ないような組み合わせの交配があったとされる。伝説の中では、空想では、どのような動物でも、犬の祖先になり得るのである。多様な動物が交配した空想上の犬たちは、今も物語の中に生き続けているが、より重要なのは、それが現代のブリーディングの基準にも影響を与えているということだ。犬種の外見がどうあるべきかという基準は、その犬にどういう動物の血が混じっていると考えられていたかで決まっていることがある。たとえば、コリーの場合は、ワニのような、ヤギのような外見が望ましいとされ、尖った顔の鼻先は、一角獣の角になぞらえられるが、それはやはりかつてこうした動物の血を引く犬と考えられていたからだろう。伝説が現実と混同され、現実に影響しているのだ。シャー・ペイ、チャウ・チャウなどの犬も、その毛はクマのものを受け継いでいるとされた。パグはシカの血を引くと考えられた。カタフーラ・レパード・ドッグは、身体にヒョウのような斑点があるため、当然のことながらヒョウの子孫とされた。そして、ブルドッグは、頭の短さがトラの血を引いている証拠だとされ、その外見を保つことで、昔のままの勇敢な性質も守られると考えられた(19)。

家具および装身具としての犬

H・G・ウェルズの小説『モロー博士の島』の中で、モロー博士は実験によって様々な動物を生み出す。複数の動物をかけ合わせた空想上の動物たちが出てくる物語は数多くある。昔の見世物小屋では、そういう実験で生まれたとされる奇怪な動物が出し物に使われたこともある。現在、公式に認められた犬種の中にも、多くの動物の継ぎ合わせと考えられてきたものがいる。ヴィクトリア朝時代の動物園では、ライオンとトラ、ウマとシマウマなどをかけ合わせる試みが盛んに行われた。象の足を傘立てにする、ヤギの頭をランプにするなど、インテリアに利用することも盛んだったが、同時に、交配によって新しい動物を作ろうとする動きもあったのだ。犬に関しても、複数の犬種の組み合わせで新たな犬種を作り出すことが現在まで続けられている。だが、多数の動物の部分をつなぎ合わせて犬を作るというのは、犬を、生きて呼吸をし、感覚を持っている存在とみなしていない証拠とも言えるだろう。生き物というよりは、家具や装飾品の類と捉えているということだ。切り取ったライオンの足が椅子やテーブルの脚に取りつけられることがあったが、それと発想としてはあまり変わらない。サイの角やシカの蹄が、長椅子、寝椅子、シャンデリアなどの装飾に使われることもあったが、それと基本的な発想は同じだろう。

犬の「デザイン」は、家具やオブジェとまったく同じように行われている。ドッグショーで、毛皮を表すのに元来「羽毛」を意味するfeatherという言葉が使われ、その他、様々な外見的特徴をまとめて表すのに、家具調度品を意味するfurnishingという言葉が使われることはその証拠だろう。ドッグショーは、まるでショールームのようなものだ。セッター、ロングヘアード・ポインター、コッカー・スパニエルなどの犬種の長く伸びた胴体は、房飾りを意味するfringeという言葉で呼ばれるし、耳は革製品を意味するleatherという言葉で呼ばれる。骨の構造のことを、材木を意味するtimberという言葉で呼び、余分な肉のことを、これも本来、材木という意味のlumberという言葉で呼ぶのも習慣化している。軟骨形成不全という奇形のある小型犬の脚は、「ベンチのような脚」あるいは「アン女王の脚」などと呼ばれることがある。ブルドッグやコリーの身体は、亀の甲羅、あるいは美しい嗅ぎタバコ入れの形を理想として作られている。ラブラドール・レトリーバー、ボクサー、コッカー・スパニエル、ゴードン・セッターの頭は、「彫刻したような」ものであることが望ましいとされる。一方、グレーハウンドは、ヘビのような頭、カモのような首が珍重されてきた。シャー・ペイの頭はカバのようであるべきとされ、パピヨンとペキニーズは蝶に似ているものが好ましいと考えられた。ただし、これは、いわゆる「バタフライ・ノーズ（蝶の鼻）」とは関係ない。バタフライ・ノーズは、斑点のある鼻のことで、一九一四年、ブルドッグ・クラブ・オブ・アメリカが、「明らかに不快」として否定したものだ。斑点のある鼻は、ラブラドールでも、その犬が良くないとみなされる根拠となる。この犬種で望ましいとされるのは、カワウソのような尻尾だ。エリザベス女王の飼い犬として有名になったコーギーは、かつて牧畜犬として働いていた先祖とはまったく違う外見をしている。キツネに似たその頭は近年になって加わった特徴である。他には、牛のような首、雌羊のような首、ガチョウのような首、ブタのような口を持った犬種もいる。同じ犬種でも毛の長いものを「ベアコート（クマの毛）」、短いものを「ホースコート（ウマの毛）」などと呼ぶことがある。プードルの毛を整える時のスタイルにはいくつか種類があるが、「フォックス（キツネ）」、「ラム（子羊）」、「ライオン」、「テディベア」などと呼ばれるスタイルもある[20]。

耳

愛好家たちの「完璧なペット」を追い求める旅は果てしない。その中では、細かい部分と、全体の姿の両方が重要だとされる。動物、植物、食器、貴金属、対象は何であれ、趣味の世界というのは限りがないものだ。たとえば、チャウ・チャウの場合は、ダイヤモンドのような目を持つのが望ましいとされる（その改良のせいで、まぶたが内側に反り返る奇形を持った犬もいて、手術で治す必要があることも多い[21]）。

犬種を定義する基準には、耳や尻尾の形が含まれることが多い。たとえば、ウェルシュ・コーギー・ペンブロークの場合は、ぴんと立った猫のような耳が特徴とされる。すでに書いてきたとおり、フレンチ・ブルドッグの耳には、コウモリ耳と、バラの花のようなローズ耳があるが、コウモリ耳が望ましいとされてきた。犬種によって、チューリップのような耳が良いとされることもあるし、コッカー・スパニエルのように、かつては、つる植物のような耳でなければならない、とされていた犬もいる。かと思えば、イギリスの田舎の庭園にふさわしく、スコップのような形の耳が良いとされる犬もいる。フォックス・テリアは、ボタンのような形の、半ば寝ている耳が良いとされる。ぴんと完全に立った耳をしているとオオカミに近い姿になる。それよりは、柔らかく、可愛らしい印象の耳を好む人もいる。

一九世紀のブリーダーたちは、耳が柔らかいことを、その犬が忠実で訓練もしやすいことの表れと見た。反対に、硬く、ぴんと立った耳は、狩りに向いた犬である証拠と見た。ドーベルマン（ドーベルマン・ピンシャー）のように、本来は垂れている耳を切断して尖った耳に変える犬もいる。この耳は悪魔の角のように、人間にとっても他の犬にとっても怖いものだ。ピット・ブル・テリアも同じように、カミソリで耳を切って立たせることが多い。

犬は家畜化により、オオカミとは違う柔らかく寝た耳を持つようになったので、わざわざ切ってまで耳を立たせるのは、それまでの努力を無にする行為である。ナイフを使って、より野生的で自然な外見の犬を作るという行為に関しては、愛犬家の世界でも激しい論争が起きている。イギリスでは、他に先駆けて、耳を切ることが禁止され、そのように後天的に手を加えた状態の犬は、ドッグショーに参加できないという宣言もなされた[22]。

しかし、今でも、耳を切ってわざわざ立たせることを擁護する人たちもいる。単に美的な理由だけなら、そこまで強硬な態度を続ける必要はないのでは、と思う人も多いだろう。耳を切るのには他の理由もあるのは確かだ。たとえば、闘う犬にとって、耳が短いことは実用的な理由がかつてはあった。耳が短ければ、それだけ敵にとっては、つかむことも、かじることも難しくなる[23]。だが動物を闘わせることは、すでに西欧諸国では随分前から違法となっている。軍用犬も、偵察や見張り、追跡、爆弾探知などの仕事をするのが普通で、犬に戦闘をさせることはまずない。いくら実用的な価値があると主張されても、ペットにする犬やドッグショーに出す犬の耳を切る理由は外見だけだろう[24]。

尻尾

尻尾は、顔に比べれば「高貴」と呼べるものではないが、それでもやはり、どうあるべきかについて果てしない論争が続いている。たとえば、グレーハウンドが「ネズミのような尻尾を持つべき」というのは、多くの人の一致した意見だ。[25] とはいえ、その尻尾が隣の犬に触れるくらいだらんとしているべきか、あるいは、飾り戸棚の装飾（フィニアル）のようにピンと立つくらい短くすべきかは、いまだに答えが出ていない。[26]

人間が尻尾に手を加えることを正当化する理論は古くからあった。どうも、古代ローマから引き継がれた誤解があり、他の動物と混同していたようだが、とにかく、尻尾は健康上の理由から切る方が良いという説が広く信じられていたのである。また、尻尾を切ると、ミミズに似た長く強いより糸のような虫が見つかるとも考えられた。[27] つまり、尻尾を切ると寄生虫を駆除できるわけで、これがその最良の方法と考えられた。だが実際には、尻尾を切ったあとに残るものは寄生虫などではなく、やはり犬の身体の一部だということが今ではわかっている。それを「駆除」することに意味はない。

丸く短い尻尾が好まれるのも単に美的な理由のはずだが、この好みに関しても、実用的な理由があるとして擁護する声はあった。スパニエルなど、狩りに使われる犬の尻尾が長いと不利だというのだ。長くてふさふさした尻尾をしていると地面に低く伏せる時に邪魔になり、ちぎれることもあるし、感染症の危険性も高まると言われた。背の高い草に隠れていて、そこから立ち上がる時にも、尻尾が長いと目立ってしまい、近づいていた鳥などの獲物が警戒してしまう。だからあらかじめ尻尾を切るということだ。この理屈が、絶対に狩りになど出ないはずの犬にまで適用されてきた。小さなテリアの切り株のような短い尻尾は、キツネやアナグマの巣穴に潜り込むのに有利とされた。ウサギの巣穴から出られなくなった「くまのプーさん」のようにつかえてしまうことはない。尻尾はハンターがつかめるくらい残っていれば十分とされた。巣穴の中から攻撃されてやられてしまう前に、ハンターは尻尾をつかんで犬を引っ張り出してやればいい。そういう理屈で、猟犬もペットの犬も同じように尻尾を切られてしまった。[28]

面白いのは、イギリスの古い狩猟法では、平民の犬の尻尾は短く切るよう義務づけられていたということだ。密猟をする意思がないことを、尻尾を切って犬の能力を下げることで示す、という意味だった。結局、尻尾を切るなど、犬の身体の一部を奪い取る行為が問題なのは、それが犬自身の利益のためではないことが多いからだ。地上を歩く犬にとって、尻尾はバランスを取るのに有用なものだ。尻尾は理由があって彼らに与えられている。一方、犬の尻尾は、水の中では愛好家たちの思うほど役に立つものではない。尻尾がかじの役割を果たすと言われることも多いが、実際にはそうではないのだ。ただし、ラブラドール・レトリーバーは、陸上でも水の中でも、尻尾を必要とする。ラブラドールの尻尾を「カワウソのような尻尾」と呼ぶことがあるが、カワウソと同じくらい、この犬には尻尾が重要になる。

犬の身体の一部を切り取る行為が擁護されたのは、過去には人間の利益のためだった。現在では、この古めかしい習慣が守られているのは、ただドッグショーで高く評価されるためだ。かつては荒々しかった猟犬も、今では人間の膝にのるおとなしい犬になっている。リビングルームのソファに寝そべるだけの犬に、身体の一部を切り取るような外科手術は必要ないだろう。いくら大勢の人の前に出るからといって、過去のままの姿にする必要はない。尻尾が長いと怪我をしやすい、どこかにはさむなどして切れることが多い、などと言って、愛好家たちが、尻尾を切る習慣を守るのはおかしいし、尻尾を短くすべく交配をするのも意味のないことだ。本当に犬のためを思うのなら、愛好家たちがすべきなのは、ただ犬が近くにいる時はドアを注意してゆっくり閉める、ということくらいではないか[29]。

毛色

スノッブな愛好家たちは、人間の長年の友達である犬たちの能力を高めることにはほとんど興味がない。彼らはただブリーディングに関わる新しい専門用語を覚えることだけに熱心だ。街で純血種の犬を褒めそやす人々にしても同じだ。とにかく、自分がどれだけ知識が豊富か、洗練された趣味を持っているかを、初心者にひけらかしたいだけなのだ。たとえば過去には、フレンチ・ブルドッグの魅力が「極上品質のボルドーワイン、優麗で力強いブルゴーニュワイン、燦然ときらめくシャンパン、命の水とも呼ばれ、最高の満足を与えてくれる正真正銘のコニャック」[30]に比べられたこともあった。それ以外にも、同じように酒にたとえられる犬はいる。コトン・ド・テュレアールという犬種に、「シャンパン」と呼ばれる毛色を持つものがいるのは、その例だ。そうした表現を覚えれば、知識を誇示することができるわけだ。

一八七〇年代には、ウェストミンスター・ケネルクラブのロゴとして、イギリスから輸入されチャンピオンとなったポインターの横顔が使われたが、その完璧な形の頭の毛色は「レモン・アンド・ホワイト」と呼ばれた。この表現は現在でも使われている。スパニエルの毛色を表現するのにはよく「オレンジ」という言葉が使われる[31]。

レモン、オレンジの他には、「アプリコット（杏）」も、犬を表現するのに使われる果物だ。「アプリコット・プードル」と呼ばれるプードルはその例だろう。ハイティーを楽しむ有閑夫人が好んだ小さいプードルのことは、「ティーカップ」サイズと呼ぶ。チャウ・チャウには、「クリーム」、「シナモン」と呼ばれる種類がある。丸い顔の犬種にはよく、「ディッシュ・フェイス（dish-face）」という言葉が使われる。また、オールド・イングリッシュ・シープドッグのように「チャイナ・アイ」と呼ばれる目を持つ犬種もいるし、「ティーポット・テイル」と呼ばれる尻尾を持つ犬種もいる[32]。青はたとえば、陶器にとっては重要な色で、ウェッジウッドの陶器を象徴する色ともなっている。ただ、哺乳類にとって青は異質な色である。しかし、チャウ・チャウをよく見ると、舌が青いという珍しい特徴があるとわかる。これを知っていることも「通」としては大事なことだろう。オーストラリアン・キャトル・ドッグや、ケリー・ブルー・テリア、そして貴族的なグレート・デーンなどの犬は、「ピュア・スティール・ブルー」と呼ばれる暗い青の毛をしている。

犬の色の可能性は無限だ。ただし、出世して少しでも上の社会階層に行きたいという野心を持つ人間にとって重要な「エチケット・マニュアル」の一つでもある *The Encyclopedia of the Dog*〔『犬種大図鑑』（ペットライフ社）〕では、各犬種にとって望ましい色が、小さな長方形の見本で示されている。服の通販カタログの色見本と同じである。それによれば、たとえばフレンチ・ブルドッグには、淡黄褐色のもの、多数の色の混じった斑模様、赤、または黒を基調とした斑模様のものがいるとわかる。パグには、シルバー、アプリコット、淡黄褐色、ベーシックブラックといった色があるとされる。[33] チェサピーク・ベイ・レトリーバーという犬種には、「デッドグラス（枯草色）」という色のものがいて、ソフトコーテッド・ウィートン・テリアには、風に波打つ穀物畑のような色のものがいる。シャー・ペイには、「砂色」をしたものがいる。この犬種の最大の魅力とされるのが、たるんだ、しわの多い皮膚だ。この皮膚が、起伏の多い砂漠の風景のように見えるので、砂色という表現は非常に適切だと言える。[34]

黄色のラブラドール・レトリーバーが広く受け入れられるようになったのは、当時まだ非常に珍しかったこの毛色をウィンザー公爵が好んだためだ。「ダークチョコレート」はまだ新しい表現だ。以前は同じ色のラブラドールを「レバー」と呼んでいたが、これではさすがに子供に好かれないので呼び方が変わった。古い言い方でも「ブラック・アンド・タン」はまだ残っており、いくつかの犬種に使われている。黒と褐色のツートンになった犬は、ワインにたとえられる色の犬を愛好するスノッブな趣味に飽きた専門家に好まれる傾向にある。彼らは、ワインを「卒業」して、今度はビールに似た色の犬を好むようになったのだ。スノッブな猟犬、ワイマラナーでは、「マウスグレー」と呼ばれる毛色が趣味の良い色の一つとして認められている。野生動物写真家のロジャー・カラスは、ワイマラナーについてこんなことを言っている。「これほど大勢の嫉妬深いスノッブたちに作られ、守られている犬は他にいなかっただろう[35]」。ワイマラナーには色の違うものもおり、それはビズラと呼ばれているのだが、私の友人の調教師によれば、「赤いので頭が良くない」ということだ。

ネコ科動物への憧れ

犬の特徴を表すのには、フルーツやスパイスの名前の他、チューリップにバラなどの花の名前、そしてワニやヤギ、ウマ、カバ、ウシ、クマ、コウモリ、ネズミなど他の動物の名前もよく使われる。しかし、何よりよく使われるのは、犬と対極とされる動物、猫だ。犬と猫というと、まるで土曜の朝に放送されているアニメーションのようだが、確かに犬の特徴を表現するのには猫がよく使われる。たとえば、「キャット・フット(猫の脚)」という言葉は、AKCのウェブサイトに少なくとも一二七回出てくる。猫そのものではないが、ネコ科の「ライオン」もよく使われ、こちらはウェブサイトで四〇一回使われている。その大多数は、非常に魅力的で、可能であれば見たい、手に入れたいと多くの人が思うような犬に対して使われた言葉である。犬をわざわざ猫に似せようとするのは奇妙な話のようではあるが、実は、現在のような愛犬趣味や犬種標準などが生まれる前からよく行われていたことだ。ジャングルの王者は犬ではなく、ライオンなどネコ科の動物であるという認識は、古代ローマの時代にブリトン人がライオンを自分たちの誇りの象徴とするよりずっと前から広まっていた。また、古代ローマ人も古代中国人も、自分たちの飼い犬をライオンに似た姿にするということをよくしていた[36]。

中国、日本には古くから、「狛犬」と呼ばれる、ライオンに似た空想上の犬がいる。この狛犬が、両国において犬が目指すべき理想の一つとなったことは間違いない。ラサ・アプソ、シー・ズーなどの犬種の飼い主は、その猫のような超然とした態度を喜ぶことが多い。また、椅子の背もたれに登る、窓辺で寝そべるといった、犬らしくない行動も喜ばれる。ネコ科の動物との交配が遠い過去にあったため、そのような特徴を持つようになったという言い伝えも魅力になっている。今日の犬種標準が設けている、最も広範囲に適用できる区別は、脚が猫のようか、あるいはウサギのようか、というものだ。その区別を慎重に見ていくことで、ドッグショーに出場する資格があるか否かが決められることも多い。対象となる犬種は何十にもおよび、たとえば、チベタン・マスティフ、シェットランド・シープドッグ、パグ、クーンハウンド、チワワなどがそうだ。これらをはじめ、実に多くの犬種が、脚が猫、あるいはウサギに似ているかどうかを評価される。「ライオンのように走る」とされるボルドー・マスティフ、他のどの犬よりライオンらしいとも言われる脚を持ったゴールデン・レトリーバーが非常に珍重されるのは言うまでもない。

「顔の表情で、世界全体に対する軽蔑の感情をこれだけ表現できる生き物は他にいないだろう」一九一四年、イギリスのタイムズ紙は、「北京のライオン犬」つまりペキニーズの高慢な態度を見てそう評した[37]。こうした、いかにも位が高そうに見える犬を好む傾向は非常に古くから世界各地にあり、いつどこで始まったのかを特定することは難しい。いつとはわからないはるかな昔から、王族、貴族のような気品を持った犬を作ろうとする努力は続けられてきた。ライオンに似せることもその努力の一環だったと言える。パグは、かつては「ヘアレス（毛のない）・ライオン・ドッグ」とも呼ばれていた。ＡＫＣは、チャウ・チャウのことを「ライオンに似た威厳を持つ犬種」と言っている。ふさふさしたたてがみ、猫のような超然とした態度などからそう言われるのだろう。[38] チベタン・スパニエルのように、「猫好きのための犬種」として宣伝されている犬もいる。[39] より身近なところでは、ボストン・テリアも同じくらい猫に近い。パピヨン、日本の狆（チン）、ロングヘアード・チワワなども、少しでもライオンに似せることを意識したブリーディングが行われている。シー・ズーは漢字で書くと「獅子狗」で、読んで字のごとく「ライオン犬」という意味である。ローシェンは、ドイツ語で「小さなライオン」という意味で、やはりライオンに似せられている。マルチーズはかつて、「フランスの小さなライオン犬」とも呼ばれていた。ただし、マルチーズはもちろんライオンではないし、フランスの犬でもない。そして、名前からはマルタ島の犬のようだが、実はそうではない可能性も高い。だが、一八七七年、アメリカではじめて登録された時には「マルチーズ・ライオン・ドッグ」という名前になっていた。ラサ・アプソのように、かつて「吠えるライオンのような番犬」と呼ばれていた犬もいる。[40]

とにかく、犬の品種改良に、ライオンほど大きな影響を与えている動物は他にいないだろう。現在までに世界で最も高値がつけられた犬は、二〇一四年に中国の不動産開発業者に一九〇万ドルで売られたチベタン・マスティフの子犬である。ステータス・シンボルを欲しがっていたその人が喜んで大金を出したのは、一つにはやはりその犬がライオンに似ていたからだと思われる。[41]

犬にすら見えないように

ネコ科動物に似た外見的特徴を生まれつき持っていない犬の場合は、後天的操作で外見を変えることもある。たとえば、ローシェンの外見がライオンに似ているのは生まれつきではなく、恐ろしく手間をかけて毛をカットしているからだ（そのカットを「ローシェン・クリップ」と呼ぶ）。「テリア」という名前がついているがテリア犬種ではないチベタン・テリアも、やはり同じ目的で毛のカットが行われる。ビション・フリーゼのライオンのようなたてがみも、やはり人間が毛をカットして作ったものだ。このスタイルは、一四世紀にイタリアで大流行し、そのせいでイタリアには、伝統的にライオンのようなヘアスタイルにする犬種が多くいる[42]。

たてがみは王冠であり、ライオンの誇りの象徴でもあるが、それを持たせることでペットが高貴に見えるか、バカげて見えるかは、人によって様々な意見があるだろう。トプセルは、なぜ「たてがみ」という特定のヘアスタイルがこれほどもてはやされるのか、その理由を説明している。「動物の中には、毛がカールしているものもいれば、長く細い毛が絡まってしまっているものもいる。ライオンの場合、身体の前の方の毛は真っ直ぐ立っているのではなく、長くて寝ているのだが、後ろの方の毛はごく短くなっている」。この説明は、ライオンのような犬ではなく、本物のライオンのたてがみについてのものだが、これはそのまま、よく手入れされたローシェンにも当てはまるだろう。「本来、カールした毛は、その動物が不活発で、臆病であることを示すのだが、前の方だけがカールしている場合は違う。この特徴は、その動物が非常に攻撃的であることを示す[43]」

高貴な印象を持たせるため、前の方の毛だけを長くしてカールさせているというと、ある年代から上の人はプードルを思い浮かべるかもしれない。そのふんわりとした異様なヘアスタイルのせいで、女性的な犬種と思われがちだが、プードルは元々、荒々しい性質を持った優れた猟犬だった。プードルの先祖となる犬は、かなり昔から存在している。版画などに残っている姿を見ると、カールした濃い毛に覆われているが、今のような特徴的なヘアスタイルはしておらず、湿地帯での狩猟で力を発揮していたようだ。頭のところの毛はアフロヘアのようにし、脚の周りや身体の後ろの部分は刈り込むといった独特のスタイルは、重要な部分だけは保温されるよう考えた結果だと言う人もいる。だが、他の犬と同じように、それがたまたまライオンに似たというのはまずあり得ない。少なくともある程度までは美的な要請によって、そのスタイルは生まれたのである。(44)

耳や尻尾を切るのと同じように、この種のヘアカットにも実用的な理由があると主張する人は多いが、懐疑的な目で見るべきだろう。数多くの証拠に照らせば、何世紀にもわたって犬に手が加えられてきたのは、主として非現実的で風変わりな外見を持たせたり、他の動物に似せるためだったとわかる。私たちは、犬を先祖であるオオカミとはまったく違う動物に変えようとした——それどころか、犬にすら見えない、まったく別の動物に作り変える努力までしてきたのである。(45)

第6章　ミダス王の手

経験の浅い犬の散歩代行者であれば、顧客の家のドアの向こうから恐ろしいうなり声が聞こえてきたら、すぐに回れ右をして、次の仕事に一目散に向かったことだろう。その明かりのついていないアパートのドアの向こうにいたのは、二頭の好戦的なボストン・テリアだった。二頭は姉妹で、マージとユーニスというかわいい名前をつけられていた。ただし、その時の態度は、とてもかわいいとは言えないものだった。特別な知識を持った訓練士でなくても、二頭が互いにいがみ合っていることはすぐにわかったはずだ。

喧嘩をしている犬は、扱いをよく知らない人にとっては恐ろしいものだろう。小さな鋼鉄製の防具など、身を守るための高価な装備を使っていても、そんなものはほんの気休めにしかならない。剥き出しの歯や、吹き出す血を見なくても、気の弱い人は、甲高い吠え声を壁越しに聞くだけで圧倒されてしまう。間もなく毛皮も肉も引き裂かれるような大変な戦いになると感じるのだ。犬は逆上して、前脚で硬い木の床をひっかく。口を強く閉じて、激しく歯ぎしりをする。時々、怒りのあまり二頭は身体を激しくぶつけ合う。それを見ると、どちらかが死ぬまで続くような戦いをしているのだなと感じる。

私は毎日のようにそういう場面に遭遇する。まず大事なのは気持ちを引き締めること。そして、できるだけ早く喧嘩の仲裁をすることだ。私は素早くドアを開けて中に入り、喧嘩をする二頭のボストン・テリアの身体をつかんで引き離した。そして予定どおりに散歩に出かける。早く仲裁をしないと、散歩どころではなくなり、角を曲がったところにある獣医に緊急搬送ということになる。私たちの通ったあとには赤い血の轍（わだち）ができるだろう。マージとユーニスの世話をする時は、二頭に単に小便をさせれば済むわけではない。いかに二頭と自分が傷を負わないようにするか、それが大事になる。

だが、いったい二頭はなぜ喧嘩をするのか。まったく無意味な争いだと思うのだが、毎日喧嘩をしている。マージとユーニスの先祖は闘犬で、しかも近親交配が繰り返されているので、その副作用で異常な攻撃性を持って生まれてきている可能性はある。二頭は決して「性格の悪い」犬ではないと思うだが、生まれつきのプログラムに問題があるのだろう。闘ってきた先祖の遺伝子の影響もあり、まるで「パブロフの犬」のように、戦いを促すような刺激に機械的に反応してしまう。刺激に対して反応する前に考えることがほとんどできない。だから、あれほど情け容赦のない、向こう見ずな攻撃を相手に仕掛けることができるのだと思う。

猟犬であれば、向こう見ずな行動を取る勇気も大事かもしれない。実際、小型のテリアの中には、ハンターに忠実に従い、キツネの巣穴に身体を潜り込ませる性質を持つものもいる。人間がそういう犬にしたのだ。巣穴を見つけ、その中にいったん入れば、もう顔が傷つくことなどかまってはいられない。それを厭わずひたすら中へと入っていく必要がある。そういう犬は決して知性的で賢いとは言えないだろう。テリアには、電子標識を備えた首輪をつけるのが普通だ。その首輪があれば、犬が生き埋めになっても、手遅れになる前に発見して掘り出すことができる。実際、巣穴に潜り込んで生き埋めになる犬は多い。こうした思慮のなさは、群れで連携して何日も獲物を追跡し、追いつめて殺すオオカミとは大きく異なっている。自然界では、当然、自分がケガをしないよう注意できる動物が有利になる。今にも餓死しそうな状況ならともかく、そうでないのに、ケガも顧みずに急いで動くことに何の意味があるのか。オオカミは獲物を慌てて捕らえ、すぐに食べてしまうようなことはしない。獲物が近くにいても、うろうろ動き回るだけですぐに襲いかからないこともある。これは、すぐに口いっぱいに頬張って、夢中で全部食べ尽くしてしまうのとは違って、人間のテーブルマナーにも近い慎みが感じられる。

ボストン・テリアのマージとユーニス

私が世話をする血統の正しい二頭のボストン・テリアには、先祖のような役割や能力はない。私の持つキーホルダーの音がかすかに聞こえるとすぐ、彼女たちは一気に駆け出し、激しい、血の出るような争いを開始する。彼女たち自身、なぜそんなものがあるのか理由のわからない怒りに突き動かされ、その怒りを抑えきれず、毎日、無分別な戦いを始めてしまうのだ。喧嘩を止め、二頭をお互いの攻撃から守ろうとして、私は何度か噛みつかれた。しかし、どちらの犬も、怒りを私に向けることは決してなかった。

ボストン・テリアは、まるでパラボラアンテナのような異様に大きな耳が特徴の犬だ。活発で、いつも鼻を鳴らしているその姉妹と知り合ってからすでに何年にもなる私は、二頭のかわいい姿もよく見ている。激しい喧嘩は、二頭が私をとても愛してくれているから起きるのかもしれない。私の愛情を取り合って争っているというわけだ。私は中に入って、愛情という貴重な資源を二頭に平等に与えるのだが、その前に少しでも多く得ようと争いを起こす。もっと分別のある犬でも、食べ物や水といった生存に欠かせない資源をめぐって争いを起こすことはあるが、それと同じことのようだ。私にとって、こうやって愛情を欲しがってくれるのは嬉しいことではあった。犬がケガをして獣医を儲けさせることもあるし、アパートの部屋の中ではできれば避けたいことではあるが、仕方がない。

マージとユーニスの飼い主の夫婦は、どちらも日中は遠い仕事場に行ってしまっている。二頭の行動に少し問題があることはよく知っていて、心を痛めてはいる。姉妹は、飼い主が家に帰ってくる時にも、やはり私が入る時と同じく喧嘩をする。彼女たちは別に番犬として飼われているわけではない、むしろその反対だ。そもそも、自宅やそのそばではあまり吠えないというのが、この犬種の「売り」だったはずだ（ＡＫＣは、玄関に誰かがやって来ると仲間どうし殺し合いを始めるなどとは一言も言っていない）。マージとユーニスは、過剰なまでに熱狂的な歓迎委員会みたいなものだった。訪問者があるという予感だけで、もう大興奮となり、生来の気性や誇張された受け口を自分では制御できなくなってしまう。こういうものを手術で矯正できるとは思えなかった。

私がこの家に来る前の何年間かは、トレーナーが雇われていて、獣医がするような仕事も一部はそのトレーナーがしていた。しかし、せっかくプロを雇っていたにもかかわらず、飼い主はそのプロの助言を聞き入れようとはしなかった。トレーナーはこう助言をした。二頭は引き離して、散歩代行者がやって来るまでは、あるいは飼い主が帰宅するまでは、ずっと別々の部屋に置いて待たせておくこと。ところが、飼い主にとって、それはとても聞き入れられる助言ではなかったのだ。夫妻は、同じ母親から生まれた実の姉妹を引き離して、六時間、八時間という長時間、誰も慰める者のない孤独な状態で放置しておくのはあまりに残酷と考えた。たとえ、それで互いを猛烈に攻撃することは防げても、とてもできることではないと思った。助言したトレーナーは即、解雇となった。おかげで犬たちは、何年間も同じように激しい喧嘩を続けた。飼い主はこの犬種にとってはこれが普通の行動なのだろうと、バカげた喧嘩を受け入れてしまっていた。喧嘩は、まるで時計仕掛けのように、私が来るといつも同じように始まる。近隣の住人は皆、さぞ姉妹は仲が悪いのだろうと思っているはずだ。この喧嘩ぶりを見て、激しい音を聞けばそう思って当然だ。しかし、意外なことに、この姉妹はお互いをとても愛していた。耳も尻尾もちぎれてしまうのではないか、というほどの喧嘩をしても、マージとユーニスは必ず仲直りをする。飼い主たちのベッドのそばで丸くなって寝て、何時間もお互いの傷をなめ合う。二頭は、どちらもお互いへの愛情を褒め称え合っているようだった。厳しい愛ではあるが、これもやはり愛には違いないのだろう。

私はドアの鍵を開けると、急いで暗いアパートの部屋の中へと入り、ピンクのラインストーンで装飾された揃いの首輪をつかんで二頭を引き離した。激しい怒りもやがて静まり、その後、マージとユーニスはどちらも黙ってただ立っていた。二頭とも、自分たちが何の理由で喧嘩をしたのだかまったくわからないのだ。私も首輪をつかんだ手を離して自由にしてやるのだが、その時にはとても慎重になる。彼女たちの頭が今どこにあるのか、接近しすぎていないかをよく確認しなくてはならない。

アメリカの紳士

私は二頭を引きずるようにして、玄関を出て廊下を歩いて行く。その間、ずっと考えている。二頭の複雑な関係について。あれは一種の甘噛みなのだろうか。二頭の黒と白に色分けされた背中は、毎日の喧嘩で作った傷の上に傷が重なって層を成している。私の目の前にいるこの犬種はまだ、生まれて一世紀ほどしか経っていない。

今となっては信じがたいが、私たちがボストン・テリアと呼んでいるこの不思議な生き物は、かつてはアメリカを代表する犬種であり、国内で最も人気のある犬だった。しかし、やがてその人気はジャーマン・シェパードに取って代わられる。ジャーマン・シェパードの次はコッカー・スパニエルが、そのあとにはビーグルが、さらにそのあとはプードルが一番人気になったが、コッカー・スパニエルの復活によって、その座を追われてしまう。コッカー・スパニエルを追い落としたのは、ラブラドール・レトリーバーだ。この犬は今、アメリカのいたるところで目にすることができる。ボストン・テリアの盛衰の歴史を見れば、私たちのペットの好みや、ペットに期待する外見が、どれほど急激に変化するのかがわかるだろう。他の流行と同じく、その変化に明確な理由はなく、もしあったとしても良い理由であることはない。

ボストン・テリアは現在、AKCへの登録数でトップ一〇には入っていない。ただ、一時の落ち込みは脱して、復活の兆しを見せてはいる。一度、王座から滑り落ちたあと、一九三〇年代以降は日の当たらない存在だったボストン・テリアは、二〇〇〇年代以降、再び人気のアクセサリーとなった。この犬種は、強くたくましいイングリッシュ・ブルドッグにフレンチ・ブルドッグの特徴を加えて少し穏やかにし、さらに、そこにスポーティなホワイト・イングリッシュ・テリアの派手さも加味したとされている。ホワイト・イングリッシュ・テリアはすでに絶滅した犬種である。乱繁殖のせいで不妊の個体や耳の聞こえない個体が多く生まれるようになり、人気も低下して絶滅してしまったのだ。

ボストン・テリアという犬種が誕生したのは一八九〇年代のことだ。その当時は「アメリカの紳士（ジェントルマン）」と呼ばれていた。ボストン・テリアを飼っていれば、犬だけではなく飼い主までもが紳士になれるという意味である。その呼び名は、新しい犬種を宣伝するためのAKCによる巧妙な戦略の一つだった。また、ボストン・テリアは、ＡＫＣの象徴となるべき犬でもあった。この犬種をきっかけに、ＡＫＣは純血種の犬を飼うという習慣を広め、市場を一気に拡大しようとしたからだ。

ボストン・テリアは一世紀以上にわたり、「身なりの正しい紳士のような犬」だと言われてきた。犬を飼う消費者の目をくらますため、これまでに様々な手段が使われてきた。それについて書くだけで本が一冊できてしまうほどだ。犬の歴史家として有名だったＡＫＣのフリーマン・ロイドはこう記している。「本来ジェントルとは、騎士の時代に、行動が気高いこと、血筋が良いことを表すために使われていた言葉である」[1]。これは、ボストン・テリアについて書いた文章ではなく、貴族的とされたグレーハウンドという犬種や、馬のサラブレッドについて書いた文章の中の言葉だ。どのような動物であれ、それがジェントルマンなどと呼ばれていれば、一定の社会的地位があり、血統も由緒正しいのだろうと考える。ロイドも間違いなくそう考えていた。ボストン・テリアは、「アメリカの紳士」以外には、「黒いサテンの紳士」とも呼ばれていた。この呼び名の方が的を射ているかもしれない。性別を問わず、タキシードに似た毛色を維持するために長年、近親交配が繰り返されてきた犬種だからだ[2]。

失われたコミュニケーション能力

犬は長い歴史の中で数々の特徴を身につけて、私たち人間の心をつかんできた。ただ、その一方で、先祖のオオカミの持っていた特徴を多く失ったのだが、それを意識している人はほとんどいないだろう。オオカミだった動物が人間の生活に入り込み、人間との生活に慣れて、学名「カニス・ファミリアリス（家庭の犬）」から、ある進化生物学者が「カニス・オーバー・ファミリアリス（家庭に適応しすぎた犬）」と呼ぶ動物にまで進化したことで、元来持っていた性質や能力を多く失ったのだ[3]。

たとえば、飼い犬の多くは、他の犬とコミュニケーションを取る能力をかなり損なっている。元々、犬の毛色には、個体ごとに微妙な違いがあり、その違いが他の犬とのコミュニケーションに役立っていた。毛色の違いは自然が犬に与えた力の一つだったわけだ。ところが、純血種の犬の毛はカールするなどして豪華で美しいが、個体差が非常に少なくなっている。派手な模様を持つものもいるが、資源を費やして模様を作っているのに、ただ見栄えがいいだけで、バカげたことに犬自身のコミュニケーションの役には立たないのだ。さらに、平らで動きの少ない顔、表情に乏しい目、ただ目立つだけの歯、無意味に長い耳、切り株のように短い尻尾、あるいは、ねじのように巻いた尻尾なども、犬が言いたいことを伝える上では障害になっている。かわいそうな犬たちを人間の都合で改造してしまったがために、動物としては大きな問題を抱えるようになった。自分の意思を仲間に伝えることが困難であれば、互いに誤解し合うことも多いだろうし、必要のない恐怖心を持つこともあるだろう。マージとユーニスがなぜか毎日喧嘩してしまうのは、そのせいではないか。凍りついたように動かない顔と、大きく出っ張っていて、表情に乏しい目では、気持ちを十分に伝え合えないのかもしれない。オオカミだった動物は犬になり、心を表現するという重要で実用的な能力を失った。まったく違うことを表現するよう作り変えられたからである。犬が表現するもの、それは飼い主の持つ富と社会的地位だった。

タキシードを着せられた犬たち

私たち人間の誇りの象徴となることを犬に強要するのは、オオカミに人間の服を無理に着せるようなものだが、この習慣の歴史は実は古い。犬の身体に人為的に手を加え、一部を人間に似せることは、一八九〇年代にはすでに行われていた。ボストン・テリアの白と黒に分かれた毛色も、タキシードを着ているように見せることで、ステータス・シンボルにしようとしたものだ。犬自身は自分がそんな役割を担っているとは知りもしない。このように手を加えられた犬はボストン・テリアが最初ではないし、最後でもなかった。在来の犬の中でも、身体に斑点のあるもの、斑模様の毛に覆われたものは、早くから他のオオカミに似た犬たちとは区別されていた。「ダルメシアン」という犬種はそうした犬から作られたものである。ただし、ダルメシアンが生まれ、その基準が定められるよりもはるかに昔から、飼い主が着る「アーミン（オコジョ）」の毛皮で作ったローブのような柄、あるいは王冠の縁飾りのような模様にされた犬はいた。つまり、ダルメシアンという犬種がいるのは、遠い過去の遺物のような外見的特徴を、ブリーダーたちが人為的に維持しているからである。

毛色維持のために近親交配が繰り返されたことで、生まれつき聴覚に異常を持つ犬も多いのだが、それがわかっていて、今も同様のことが続けられている。また、ダルメシアンのように白い部分が異常に多い犬は、他の犬たちを緊張させやすい。しかも模様が派手だと、他の犬にさらに強い刺激を与えてしまう。ダルメシアンのような犬を見ると逆上してしまう犬も珍しくない。[4]

一九五〇年代には、ウィンザー公爵が、自ら飼っていたパグに、のりのきいた白いシャツのカラーと、蝶ネクタイをつけさせた。自分たちが公式の行事に参加する時と同じような格好をさせて、賞も獲得した優秀な犬を「紳士」の名にふさわしいものにしようとした。[5]パグにつけられたカラーはいつでも取り外しが可能だからまだいい。パグにとって特に害にはならないだろう。しかし、ボストン・テリアがまとうタキシードは、身体に「織り込まれた」ようなもので、決して取り外すことなどできない。白い部分は、元来「アイリッシュ・スポッティング」と呼ばれる現象によるもので、その現象自体は珍しくはなく、多くの犬種に起きる。また、白い部分があるからといって、必ず生まれつき聴覚に異常があるというわけでもない。だが、ダルメシアンのように、白い部分が異様に多いアーミン柄の身体になると話は違ってくる。あまりに白い部分が多いのは、何か問題が起きている印だ。ボストン・テリアも、タキシード柄があまりに完璧なものは、生まれつき聴覚に異常を抱えていることが多い（マージとユーニスは幸い、この障害は抱えずに済んでいる。しかし、私のような散歩代行者にとって外に連れ出すのが大変な犬であることに違いはない）[6]。

動物の毛皮を人間が着ることに対する反対の声は近年、高まってきている。その反対もやはり問題なのではないか。ボストン・テリアに人間のような姿をさせることについても、もっと抗議の声があがってもいいはずだ。ボストン・テリアという犬が人間に選ばれたのは、確かにその特異な毛色のおかげだ。その毛色のおかげで「その他大勢」の陳腐な雑種犬の中に入れられずに済み、決して忘れ去られることのない犬になった。この「紳士」のような姿の犬を、「純血種」の一つとして認定し、登録すべきか否かについては、一八九〇年代に激しい議論が起きた。もう少しで認定されずに終わるところだったが、土壇場で結局、元は二色に分かれているだけの駄犬だったボストン・テリアは、優れた犬ばかりの神殿に入ることを許されたのである。ボストン・テリア特有の身体の模様が、やはり事態打開の決め手になった。模様のおかげで名誉を勝ち取ることができたのだ[7]。

イギリスの模倣

上昇志向のアメリカ人たちは、自分の地位を高く見せてくれるものなら何でも歓迎した。イギリスは、一九世紀末の時点ではまだ覇権を保っており、アメリカ人からは仰ぎ見られる国であり続けていた。当時、アメリカの上流階級は、経済的には豊かだったが、文化の面ではイギリスに引け目を感じていた。

いくら服装で外見だけは紳士のようになれても、生まれ育ちは紳士にふさわしくないため、イギリスの本物の紳士に肩を並べることはできないと思ったのだ。[8] AKCにとって、その不安につけ込むのは、樽の中にいる魚を銃で撃つくらいに簡単なことだった。新しい富がそこにあり、どこか行き場を求めているのは明らかだったのだ。古くからの純血種でなくても、何か際立った特徴を持った犬で、少し前までの先祖がわかっているものなら、それを純血種と信じさせるのは難しいことではなかった。

ただし、AKC自身も、まだ真新しいスーツに着心地の悪さを感じているアメリカのにわか仕立て紳士と同じだった。彼らの狡猾さはまだ十分とは言えず、手際はあまり良くなかった。イギリスで毎年開かれるドッグショー、「クラフツ」は、同種のショーの中でも最も名誉あるものとされていた。いかにもイギリス風の名前にもかかわらずアメリカで開催される「ウェストミンスター・ドッグショー」ほど古くはなかったが、クラフツはすぐにアメリカのイベントの模範とみなされるようになった。AKC自体、イギリスのザ・ケネルクラブを手本として設立された団体である。ただ、AKCは、ザ・ケネルクラブのように、理事会に王族がいると自慢することはできなかった。さらに問題だったのは、アメリカのドッグショーに出る犬種の大半がイギリス人によって作られたか、改良されたものだったことだ。こうした犬種は、すでに定まった基準とともに蒸気船に乗ってアメリカにやって来た。アメリカの愛好家たちは、それを単に引き継ぎ、そのままの流れで改良を続けることだけに熱心だった。

ブリーダーも、ブリードクラブも、AKCも、ドッグショーの審査員たちも、イギリスからもたらされた古い基準に忠実に従うことばかり考えており、自らの判断で何かを決めようとはしなかった。そうするだけの自信がなかったのだ。チャンピオン犬の外見はどうあるべきか、といったことを、外国の専門家の助言なしに自分たちで決めようとはしなかった。イギリスから伝わった犬種の犬を所有すれば、王族と少し関わりができたように思えることもよかった。アメリカで開かれるドッグショーであっても、結局のどの犬に賞を与えるかの判断は、イギリスから来た審査員の手に委ねられることが多くなった。アメリカ人がいくら良いと思っても、イギリス人に気に入られなければ、良い結果にはならない。[9]

王族と貴族と血統書

とはいえ、アメリカ人のお手本となったイギリスの愛犬趣味も、元はと言えば社会不安の産物だった。一九世紀は、古くからの支配階級の人間にとっては不安な時代だったのだ。最初のドッグショーが開催された頃も、大陸ヨーロッパやイギリスの貴族階級は、まだ何とかフランス革命の影響を乗り越え、生き延びていた。ただし、以前と同じままでは生きていけない。変化に合わせて自らも変えていかなくてはならなかった。プロクルステスにより寝台に合わせて身体を切断されたり、伸ばされたりした人たちのように、変化の必要に迫られていた。社会や経済の情勢の大きな変化が彼らの生活維持にとっても脅威になっていることは確かだった。古い貴族階級が富を失うようになり、土地も金も、商業的な成功を収めた人間の手に渡るようになった。また、政治制度の民主化が進むことも、旧権力にとっては不安の種だった。イギリスも、こうした非暴力革命の影響から完全に逃れることはできなかった。[10]

イギリスをはじめヨーロッパ全土で、貴族階級は死につつあった。彼らは財産を減らし、権力も弱くなっていた。残ったのは、その称号と長年の間に培われた高尚な趣味くらいで、あとはほとんど何もなかった。彼らはせめて、多くの人たちの心の中にある自分たちの輝かしい地位だけは守ろうとした。完全にそのままは守れないにしても、少なくとも部分的には残れば、と考えたのだ。たとえば、まだ歴史の浅かったツイードマウス男爵家が、家族のレトリーバーをＡＫＣに贈ったのは偶然ではなかった。これは後に「ゴールデン」という称号を与えられることになる犬種の犬だった。この頃、男爵家はすでに零落を始めており、レンブラントの絵画などの財産を売却しなくてはならない状況に追い込まれていた[11]。ツイードマウス家は間もなく、スコットランドの地所を離れることになり、地所は荒廃してしまうことになる。しかし、そこは毎年、まったく同じ毛色をした犬たちが何百頭と訪れる巡礼の地となった[12]。男爵家の財産や特権はオークションにかけられて売られてしまったが、少なくとも彼らの気高さと、「自分たちは貴族である」という観念は残った。また、良い血統の貴族であり伝統を守る存在だとして、人々から得られる敬意も残った。家名はこれからも生き続ける。たとえ、家系は途絶えてしまったとしても、ゴールデン・レトリーバーという犬を通して、その名は語り継がれることになるだろう。

家系、血統といった時代遅れの概念を愛玩犬の世界に持ち込む上で、貴族階級は重要な役割を果たした。彼らの熱心さは、現在の純血種の愛好家がとてもかなわないほどのものだ。犬を愛玩する趣味というのは元来、かなりの程度、特権階級を崇拝する趣味だったと言ってもいい。イギリスで始まった趣味ではあるが、それを模倣したアメリカもほんの数年遅れたにすぎない。ただし、アメリカとイギリスでは大きく事情が異なっている。アメリカの場合、ＡＫＣの創立に関わったベルモント、モーティマーといった個人の役割が大きかったことは間違いない。しかし、イギリスでは、初期の時代に力を尽くしたのは、個人というより、遠い過去から続く名門の家系だ。まず、イギリスのザ・ケネルクラブに認可を与えたヴィクトリア女王は、クラブの地位を高めることに大きく貢献した。国王に認められ権威を得たクラブに自分の犬がチャンピオンと評価されれば、多くの人がその犬と飼い主に敬意を払うだろう。誰でも、普段は作業着を着た労働者であっても、クラブに評価される犬を育てられれば、ある程度の権威を持つことができると思えたのだ。

最初期のブリードクラブは、理事として、国王、女王、王子、王女、公爵、公爵夫人などを迎えた。そうすることで、外見も血統も素晴らしい――何が素晴らしいかは結局、主観なのだが――犬だけを作るクラブだという信用を得ようとした。ヘンリー・ド・トラフォード卿、ダービー卿、オーフォード卿といった人たちは、積極的に犬のブリーディングに関わり、犬にも彼らの名前が好んでつけられた。[13] ザ・ケネルクラブも、かつて支配していたのはプリンス・オブ・ウェールズとその飼い犬のボルゾイだった。現在ではそれがマイケル・オブ・ケント王子と、彼の黒のラブラドール・レトリーバーへと代わっている。王族や貴族というのは、生まれた時から人の上に立つものとして扱われてきた人たちである。そして、犬種標準――犬の外見を定める基準――をはじめて文書化する際にも、自然に人々に意見を求められることになった。「最高の犬を手に入れるための最高の」ブリーディングを誰よりも心得ていた、古くからの特権階級の人間のほかに、愛犬家が頼るべきものがあっただろうか。彼らの祖先は、犬種の原型となり得る犬を数多く作り、人も羨む宮殿や地所の中で飼っていた。犬の血を純粋に保つための方法としては間もなく、血統書を作ることが考えられた。この血統書の作成をしかるべき人間が監視すれば、社会的に釣り合わない地位の低い犬との誤った交配が避けられると思われた。日に日に悪くなる一方の世界の中で、美しさの水準を保つにはそれしかないとされたのだ。

レディ・ウェントワースは、著書 *Toy Dogs and Their Ancestors*〔『トイドッグとその祖先たち』〕の中で「王族や貴族が関わることで、おそらく犬の血統も純粋に保たれると思われたのだろう」と書いている。[14] 犬のブリーディングやドッグショーは、王室の公式の仕事となったわけではない。しかし、ブリーダーやドッグショーの開催者に権威を与えたのが特権階級なのは確かだ。特権階級は、ブリーダーたちがより良い犬を作るという目的を達し、より多くの利益を得る助けとなった。純血種に与えられた権威は現在でも効力を保っている。他の血が混じることは決して許されない。純血種と認められた犬たちは代々、血統書に記されてきた。血統書は極めて閉鎖的で、少しでも純粋でないとみなされた犬は、その名が載ることはない。ただ、見方を変えれば、血の純粋さを保つために、そこに載っている限られた犬たちの間で、長らく近親交配が行われてきたことが、現在の犬の健康状態の悪化につながっている。これは、人間の王族、貴族が近親婚を繰り返した結果、健康を害したのと同じ現象と言える。犬たちは現在でも、自身の父親、母親、兄弟姉妹、従兄弟などと交配させられ続けている。少しでも新しい血が入ると「汚れる」と考えられているからだ。そのせいで当然のことながら、生まれながらに奇形や病気を抱えた犬が増えてしまっている。血友病など、先天性の病気、異常を抱えていることが珍しくない。これは、高貴さの代償とも言える。

権威の象徴を手に入れろ

そういう問題がありながらも、純血種の犬はアメリカ人にとって魅力的な存在だった。経済力をつけたアメリカ人の中には、より良い生活を求める人たち、また他人に差をつけ特別になりたい、人の上に立ちたいという願望を持つ人たちが現れた。生まれながらに高貴とされる犬に彼らは惹かれた。アメリカという国は、一般には古いしきたりに縛られない国だと思われている。不健全な犬のブリーディングなどに手を出しそうには思えない。機会の平等、能力主義を国是とするような国には一見、純血種の犬は合いそうもない。だが、実際には、純血種に惹かれ、狂気じみたブリーディングに走る人が大勢いた。

アメリカでは、一八九〇年代に大富豪が多数生まれ、もはやありふれた存在になっていた。彼らは皆、自らの力で立身出世を成し遂げたのだが、早く「成り上がり」から脱したいと望んだ。自分の家族を他とは違う特権階級にするのが願いだった。イギリスの古い上流階級のようになれば、子孫の生活も安泰だと考えた。彼らにとって良い血統の犬を飼うことは権威づけのために重要だった。上流階級らしい礼儀作法を身につけるべく努力をしながら、その一方で、外国から買ってきた純血種の犬たちをさらに「改良」するための努力もなされた。しかし、本物の王族、貴族がいないアメリカにおいては、どういう犬がより良い犬なのかを決める人間がおらず、混乱が生じることになった[15]。

歴史の浅いアメリカでは、いかに特権階級の家系といえども、ヨーロッパの名家ほどの権威はない。すぐに権威を高める最も賢明な方法は、ヨーロッパのすでに権威の確立した名家に頼ることだった。彼らと親しい関係になれば、これから何世代にもわたって続く、申し分のない権威が手に入る。犬の場合はそれがより簡単で確実だった。ともかくイギリスをはじめとするヨーロッパ諸国へ行き、高貴な血統の犬を買い求め、自分たちの犬と交配させればいいのだ。チャンピオンに選ばれるような犬を輸入してしまうのだから、これほど間違いのない方法はない。一九〇九年までに、アメリカに高貴な犬の血を入れることを目的とした交配が五〇〇例以上も行われた。*America's Gilded Age*〔『アメリカ金ぴか時代』〕という本にはその時のことがこう書かれている。「間もなく、国外追放、浪費などが原因で没落したヨーロッパの貴族、あるいは貴族を名乗っていただけの偽物たちが所有していた犬が、競売にかけられてアメリカに渡って行くことになった。買ったのは、オハイオ州の穀物長者夫人、シカゴの食肉長者、ニューヨークの市街鉄道で財を成した有力者などだ[16]」。皆、大枚をはたいて買い、良い餌を与えて大事に飼った犬たちを自慢げに見せびらかした。

しかし、これはビジネスとしては単純で健全だとも言える。売った方も買った方も利益を得ているのだから良いと考えることもできるだろう。アメリカの富豪たちは、高い犬を買ったことで、国内で尊敬を得ることができる。その子孫も未来永劫、高い威厳を保つことができるのだ。きっと誰も彼らの高貴さをあえて疑うことはしないだろう。高貴な犬の血肉は交配によって手に入るし、一家の紋章も金を払えば作ることができる。また、身分の高いイギリス人たちは、一家の城、宮殿がオークションにかけられる危機を免れるためであれば、自分たちよりも下の地位の人間との結婚も厭わなくなった。そうすることが実は彼らにとっても利益になった。何世紀にもわたり近親婚を繰り返してきた彼らの家系に、新しい血が入ることになったのだ。本国の狭い社会の中に閉じ込められていては、決して手に入らない新しい血は、彼らの命を救ったし、活力も与えてくれた。アメリカの富豪たちはこうして、自分の娘たちを身分の高い淑女に変えることに成功していった。

利用されたアメリカ人

犬の愛好家たちの世界で地位を上げたければ、原産国に行って、血統の良い犬を連れてくるのもまた、一つの有効な戦略だ。実際、犬への投資をもくろむアメリカ人たちは、迷うことなく海外へと旅立った。羽振りの良くなったヤンキーたちは、新しい犬の王国を作るためにイギリス諸島をくまなく回り、犬を連れて帰って、ショーでトロフィーを獲得した。その時に彼らが感じた震えるような勝利の喜びは、想像するほかない。おそらくそうした上昇志向を持ったアメリカ人の誰かが切り取って持ち帰ったものだろうが、一八九四年のストランド・マガジン〔イギリスの雑誌〕の挿絵入りの特集部分を、現在、ＡＫＣのアーカイブで見ることができる。それによると、ロンドンでは、血統の良い人たちが集まって自分たちの血統の良い犬について情報交換をしている、とある。ヨーク公爵夫人のダックスフントは、「小さな王子と呼ばれ、少し前にそれが生まれた時には、その領地のいたるところで祝福され、歓迎された」

ということだ。さらには、ペルシャのシャーが飼っていた威厳あるアフガンハウンドは、高貴な印象を与え、「その静脈には、世界中の他のどんな犬よりも青い血が流れている」とも書かれている。[17]海外でブリーディングのための犬を買う裕福なアメリカ人たちは皆、同じブリーダーから似たような犬を買っていたが、騙されたと思う者はいなかった。

『トイドッグとその祖先たち』の著者レディ・ウェントワースは、本名をジュディス・ネヴィル・リットンといい、由緒ある家の生まれで、祖先には著名な人物が何人もいた。詩人のバイロン卿は曽祖父である。リットンの家ではトイ・スパニエルを飼っていたが、その犬種は、近代的な愛犬趣味と粗野な商業主義のせいで堕落してしまったと彼女は言っている。高貴さは安く買い叩かれてしまった。犬は「改良」されたというが、そのせいで元の美しさを失ったと彼女には思えた。ドッグショーで与えられる銀のカップも青いリボンも、彼女には、成り上がり者が箔をつけるためのアクセサリーにしか見えなかった。犬をめぐる商売のすべてが、彼女には「やらせ」と思えた。ブリーダーもブリードクラブも、彼女にとっては、ドッグショーのカップやメダルの権威を高め、それを盾にして人から金を巻き上げる「ゆすり」のようなものだった。彼らの犬を扱う態度は、本当に犬を思う人間にとって軽蔑すべきものだったのだ。しかし、わざわざ遠くから集団でやって来て、貴族の権威をひたすらありがたがっているアメリカ人たちに、彼女は哀れみも感じていた。大金を抱え、疑うことを知らない訪問者たちに、「あなたたちはただ、騙されているだけだ」と警告を発した。リットンはこう言っている。「無知を助長し、それを利用する怪しい商売。アメリカ人は、誤った種類の犬を称賛するよう教え込まれている」。誤った種類という言葉が何を意味するのかは明確ではない。「最高の犬は相変わらず自分たちの手元に置き、同時に、実は大した価値のない犬で遠くから来た顧客を喜ばすのだ」。リットンの言う「価値のない」

犬――何を基準に価値のあるなしを決めるのかはわからないが――は、彼女の言うとおり「素晴らしいともてはやされ、数多くがアメリカへと連れて行かれた。アメリカでは即、その犬たちとの交配が盛んに行われ、生まれた犬たちが無敵のチャンピオン犬となった(18)」

特権階級と触れ合える場所

成り上がりで地位も不安定なアメリカ人は結局、貴族という名に釣られ、利用されてしまったのだ。彼らが簡単に詐欺師の餌食になったのはやむを得ないことだろう。しかし、不思議なのは、本物の貴族たちも、アメリカ人と変わらず、ドッグショーへの参加に熱心だったことだ。貴族たちが、他国で開催されるショーにまで参加することは珍しくなかった(19)。イギリスでは、興行師のチャールズ・クラフトが、イベントの価値を高めるために地位の高い有名人をうまく利用したが、アメリカでもそれは同じことだった。アメリカ人たちは、国の内外で特権階級の人間のご機嫌を取り、彼らをニューヨークのドッグショーの価値を高めるのに最大限、利用した。すぐに、彼らを見るために大勢の人たちが会場に押しかけるようになった。主役の犬たちと同様、王族、貴族たちもショーの呼び物になったのである(20)。

ドッグショー開催の公式の告知文は、一般の人たちを楽しませる一方で、畏敬の念も同時に抱かせるよう工夫して書かれていた。マディソン・スクエア・ガーデンに毎年、ショーがやって来ると、雑種犬にしか縁のない庶民は、告知文に「血統が正しく（high-bred）(22)」、「高い階層（high-class）に属し(21)」、しかも「非常に高価な（high-priced）」と謳われた犬たちに見惚れることになる。そこに来るのは、高貴な血統の、貴族、王族のような犬たち、素晴らしい祖先を持つ傑出した犬たちばかりだ(23)。生まれながらに高い地位にあり(24)、敬意を払うに値する犬たち(25)。しかし、新聞でも意地の悪いコラムニストたちは、

「犬の本来の美しさが損なわれている」[26]、「生き物を装飾物のようにしている」[27]などと言って批判した。実際、もてはやされる犬種は、最新流行の帽子と同じく、次々に入れ替わっていった。一八八四年には「貴族階級の間では、プードルの流行はまだ続いている」[28]と言われていたが、その数年後には、コウモリのような奇妙な耳を持ったフレンチ・ブルドッグがもてはやされるようになった。

ショーに出る犬たちはどれも皆、外見に際立った特徴を持っていた。ただ、初期の頃、ウェストミンスター・ドッグショーの主催者たちは、参加する犬をそれほど厳しく選んではいなかった。彼らはどちらかといえば、門戸を広く開放する方針を採っていた。当時のアメリカ人にはまだ、ショーを排他的なものにするほどのゆとりはなかったからだ。だからしばらくの間はその状態が続いた。一八七八年、ショーの第二回の時点で主催者は次のように発言している。「血統書のない犬でも参加は可能です。ただし、二頭の犬の評価があらゆる点で同じになった時には、血統書のある犬の方を優先とします」[29]。とはいえ、アメリカ土着の犬の飼い主にとっては、この姿勢でさえ、腹立たしかった。規則で血統書つきが優先とされれば、どうしても、輸入犬が有利になる。犬の価値が生まれながらに決まってしまうということに不満を持つ飼い主はいた。一方、自らも地位が高く、血統書つきの犬を持っている人たちにとって、主催者の方針は特に驚きではなく、ごく当然のことだった[30]。

賞を欲しがるのは名誉のため、皆に認知されるためだった。自分が何者であるのか、また何者でないのかを人々に知らしめるためでもあった。観客も、自分の名を売りたいという飼い主たちの願望をよくわかっていた。それでも、わざわざ会場に来るのは、めったに見られない素晴らしい犬を見て楽しみたいからだった。観客がそういう人たちであったため、主催者は安心できた。主催者は、会場にはめったに姿を現さず、ただ自己顕示のために飼い犬を貸し出す特権階級の人々に懸命に仕えた。「アーガイル公爵夫人は、自分の飼い犬の中から何頭かを送ると思われる」一八七九年、ニューヨーク・タイムズ紙はそう報じた。「クラブでは、それに対応するため、オタワに特別代理人を派遣するようだ[31]」。また翌一八八〇年には、こういう報道がなされた。「ウィリアム・ヴェナー卿の個人秘書が、客船ブリタニックまで、卿のチャンピオン犬を何頭か連れてやって来た。ブルドッグ、ブル・テリア、ブラック&タン・テリアなどだ……かつてアメリカを訪れたこともあるヴェナー卿だが、今回は多忙のため自らがブリタニックに乗船することはかなわないようだ[32]」

ショーには、決して姿を見せることのない王、女王、皇帝などの飼い犬が参加することもあったが、当然、他の犬とは扱いが違った。必ずしもショーで勝つとは限らなかったが、それでも他よりも地位は上とみなされたのだ。たとえば、ヴィクトリア女王の飼い犬が送られて来た時には、当然、女王の姿はなかったものの、港は歓待する人々で大騒ぎとなった。「ショーには一頭、特別に有名な犬が参加する。イギリス女王陛下の犬で、二万ドルもの価値があるとされる[33]」と報じられているのは、おそらくヴィクトリア女王のディアハウンドで、ショーのチャンピオンに選ばれたこともある「ヒーロー」という名前の犬のことだと思われる[34]。しかし、何頭かいたコリーもやはり有名だったので、そのうちの一頭であることも考えられる。コリーの名前は、「ノーブル一号」、「ノーブル二号」、「ノーブル四号」、「ノーブル五号」というように番号つきになっていた[35]。ヴィクトリア女王はウィンザー城の自らのケネルに数百頭もの犬を飼っていた。その中には、古代から続く犬種とされたが当時、絶滅の危機に瀕していたマルチーズも含まれていた。女王としては、滅びゆく貴族の家系を救済するような気持ちだったのかもしれない。自らも特権階級に属する女王は、「仲間」の危機を見過ごせなかったということだ[36]。

ドッグショーは単なる娯楽ではなかった。上流階級に近づき、少しでも自分の地位を上げたいと狙うソーシャル・クライマーたちにとっては、絶好の機会となっていた。良い犬を持っていれば、自分を上流階級の一員のように見せることができる。彼らにとって犬は、王冠で光り輝く宝石と同じくらいに魅力的なものだった。ショーで勝つことができれば、また単に出場に値する犬を持っているというだけでも、王や女王に認められたような気分になれる。特権を欲しがる人は大勢いた。やがて、自ら特権階級に属していると名乗る人間の数があまりにも増えてしまった。数が増えすぎると、目立たなくなる。何か、その地位を証明するような、自分は一般人と違うのだと明確に示せるような基準が必要とされるようになった。

一八九二年、ドッグショーの審査員で最高責任者を務めたジェームズ・モーティマーが、「二流の犬」のケネルクラブへの登録自粛を求めたのには、そうした時代背景があった。「二流」という言葉は曖昧で意味は判然としないが、ともかくそういう要請があった。そして、ウェストミンスター・ケネルクラブは、それに応えるように、非常にわかりやすい措置をした。一頭あたりの登録料を二ドルから五ドルへと引き上げたのである。(37) 登録があまりに簡単だと、誰も彼もが上の地位に立ち、差がつかない。そこでクラブでは障壁を高めることで庶民を排除しようとしたのだ。

ショーも、門戸を広く開けたままだと、ふるまいが適切でない人間がどうしても入り込んでしまう。その問題も年々大きくなり、無視できなくなっていた。元来、ドッグショーは、由緒ある家系の優れた人たち、そしてその飼い犬たちを広く一般の人たちにも見せられる場だった。身なりが整い、礼儀をわきまえた上流階級の人々が会場にいれば、それを見る一般の人々にも良いお手本になるのではと考えられていたが、実際にはそうはいかなかった。観客も、犬の飼い主も、必ずしも彼らをまねようとはせず、無作法なふるまいも目立った。上流階級に敬意を持たない人々のせいで、会場の雰囲気は悪くなっていった。間もなく、犬を牛やクマと闘わせたかつての見世物の場とそう変わらないような雰囲気になってしまった。

横行する不正と不品行

一九世紀の終わりから二〇世紀のはじめにかけては、アメリカでもイギリスでも、ドッグショーでの不正が横行した。名前を変え、誕生日を変えるなどして、同じ犬を別の犬だと偽っていくつものショーに出すということが頻繁に行われていた。毛色や模様がそのままでは高く評価されないと見れば、毛染めをすることも多かった。望ましくない斑点があれば、靴磨きのクリームなどを使って消す。そして、望ましいと思われる斑点を描き足す。

クラフツ・ドッグショーで発覚して有名になったのは、ワイヤーヘアード・フォックス・テリアの毛色をミョウバンを使って変えてしまうという不正だった。ミョウバンは、かつて、蒼白な肌が美しいともてはやされた時代に、人間にも使われたことのあった物質である。プードルでは、ベラドンナのエキスを使って目を強調するという不正もよく行われた。これもかつては、女性の瞳孔を広げるのに使われた物質だ。人前に出る時、そうするのがマナーとされた時代があったのである[38]。ゴードン・ステーブルズはこんなふうに言っている。「尻尾に、硝酸銀を使って人工的に斑点を加えたダルメシアンを見たことがある。アイリッシュ・ウォーター・スパニエルの頭のとても美しいトップノット〔頭頂部の周囲より長くなった一房の毛のこと〕が、実は糊でつけられたものだったこともある[39]」。最近でも、二〇〇三年クラフツで最高賞を取ったペキニーズが、あとになって呼吸を助けるための残酷な矯正手術を受けた犬だったことが判明したが、結局、賞を剥奪されることはなかった。手術の目的があくまで犬の生存であり、美的な目的ではなかったからだという[40]。

一部では、ドッグショーの場での人間の不品行が重大な懸念事項となった。当の愛好家たちの間でも、秩序、配慮を強く求める声が高まった。素晴らしい純血種の犬たちが集まる場にふさわしい態度を、ということだ。イギリス、アメリカ両国で広く読まれたジュディス・リットンの著書『トイドッグとその祖先たち』には、もちろん犬のブリーディングについても多くのことが書かれているが、それだけでなく、エチケットやフェアプレーの精神についても書かれている。犬に関わる人間にとってどのような態度が適切なのか、ということに多くのページを割いている。

リットンは自国の人々にも苦言を呈している。男女問わず、態度に問題があると言ったのだ。まず、問題視したのは、イギリス伝統の犬たちの質の低いレプリカを、疑うことを知らない旅行者たちに法外な値段で売りつけているということだ。そのことが、世界中の人たちにとって悪い手本となってしまった。リットンが最も強く反発したのが、元来、粗野な女性たちが新たに数多く「淑女」と呼ばれるようになったことだ。彼女たちは、門戸を破壊するようなことをして強引に高貴な人々の仲間入りをした。醜い犬たちを利用して社会的地位を勝ち取ったのだ。リットンは、「淑女」という言葉を注意して使いながら、こう書いている。「おかげで、淑女の愛犬家は大変な汚名を着せられることになってしまった。外の世界から見れば、愛犬家もカードゲームで不正を働き金儲けをする人間も変わらないということになったのだ[41]」。ニューヨーク・タイムズ紙も、一八九二年のウェストミンスター・ドッグショーに関して同じようなことを書いた。「ショーに自分の犬を出場させる男性の中には、そうした女性と同様に良からぬ人々はいる」と認めている[42]。

抜け目のない人々

普段はボクシングの試合やロックコンサートなどが行われるマディソン・スクエア・ガーデンは、毎年のドッグショーの際には今ではやや滑稽とも言えるほどの厳粛さに支配される。その日のショーの最後には、審査員による判定が行われるのだが、それはとても厳かな儀式となっている。まるで、犬たちがローマ教皇に祝福を受けているかのように感じられる。主催者たちは、そうしてドッグショーをできるだけ立派なものに見せようと努力している。愛犬趣味は紳士淑女のためのものだという印象を強めようとしているのだ。

だが一方で、ショーの関係者たちには、門戸をできるだけ広く開放したいという願望もある。結局は規模の拡大ということが優先され、その前には他のすべてが犠牲になることもやむを得ないとされる。早い時期から、愛犬家たちの間からも、民主化を求める声があった。タイムズ紙は、一八七八年のウェストミンスター・ドッグショーのあと、このように報じている。「ケネルクラブは、そもそもあまり品が良いとは言えない目的のために設立された繁殖組織である。そこでは犬は結局、利益を得るための手段として扱われる。ブリーダーたちは皆、賞を得ようと懸命になる。にもかかわらず、特定のブリーダーにはじめからまったく賞を獲得する見込みがないということもあり、不満の声が出た[43]」

すでに一八九三年の時点で、タイムズ紙は「一〇〇〇人近くものブリーダーたちが賞を求めている」と報じた[44]。この数は、その後も急速に増えていった。規模の拡大は何もアメリカで始まった現象ではなかった。ドッグショーというものが始まった当初から、イギリスの主催者たちは、利益を得る機会を増やすこと、規模の拡大を狙っていた。つまり、民主主義は金になるということだった。貴族の権威と同じく、民主主義も利益と結びついたのだ。はじめてのドッグフードとなる犬用ビスケットを製造したアメリカ人起業家、ジェームズ・スプラットは、「女王陛下御用達」のビスケットも作っていた。そのビスケットは、クラフツ・ドッグショーに高い価値を持たせるのに役立った。何か高尚な大義があるように見せかけてはいたが、ドッグショーの目的は結局、はじめからものを売ることであり、高い業績を上げることだ。様々な仕掛けもすべて、観客と、高い金を払ってくれる出場者の数を増やすためのものだったのだ。

クラフツ・ドッグショーの主催者、チャールズ・クラフトは、実に抜け目のない人物で、なんと犬の剥製のための部門まで作っている。自分のショーが、イギリスのドッグショーの中で最も部門数が多く、品があることを自慢するためだ。本人はその場にわざわざ足を運ばず、心だけショーに参加する貴族の飼い主たちと同様、剥製の犬たちは、かつて生きていた時の名残である皮だけでショーに参加するわけだ。イギリスのバーナム〔サーカスを発案したアメリカの有名な興行師〕と呼ばれ、近代ドッグショーの父となったクラフトは、アレクサンドラ王妃が会場に訪れた際には、金に糸目をつけず、貴賓席を豪華に飾り立てた。おかげで来場者たちは、自分が犬を見に来ているのか、王妃を見に来ているのかが、わからなくなるほどだった。そのクラフトが、自ら主催する名誉あるショーのロゴに選んだのは王冠だ――セント・バーナードの頭上にその王冠を置いたのである。(45)

犬が主役の盛大なカーニバル

犬種が現実離れしたものになるほど、その犬が置かれる環境の装飾も仰々しいものになった。小さな、特に「トイ」という名前のつけられた犬種の多くは、有用性のない宮廷の犬を真似て作られたものだ。それだけに、飼い主も、展示する犬を使って思い切り遊ぶことが多くなった。タイムズ紙は一八九二年に次のように報じている。「そうした犬の一部は、シルク、サテン、ベルベットなどに囲まれていた。まるで王室の人間のような華やかな飾りの中に一日中置かれていたのだ」[46]。貴族の膝にのせられる愛玩犬、古代中国の宮廷で飼われ、常に高貴な人たちのすぐそばにいた優美な犬たち。そんな特別な犬はどういう場所にもいられるというわけではない。一九〇三年に開催された婦人愛犬家協会のショーについて、タイムズ紙は、こんなふうに報じた。

いつものとおり、大勢の人を惹きつけ、人に囲まれていたのは「トイ・ドッグ」たちである。この種の犬たちには、他にはない面白さがあるからだろう。この小さく繊細な生き物たちは、ガラスの家の中に入れておかねば健康を保つことができない。人々は皆、その姿に驚嘆しながら、楽しんで見ている。トイドッグの家の中には、極めて凝った作りのものもある。主な材料はガラスだが、それに白い木材も組み合わせて、横に長い宮殿のように見えるものもあった。中には、四頭のジャパニーズ・スパニエル〔狆のこと〕がいて、シルクのクッションの上にもたれかかり、そのまま眠っていた。四頭はそれぞれに専用の部屋を与えられていた。各部屋の小さな窓には、青いカーテンが飾られていた。そして、この犬の家の中でも特に贅沢なものは、各部屋のアーチ形の天井から下がる合計四つの電球だ。この電球が、部屋の中をほど良い光で照らす。この見事な犬小屋と、中の小さな住民たちの持ち主は、市内在住のR・T・ハリソン婦人である。トロントのJ・E・ディカートは、自身の二頭のトイ・テリアを、中を客船の個室のように二つに仕切った小屋に入れて展示した。前にカーテンのついた犬のベッドは、床から二〇センチメートルほど持ち上げてある。また、犬が気軽に登ったり降りたりして自由に遊べる箱も置かれている[47]。

小さな犬たちは脚が弱いのが常で、気をつけていないとすぐに怪我をしてしまう。その意味でもガラス張りの小屋に入れて守る必要があったのだろう。窓には、やはり他の犬たちと同じように家系図が掲示されたが、それはとても小さいもので、審査員は内容を調べるのに苦労したに違いない。顕微鏡でなければ見えない、ガラスのプレパラートに載せられた標本のようなものだ。一九〇一年、婦人愛犬家協会の別のショーについて書いた新聞記事には、「ペットの犬たちの中には、ガラスで完全に囲まれた状態で展示されたものもいた」という記述がある。

前の部分はドアのようになっていて、誠実な世話係は、犬の肉体を持った繊細な展示物がそろそろ眠る頃だと思えば、そのドアを閉める。また中に少しでも冷たい風が入っていると察すれば、シルクのクッションやマフラーを必要に応じて差し入れる。犬たちの世話が非常に行き届いたもので、時にそれは行き過ぎと思えるほどのものだということは、数多く立ち並んだ小屋の一つをしばらく見ていればすぐにわかる。そばには黒人のメイドが立ち、一日中、か弱い犬たちを見守っている。時々は小屋から出して、毛にクシを通し、枕を置き直してやる。それはまるで人間を相手にしているような気の使い方、思いやりである。[48]

観客は、犬が展示されている環境には、当然、飼い主の普段の私生活が反映されていると思った。それが何より重要なことだった。宮殿のような家、高価な調度品、最新の科学技術を駆使した電気製品、一日中つきっきりで世話をしてくれる黒人の召使い、どれもが皆、当時のアメリカンドリームの大事な要素だったのだ。愛犬趣味が始まった当初から、純血種の犬を所有する意味は一貫していた。その犬が大型でも中型でも小型でも同じだ。純血種の犬が家の居間で丸まって寝ていること、それが、飼い主の自己像を高めることにつながった。そして、飼い主を社会でより尊敬される人間にすることにも役立ったのだ。透明なガラスの向こうからは、犬を見せびらかしたいという意思がはっきりと見えた。しかし、何もかも飼い主の意図のとおりにうまくいったわけではない。ショーの現場では何度も悪質な不正が行われた。特にひどい例としては、ニューヨークのショーで、一頭のボストン・テリアが粉末ガラスを食べさせられた事件があげられる。その犬と飼い主を妬んだ競争相手の仕業だった。結局、かわいそうな犬はチャンピオンになる前に死んでしまった。[49] 純血種の犬の飼い主のすべてが紳士淑女であるとは限らない。傍目には上品に見えても、また、どれだけ贅沢な環境に、どれだけ血統の正しい犬を置いていても、本人の人格が優れているとは限らないのである。

愛犬趣味は、現在にいたるまで長年の間、豪華で贅沢なものであり続けている。ドッグショーは常にきらびやかで派手なイベントである。その昔、王族や貴族のために開かれていたショーのような要素もあるし、またサーカスのような要素、昔の見世物小屋のような要素もある。過去の時代を再現する催しである「ルネッサンス・フェア」に似た部分もある。タイムズ紙は一八九二年のあるドッグショーの開催を、「犬が主役の盛大なカーニバル――美しい庭を訪れ、高貴な犬たちを愛でる」という言葉で告知した。横断幕や馬車も使った華々しいパレードによる宣伝もされ、[50] 目立つ毛色の犬たちも加わって見る人たちを楽しませた。犬たちはパレードする人たちの足元を歩き、尻尾をまるで王旗のように誇らしげに高く上げた。中には、たてがみをつけられ、獣の王ライオンに似た姿となった犬もいて、やがて人につき添われてセンターステージへと上がることになった。トランペットの音が鳴り響くと、一部の犬たちがそれに反応する。特に注意力の高さが評価されている犬たちだ。あまり関心のなさそうな人たちをも惹きつけ、少しでも多くの観客を集められるよう、考えられる手段はすべて使われた。注目を集められるのであれば、ぬいぐるみや剥製の犬さえ使われたのだ。

ただし、あまりに色々と盛り込もうとしすぎたせいで、思いどおりにいかなかった面もあった。タイムズ紙は次のように報じている。「ビッグバンドの演奏も入れようとしたが、断念することになった……バンドが演奏を始めると、その場にいる犬たちがすべてそれに加わってしまうためだ。演奏者は集中できず、とても音楽にならないので聴衆は辟易してしまう[51]」

第7章　売買される貴族の地位

喧嘩ばかりするボストン・テリアのマージとユーニスだが、自分たちが住むアパートの優雅なアールデコ調のロビーに着くまでには、何とか気持ちを落ち着けることができたようだった。上階の閉じられたドアの向こうで、どちらかが死ぬかもしれないほどの闘いを繰り広げていたのは、わずか五分前のことだ。彼女たちは、世話係である私の励ましによって、ようやく分別あるふるまいをするようになっていた。盛んに鼻を鳴らしていた姉妹が、よそ行きの顔に変わった。束の間の休戦だ。黒いエナメル革が張られている一九二〇年代のヴィンテージのエレベーターに乗っていた私たちは、一歩前に進み、周囲をよく見ながらゆっくりと降りる。二頭は、まるで旧友のように仲良く、黒と金の最高級大理石で作られた巨大な柱を次々に通り過ぎて行く。黒と白の寄木張りの床の上をふらふらと歩く。床には、二頭の白い腹と、壁のアルコーヴに置かれたアラバスターの花瓶に生けられた白いカラーリリーが映っていた。

豚から真珠を奪うように

ボストン・テリアは、毛の色のせいで、昔からよく「タキシード」ドッグと呼ばれていた。ただ、その毛色については別の解釈もできる。そもそも、なぜ毛の模様にまで性差別を持ち込む必要があるのか。

私の預かっている二頭の犬は、社交界デビューを果たしたばかりの、とりすました淑女であってもおかしくはない。舞踏会場をうろつきながら、恋愛のゴシップ話に耳を傾ける女性たちだ。彼女たちの黒い毛色はタキシードなどではなく、肩にかかるショールであり、身体の両側にきれいに垂れている。その黒は、前脚のあたりで断ち切られたように白に変わり、そのおかげで、まるで肘のあたりまである長い手袋をしているみたいだ。顔の輪郭はすっきりとしており、こじんまりと整っている。頭の黒い部分は、髪の毛をぴったりと撫でつけた古風な髪型を思い出させる。額の中ほどが白くなり、左右対象の模様になっているのも、髪を半々に分けたようだ。頭頂部には、ちょうどティアラや冠が載るくらいの場所がある。彼女たちの細い首は、ピンクのラインストーンのカラーで飾られているが、それはドッグショーでよくあるような宝石つきではないし、模様も、趣味の悪いこれ見よがしなものではない。下顎から突き出ている鋭い牙は、最近では室内での争いで使われることが多いが、隠れているので一見するとわからない。犬種標準や世間の要請に従って、牙が見えないようになっているのだ。

狂騒の二〇年代と呼ばれた一九二〇年代、マージとユーニスが住む豪奢なアールデコ調の建物が作られた頃、ボストン・テリアという犬種は広く人気を集めるようになった。ボストン・テリアたちは、やはり犬種にふさわしい家に住むべきとされた。それは、悪いことなど一度も起こったことのないような家だ。広くゆったりとしたアパートや大きなタウンハウス、そういうところが、この黒と白に綺麗に分かれた犬たち、その身体の色、模様と、上品さにはふさわしいとされた。まさにボストン・テリアの時代が到来したという状況だった。

初期のブリーダーだったエドワード・アクステルは、著書 *The Boston Terrier and All About It*〔『ボストン・テリアとそのすべてについて』」の中で、ボストン・テリアのことを「犬の世界における我らの小さな貴族」と書いている。[1] 確かに、アメリカで生まれたはじめての純血種というわけではないが、何ら決まった用途のない、単なる愛玩用の犬としては最初の純血種と言えた。その意味で古くからいる宮廷向けの犬に匹敵する存在だったのだ。実用性など貧民だけの関心事であるとして、眉をひそめるような階級の人たちの伴侶にふさわしい犬とされた。

ボストン・テリアの登場の仕方は、多くの点で、その飼い主自身と似ている。どこにでもいる雑種から引き上げられ、その後、近親交配によって完璧になるよう洗練されていったということだ。この「黒いサテンの紳士」は、まったくの無名だったにもかかわらず、上流階級に飼われるべき犬として一気に有名になった。一九二四年のＡＫＣガゼット誌には、安堵の溜息のような言葉が載っている。「はじめのうちは、御者や執事、厩番などに飼われる犬だったのだが、次第にボストン・テリアの貴族的な外見やふるまいが認められ、その居場所を急速に馬小屋から屋敷の中へと移すようになった」。[2] 愛好者が増えるに従い、ボストン・テリアはまさにそこにいるのが運命と言える場所へと移動していく。下層から上層への移動は、まるであのシンデレラのようでもある。少しでも自分の階級を上げたい、自らの過去を忘れてしまいたいと願うソーシャル・クライマーたちにとっては魅力的な犬だ。

近い親戚であるイングリッシュ・ブルドッグやフレンチ・ブルドッグの足跡をたどるように、ボストン・テリアの子供たちは、無価値な者たちの手から奪い取られた。それはまるで、ブタから真珠を取り上げたり、民衆の中に誤って紛れてしまった王族を救い出したりするようなものだった。ある本などは、ボストン・テリアはまさに、『『フォー・ハンドレッド』』に選ばれるような上流家庭の、大切な家族の一員となるのにふさわしい」犬だと熱狂的に称えさえした。[3] 間もなく、「アッパーテン」と呼ばれるような高い社会階層の人たちの家に居つくようになったと、ＡＫＣガゼット誌には書かれている。ますます、この犬にふさわしいと呼べる人たちは、ごく一部に絞られたのだ。[4]ガゼット誌の記事には「先祖の身分は高いとは言えないが、ボストン・テリアには、紳士の本能がある」とも書かれている。[5]

二度目の独立宣言

ボストン・テリアは、繁殖における「再現の均一性」を獲得するのが記録的に早い犬種だった。[6]その早さには、ヘンリー・フォードも驚いたことだろう。アメリカ人は、大量生産されたフォードの均一な大衆車に乗ってどこにでも行けるようになったが、ボストン・テリアもまた、世界中に行き渡るためには均一性が必要だったのだ。生産ラインを完全なものにし、ボストン・テリアを一つのブランド名として、認知させたい、関係者のその願望はあまりに強かった。ＡＫＣが一八九一年の時点でボストンテリア・クラブを承認したいと宣言したのは、その表れだろう。ボストン・テリアという犬種をさらに発展させるに足るだけの犬をクラブのメンバーが持ち始めたのは、ようやくその二年後のことである。スタッド・ドッグ・コミッティのメンバーも、ボストン・テリアの検査が十分でない段階でこんな発言をした。「私個人としては、クラブを承認したいと考えている。ただ、その前には、実際の犬を見てみなくてはいけないだろう」[7]

イギリス人は、家庭用の愛玩犬として基準となるような犬種を数多く供給してきた。いずれも時の試練に耐えた本物の犬種であり、毛色のコーディネートなども完璧だった。にもかかわらず、アメリカ人はなぜわざわざ苦労して新たな犬種を作り出そうとしたのだろうか。それは、簡単に言えば、自尊心のため、ということになるだろう。外国に目を向けたのも、元は自尊心を満たすためだった。遠い外国から認められることをずっと熱望していたアメリカ人だが、自らの力で出世を果たした人たちは、その願望をあえて抑えることがアメリカの成熟の表れだと考えるようになったのだ。犬が好きかどうかには関係なく、純血種の犬は、由緒ある家にとっては欠かすことのできないものだ。だが、その犬を自前で作ることができれば、遠くロンドンまで足を運ぶ必要はないのではないか、と考え始めた。

ソーシャル・クライマーたちの記憶にある限り、イギリスは事実上、犬に関して独占状態を保ってきた。世界的に有名な犬種のほとんどはイギリスのものだったし、犬種標準を決める権利もイギリス人が有していた。アメリカ人は長らく、彼らに「仲間に入れてもらっている」という気分でいた。[8] アメリカのドッグショーに外国人の審査員が招かれることがあったのは紛れもない事実だ。ショーに権威を持たせ、魅力を高めることが目的だ。審査員は、誰が最高の犬を持っているのかを判定する。だが、評価を下される側としては、よそから来た無作法なゲスト、自分たちの社会の状況を知らないはずのよその人間にショーを支配されるのは愉快なことではない。外国から来る審査員が、自分たちの社会について時間を取って詳しく調べているとはとても思えない。[9]

一八八一年には、ニューヨーク・タイムズ紙で、ある主要なドッグショーに関し「たとえイギリス諸島の犬であっても、すべてアメリカ人の審査員が判定をすることになった」という報道がなされている。その時すでに反感が生じていたことがわかる。[10] ただ、とりあえずは「完全にアメリカ化された」[11] イギリス人をショーの審査員にするという方法でうまくいっていた。アメリカ国内のどの場所でも、ショーの出場者たちの多くはそれで満足していたのだ。新聞などでは「イギリス人の専門家を審査員にすると、他への圧力になる」[12]、「イギリス人審査員は、アメリカの愛犬家を動揺させる」といった批判的な報道がなされていたが、しばらくは大きな変化がなかった。自分たちのブルドッグ、ポメラニアン、狆を外国人に不当に低く評価されたと悲しんでいた飼い主たちの心を慰めるような動きは起きなかったのである。「イギリス人の審査員たちによって評価されるようになって以来、長らく愛犬家たちの世界は混乱し、動揺している」とニューヨーク・タイムズ紙は懸念を示した。[13] イギリス崇拝者は多くいて、彼らは支配者に従うことで満足していたが、一方で他国の支配に不満を持つ愛犬家の数は増えていった。彼らは外国犬への依存も早く終わらせたいと望み、二度目の独立宣言を求めた。

ＡＫＣの自社ブランド

これはいわゆる「階級間闘争」とは違う。アメリカ人にとっては、新しい階級を確立するための闘争だったと言えるだろう。アメリカの消費者たちが、自分がアメリカ人であることを誇りに思えるようなステータス・シンボルを強く求めたことは確かだ。ただし、より強い誇りを感じるためには、他のアメリカ人がまだ持っていないようなものを持つ必要があった。ボストン・テリアはその条件を満たす犬のように思えた。ボストン・テリアを持つことは一種の反逆だったが、その反逆を多くの人に認知させるためにはどうすればいいかを支持者たちは考えた。ＡＫＣは、犬に関して世界で唯一の権威というわけではなかった。しかし、ＡＫＣに犬種を登録すれば、少なくとも東海岸の社会に知れ渡ることは確かだ。[14]

高貴な犬を飼えば、自分も高貴な人間になれるという幻想、ブリーディングの世界で力を持った人たちは、その幻想を利用した。また、新しい犬種を一気に売り込むために、ＡＫＣは、外国の影響に対する反感、同時に、アメリカ国内の社会不安も巧みに利用した。ＡＫＣはある時から、自己分析を始めたと言ってもいい。元は、エリートのための社交クラブだった。ウルトラリッチと呼ばれる人たちの楽しみのために設立されたのだ。だが、間もなく営利を目的とする団体へと姿を変えた。利益を得るためには何かを売らなくてはならない。彼らが売ったのは、一見、ブリーディングによって得られる犬の質のようだが、実際に売ったのは、犬の質という「概念」だった。元来、ごく一部の選ばれた常連客だけの要望に応え、実用性の低い服を限られた数だけ作っていた服飾デザイナーが、特権階級の真似をしたい大衆のための既製服を作るようになったのに似ている。純血種の犬でビジネスをしようとする人たちも同様の変貌を遂げたのだ。

アメリカ人が必要としていたのは、高貴な犬だが、同時に万人のための犬だった。それは、誰もがこぞって車を買ったのと同じだ。誰もが自分の家の居間に純血種の犬を置きたがったのは、誰もがT型フォードを持ちたがったのとさして変わりはない。T型フォードの登場により、労働者にもはじめて自家用車が持てるようになった。やがてボストンテリア・クラブがその名にふさわしい犬を作るのを、世界中が待つようになり、AKCもボストン・テリアのブリーディングに強い関心を持つようになった。それらしい雑種を元にボストン・テリアと呼べる犬を作り上げることに熱心に取り組むようになる。元にしたのは主に遠くから来たイギリスの犬たちだ[15]。

「この犬は、イギリスのザ・ケネルクラブよりも先にAKCで認定されたはじめての純血種となった」ガゼット誌は一九二四年にそう報じている。「そして、AKCは、すべての母親がはじめて産んだ子供を誇るように、この犬種を誇った。新しい犬種は優生学的に完璧であると断言したのである」[16]。ボストン・テリアは、AKCの特別な保護を受けた。いわばAKCの自社ブランドだったからだ。AKCは自らを象徴する犬種として、その後、数十年にわたり、ボストン・テリアの普及、地位向上に努めた。

「一八九一年の時点では、ボストン・テリアはまだ一つの実験だった」ガゼット誌はそう解説する。「しかし、正式な犬種と認定されて以降、その犬は、AKCと運命を共にするような存在となった。また、クラブの財政をしっかりと支える友人ともなる。長年の間、その登録料により、クラブの財政に最大とまでは言えないが、非常に大きな貢献をしてきた」[17]。ＡＫＣの事務所は、元は、普通のファイルキャビネットが並んでいるだけの、趣味は良かったが、ごく小さなものでしかなかった。それがマディソン・アベニューに豪華なオフィスを構えるまでに成長した。世界でも最高の犬に関係するアートのコレクションも保有している。そうなれたのも、ツートンカラーの小さな犬が長い間、人気を維持したおかげだ。

民主的なブリーディング

重要なのは、アメリカ人の間に、紳士とは、淑女とはどういうものか、ということに関して、共通の認識があったことである。犬種は何もない真空からは生じない。どの犬を、どういう特徴を珍重するかは、人間の価値観によって決まるからだ。犬は、所有する人間の社会的地位に影響されるし、反対に犬が人間の社会的地位に影響することもある。ある犬を膝にのせていれば、何ものせていない者よりも上に立ったような、良い気分になれるということはあるだろう。大富豪の夫人とその運転手がいたとすれば、普通は、犬を膝にのせているのが前者で、のせていないのが後者ということになる。だが、他人の持っていないものを持って良い気分になりたいという欲求は元来、どちらも持っているはずだ。

前述のブリーダー、エドワード・アクステルは、一九〇〇年に世界に向けてこう宣言した。「この犬種は、他のどの犬種よりも幅広い人たちの心に訴える魅力を持っていると考えます。犬に次々に子を産ませ、結婚祝いの贈り物やクリスマスプレゼントにできるような富豪から、身寄りのない未亡人、重労働で健康を損ねた人たちまで、実に様々な人々を惹きつけるでしょう」。アクステルをはじめ一部のブリーダーたちは、ボストン・テリアを工業製品、あるいは金融商品のようなものとして売り込んだ。普通の人にも手が届くけれど、今後、価値が上がり、持っていれば得をすると思わせたのだ。ボストン・テリアがブランドとして広く認められるようになってから、アクステルは意欲的な企業家たちに「尻尾の良くないボストン・テリアは、サインのない小切手と同じくらい価値のないものです」と警告した。ごく普通のアメリカ人も、現在、私たちが非難がましく「バックヤード・ブリーダー」と呼んでいるような人間になるよう奨励されたのである。

ドッグショーで賞を獲得するような犬が、より開かれた、民主的な方法で作られるようになった。つまり、社会的地位も性別も関係なく、子供までも含めたあらゆる人が、長く存続する自分たちの犬種を育てられるようになったということだ。良い犬を作れば自分の家の名誉が高まり、金銭的な利益も得られる。人の目を楽しませることができるし、オオカミとは遠く隔たった犬を世界に提供できる。[18]そのために必要なのは、ごくわずかな投資――子犬一頭ごとにAKCに支払うわずかな登録料――だけだった。それだけで、平凡なキッチン、ガレージ、道具小屋などが、高貴な犬を育てるケネルとなった。

アメリカらしい名前

では実際に、ボストン・テリアのブリーディングをしたのは誰だったのか。大富豪の夫人か、それとも運転手か。どちらか一方かもしれないし、その両方かもしれない。人間の心は常に矛盾を抱えているものである。地位が向上し、馬小屋から屋敷の中へと進出しても、ボストン・テリアという犬の持つ庶民的な面が完全に消えてなくなったわけではなかった。犬の質を高め、「純血性」を高めようとする努力、特権階級の完璧な犬にしようとする努力はなされたが、ボストン・テリアに関しては、貴族主義と能力主義が不自然なかたちではあるが、まるで背中のツートンカラーの毛色のように共存した。それは、立憲君主制というものが誕生して以降、当たり前のように踏襲されるようになったパターンである。そして、このパターンは——決して良いこととは言えないが——どうしてもイギリス的スノビズムと無縁ではいられない。その精神は失われずに保たれ、将来の世代へと引き継がれていく。

まだ厳密には存在もしていなかったボストン・テリアという犬種の地位向上に最初に力を入れ、犬種の最初のスポンサーになったのが、イギリス崇拝の紳士たち、そしてハーバード大学に入り、ハーバードクラブに所属する、生まれも育ちも良い裕福な家庭の子供たちだったのは偶然ではない[19]。ボストン・テリアを一つの新しい犬種として早く認めさせようと彼らは懸命になったが、そのことから彼らの抱える不安が浮き彫りになった。ブリードクラブの紳士は本当に誕生したのか、彼らは理想の犬を作ることができたのか否か。そのことが未確定なままでは安心できない。安心を得るためには、自分たちがすでに理想の犬を持っていることを何とか証明しなくてはならなかった[20]。

AKCは、ボストン・テリアの登録申請者を喜んで迎え入れた。彼らの大義に賛同していたからである。その犬たちが、あらかじめ定められた基準を満たす以外、他に何の目的も持たずに生まれてきた愛玩動物であることをよく理解していた。犬種を完成に導くため、スタッドブック委員会が最初にしたのは、クラブの名前を決めること、そして、作り出す犬種の名前を決めることだった。自ら犬を売り込む人たちは、自分たちのクラブを「アメリカンブルテリア・クラブ」と呼んでいた。しかし、アメリカン・ブル・テリアという名前は、すでに確立されたイギリスの犬種の変種に使われていたし、その名を冠したクラブも一八九七年にできていた。

より新しい、高貴な犬種を表すには、やはり「ボストン」という地名を使うのが適切だろうと考えられた。ボストン・テリアという名前にした方が、生粋のWASPの犬、メイフラワー号で最初に新天地に来た人々の子孫が育てた犬という印象が強くなる。ボストン・テリアという名前を公の場で使えば、飼い主たちはすぐにアメリカの重要な歴史と結びつく――残念ながら、これがもしクリーブランド・テリアという名前だったら、飼い主は誰も喜ばなかっただろう。高貴な犬にとっては土地との結びつきは重要である。ただし、どの土地でもいいわけではない。高貴な印象を与えやすい地名を選んで犬種に結びつけるというのは、イギリス人から借用した手法である。[21]

「アダム」の出自

「アメリカの小さな貴族[22]」とも言うべきボストン・テリアは、イギリス人が何世紀にもわたって育ててきた闘犬から比較的、最近になって派生した。初期の頃の写真を見れば、基準を定める犬の専門家でも、一般の人でも、同じように現在「ピット・ブル」と呼ばれている犬に異様なほど似ていると感じるだろう。実のところ、ボストン・テリアが一世紀以上前に純血種化され、基準が細かく設定されることがなかったとしたら、同じくらいの大きさのアメリカ産の犬の多くが「ボストン・テリア」と呼ばれるようになっていた可能性がある。

今、AKCのブリーディング史において、ボストン・テリアの「アダム」として認められているのは、「フーパーズ・ジャッジ」という名の犬だが、常識で考えれば、その前にも数多く同じような犬がアメリカにいたことはわかるだろう。だが、他の犬は、またその飼い主は、たまたま最初のボストン・テリアとして認められなかったというだけのことだ。たとえば、ペキニーズという犬がいる。この高貴なライオンに似た犬はすべて、清王朝の時代、中国の紫禁城内で発見されイギリスに連れて行かれた五頭（ファビュラス・ファイブ）の子孫だとされていたが、後になってこの五頭は互いの間で一切つがいにならなかったとわかっている[23]。結局、歴史の都合の良いところだけがつなぎ合わされて記憶されているということだ。ボストン・テリアの場合も、実は裏でどのようなことがあったかはまったくわからない。ニューヨークで闘犬を規制する法律が厳しく適用され始めていた時期、この種の犬がボストン地域で人気を集める可能性が高まっていたことも、ボストン・テリアという犬種が強く待望された理由だと思われる[24]。

「動かしようのない事実に目を向ければ、この犬が元は、ピット・テリアと呼ばれる犬だったことは間違いない」ワトソンも渋々ながらそう認めている。「男の犬として生み出された彼らにとって、闘うことはただ一つの天職だった。そしていつしか、彼らを闘いに使うことのできる人間はクラブ内に誰も見つけられない状況になった。闘っていたのは完全に過去のことであり、もはや考えられるべきは犬の将来だけとなった[25]」。犬と、「いかがわしい闘い」との結びつきを何らかの方法で断ち切らなくてはならない[26]。買い手に何とか別のイメージを持ってもらう必要がある。そのためには何かそれまでとは別のものに結びつけるのが有効だ。新しい土地と結びつけるのはその一つの方法だった。

ボストン・テリアはまず、家庭のペットとして受け入れられない限り、高貴な犬にまで昇格することはとても不可能だった。そこで、飼い主になりそうな人たちに気に入ってもらうための常套手段が取られた。犬の受け継いできた特徴のほとんどが後天的な環境の影響によるものだと言い張ったのだ。ゴールデン・レトリーバーを売り込んだ人たちが、スコットランドの貴族の土地に起源を持つ犬は決して人間を噛むことはない、と宣伝したのに似ている。また、ゴールデン・レトリーバーの飼い主たちは、誇らしげに、「この犬は強盗に銀のありかを教えてしまう」などと言った——つまり、この犬を飼っている家は強盗に入るだけの価値があるという意味だ——が、初期にボストン・テリアを宣伝した人々が言ったのは、この犬は、吠えて人間の平和を乱すようなことはない、ということだ。[27] J・ヴァーナム・モット博士はこう主張する。「ボストン・テリアは、他の犬に対して攻撃的ではない。したがって、喧嘩をすることも少ないし、それで怪我をすることもめったにない」[28]。この人が常に身体が傷だらけのマージとユーニスを見たら、果たして何と言うだろうか。[29]

ブルドッグとの闘争

ソーシャル・クライマー向けの手引書がもしあるとすれば、おそらく最初のページには、こう書かれることになるだろう――上流階級の家の玄関に入ったなら、すぐにドアを閉めて、垢抜けない親戚がそばを嗅ぎ回らないようにすること。ブルドッグは、もともと闘うために生まれた剣闘士だったが、その残酷な娯楽が非難を集めた結果、今では愛玩犬として作り直されていた。近縁であるボストン・テリアが認知され始めた頃、ブルドッグは、そのたるんだ皮膚や大きく突き出た下顎のおかげで、辛うじて家の応接間に居場所を見つけたところだった。だが、多くの人にとっては、まだ様子見の段階だと言えた。やがてボストン・テリアは、フレンチ・ブルドッグとの交配もあり、優しい印象を獲得していくが、一方のブルドッグは、暗い過去を払拭できずにしばらく苦しむことになった。

ブルドッグが、より裕福な家庭に入れてもらえるようになったのは、おとなしくふるまうことを学んだおかげだった。「毛織物商の窓辺で大きな黒猫とともにのんびり過ごす高級なパグのように」ふるまう必要があったのだ。[30] しかし、ブルドッグはいつも不安げに見え、とてものんびり過ごしているようには見えなかった。そばにいる猫もそれでは緊張してしまう。しばらくすると、ブルドッグの身体は不自由になり、とてもゆっくりとしか動けなくなった。そうなったのは、もう怖くないのだということを示して人間を安心させるためだったのだろう。しかし、風船のように極端に膨らんだ不格好な身体は、家のどこにいても居心地が悪そうに見えた。腹部にすぐにガスがたまるため、玄関先で頻繁に眠ってしまう。飼い主は、このブルドッグを完全には信じず、常に片目を開けて警戒しているような状態ながら、家の中に入れるようになっていった。取扱説明書には、心臓発作の恐れがあるので、激しい運動は不可能だと書かれていたが、行動が予測できるので安心だと繰り返し強調されたことが飼い主を動かした面もあっただろう。

ブルドッグの立場はお世辞にも安定しているとは言えず、したがって、血統の問題をわざわざ持ち出すこともなかった。ブルドッグ愛好家たちのクラブはもはやボストンとのつながりを求めていなかったし、ボストン側もブルドッグとのつながりを求めなかった。「特に辛辣だったのが、新たに組織されたブルドッグ・クラブ・オブ・アメリカのメンバーである」とAKCガゼット誌は書いている。紳士の犬であるボストン・テリアは、今、純血種としての地位を確実なものにするためにハードルを越えようとしている。その時、ブルドッグの飼い主にできるのは、乗馬を趣味とするような生まれの良い後援者を得て、先を越される痛みを和らげることだけだった。「ボストン・テリアの存在に気づいたとき、ブルドッグ愛好家は、この犬が、自分たちの大切にしてきた犬種を脅かす存在になるかもしれないと考えた。新聞が、ブルドッグは紳士の社会にはふさわしくない犬種であるという意識を人々に植えつけるためのキャンペーンを展開したこともあり、敵意は少しずつ高まっていった」。突然、故国のそれも貧しい階層との密接なつながりを暴かれたことは、ブルドッグの支持者にとっては困惑する事態だった。そして彼らは即座に報復攻撃を始めた。ボストン・テリアを――そして暗にその飼い主を――「野蛮な動物」と呼んだのだ。(31)

放浪癖のない犬

テリアとブルドッグを動物学的に完全に分けるのは非常に難しいことである。ロジャー・カラスが「罪深い犬たち」と呼んでいる古い種類の闘犬は、どれも皆同じ血を受け継いでいるし、お互いに驚くほど似ているからだ。[32] 実のところ、そうした闘犬は、ドッグショーでも長い間、すべて同じ種類に属するとされてきたほどである。高級化される前のボストン・テリアは、「ラウンドヘッド」と呼ばれることがあったが、このラウンドヘッドは、かつてはブルドッグや、ブル・テリアと区別されることなく交配されていた。これは現在ならば「ピット・ブル」と呼ばれるであろう犬たちである。また、ニューヨーク・タイムズ紙によれば、「自分自身のために犬を愛好する人たち」――つまり、犬の評判を借りて自分と家の格を上げようとする人たち――と、そうした「ビジネス・ドッグ」とでも呼ぶべき犬をただ単にかわいがるだけの愛好家たちとは、ブルドッグとボストン・テリアの間の争いが起きた後、散歩の際に別々の道を通るようになったという。

どの犬種も、性格がおとなしくなるよう改良され、いわば文明化されて上品になったのだが、ドッグショーでも交わらないよう別の場所へと振り分けられるようになった。ただの観客でさえ、どの犬を愛好しているかによって、「見るべき」あるいは「避けるべき」と伝えられるケージが違うこともあった。頭が空っぽなブルドッグが、このような上品な「アパート」に入ることはない、などと言われることもあれば、同じブルドッグが、「豪華なカーペット、カーテン、リボンに飾られ、鏡までついたケージに入っている」と宣伝されることもあった。[33]

憎むべき相手と意識的に離して展示していれば、相手を一度に排除することも簡単だと考えられた。[34]

ブルドッグとそれに近い犬たちは、常に他から離して単独で置かれた。ケージは通常、質素で、しっかりと鍵がかけられた。泥棒に盗られないためではなくて、怪物のような犬を決して外に出さないようにするためだ。「見るからに獰猛そうなブルドッグは、絶えずうなり声をあげている」とタイムズ紙は書いた。

そして、小屋の上に「危険」という表示があるからには、それだけの理由が間違いなくあるのだろう。わざわざ危険を冒してまで、その犬の頭に手を触れてみようとする人はいない。訪問者たちは、安全な距離からただ眺めているだけで満足し、そして、なんて危なそうで、愛想のないけだものなのだろうと改めて思うのだ。ブルドッグの素晴らしい見本が目の前にいても、どれも美しさとはまったくの無縁に見えた。彼らの小さくつぶれた鼻は、上唇をすぼめるとパグに近くなる。そばを通る人にとって怖いのは、すぐにでも脚に向かって飛びかかって来る犬だと言われていることだ[35]。

種類が違うとされる犬を離れた場所に置いておくと、分類が明確になる。つまり逆に言えば、元来、似ている犬のアイデンティティを際立たせるには、居場所を明確に分ければいいということになる。ボストン・テリアが家のドアをノックした頃、ブルドッグは家の中に足を踏み入れていた。イギリス人の模倣をしなければというアメリカ人の強迫観念が、獰猛と言われた犬たちに二度目のチャンスを与えることにつながったのだ。その状況で両者を明確に区別してもらうためには、ボストン・テリアを無軌道に動き回ることのない、より行儀の良い犬にするしかなかった。ボストン・テリアは、急いで自らのニッチ（生態的地位）を確保する必要に迫られていた。

黒と白ではなく真っ白だった「ラウンドヘッド」の初期のブリーダーの一人は、その犬の生来の攻撃性を抑え、より高貴な目的、たとえば、美しい農場で迷った羊を誘導することなどに向くよう変えることは可能だと言った。ただし、エドワード・アクステルは、気軽に手を出そうとする者たちに「生まれの良くない犬、放浪癖を持っているような質の悪い犬は、しばらく見ていれば必ずその本性を表す」と警告を発した。[36]良い犬であれば、土地の境界線がどこかを正しく理解し、必ずその中に留まるものだと考えられた。実際、ＡＫＣが使った売り文句は、「ボストン・テリアは、他の多くの犬種とは違い、勝手にあちらこちらへと行ってしまう犬ではありません」だった。この犬は、「我が家が一番」だとよくわかっているというわけだ。どれだけ良い家だとしても、そこを離れたがる犬がいれば、つまり、そこが我が家になっていないという意味だろう。「彼らがうろうろと歩いて家の地所を離れて行くところは見たことがない」[37]ガゼット誌でも特にもったいぶった調子の文章を書くことで知られた寄稿者がそう書いている。[38]ゴードン・ステーブルズも「満足そうに、幸福そうに見えるペットは、野良猫に向かって突進する時や、肉屋のコリーに向かって吠える時以外、自分のいるよく手入れされた芝生からめったに離れようとはしないものだ」と言っている。[39]

売り出されるボストン・テリア

ボストン・テリアを純血種の殿堂に受け入れるか否かという論争は、結局は、ＡＫＣの指導によって解決した。「ついにブルドッグ・クラブも同調し、この小さな新参者が、良き犬の市民として歓迎されることになった」ガゼット誌は、運命の年となった一八九三年を振り返ってそう書いた。激しい抵抗が続いた後、新しい犬の将来の運命が表面からはよく見えないところで決まったという印象だった。[40]「イングリッシュ・ブルドッグとブル・テリアは、どちらも世界的に有名な、古い標準的な犬種だが、そこに三番目の仲間を加えなくてはならなくなった。新しい犬は、両者の仲間だと考えられた上に、両者よりも優れているとされた[41]」とアクステルは書いている。ボストン・テリアは、窓辺に猫とともにいるべき犬とみなされるようになり、長年、アメリカとカナダでナンバーワンの犬種の座に君臨した。初期の抵抗は予想されたことだったのだろう。ガゼット誌はこう説明する。「答えはおそらくこうだ。あの騒ぎになった時期、アメリカの愛犬趣味はまだ若かったのだ。若い血は常に熱い血である。そして、緻密な意見、正しい意見を持つ能力には欠けている[42]」

ＡＫＣはお目つけ役、仲裁役としてふるまった。また、ブリーディングを急ぎ、ともかく恣意的なもので良いので、ボストン・テリアに他にない特徴を早い時期に持たせるべきと主張した。そうすれば、全世界からもっと尊重されたいと望むアメリカ国民全員にとっての利益になると考えたのだ。毛色や尻尾の形などを他とは際立って違うものにし、まだ歴史の浅いアメリカのブリーダーの能力を世界に示せれば、皆の利益になるということだ。この米国産の高貴な犬は、ブルドッグがたどったのと同じような道をたどり、「家の外から中へと移されるように」なった。そして「元来、良い血統とは言えなかった犬だが、その態度によって、紳士となるべき本能を持っていることを自ら証明し、ついには屋内にそのまま留まることを許されるようになった」という[43]。こうしてボストン・テリアという犬の立場が固まると、ボストンテリア・クラブのメンバーも、世界共通の基準の下で団結するようになる。アクステルをはじめとするブリーダーたち、そして関連の商品を作る企業なども、この紳士の犬に向けてどういう製品を作り売れればいいか、どういう犬を作ればドッグショーで賞が取れるかなどを考え、青写真を描き始めた[44]。

「高級ボストン・テリア売り出し」一九二〇年のドッグダム・マンスリー誌にはそんな言葉が見える。ケネルクラブは、ある犬の血統が正しいという証明書を売ることで収益を得ているわけなので、必然的に「高級」な犬の数は増えることになる。[45] ボストン・テリアの高級犬としての地位を固めようという動きは、たとえば一九二四年に発行されたＡＫＣガゼット誌にも見られる。同紙には、他のあらゆる犬を抑えて「ついに昨年、アメリカの紳士という称号を得た」犬と紹介された。この犬の存在が、優れたワインと同じように、優れた純血種の犬もアメリカ国内で作れるという、反論のできない証拠だとされた。[46] ただ一方で、アメリカ人の古くからの外国犬礼賛の風潮も変わることはなかった。単にアメリカ産だというだけでは、ソーシャル・クライマーが家に置くには不十分だった。ボストン・テリアが登場しても、その後、多くの愛犬家たちの気持ちが反イギリスで凝り固まったわけではない。むしろ、イギリス崇拝の風潮は強まっていったと言える。一九二四年のガゼット誌が「なんと素晴らしいバッジャー〔犬の毛色の一つ。アナグマ色とも呼ばれる〕だろう！」と書いたのは、まだ新参者だったボストン・テリアではなく、血統正しいエアデールのことだった（ちなみにエアデールとは、おそらくドッグショーのためにつけられた名前である。元来、イギリスのエアデールと呼ばれる土地にも、またその他のどの地域にも、この犬種は存在していなかった）。[47] 他の記事にはこんなことも書かれている。「この子犬はきっと生まれがいいのではないか」。そして、犬の話はそっちのけでこう結論づける。「間違いない。あらゆる紳士とはそういうものなのだから」[48]

この記事で話題にしている犬はアメリカ産の犬種ではなく、アイリッシュ・テリアである（ＡＫＣはこの犬を「テリアの中でも最古に属する犬種」と呼んでいるが、イギリスにおいてさえ、毛色に公式の基準がある「純血種」とはみなされていない）。一九四六年のガゼット誌には「伝統の起源――純血種の犬に対するアメリカ人の愛情は、イギリス王族に対する憧れと同種の感情」と題された記事がある。大量消費文化が生まれ始めていた時期ではあったが、それでも人々の社会的な身分に対する執着は消えておらず、自分を外国風に見せて自尊心を満たすという人も変わらず存在した。ガゼット誌は「同種」という曖昧な言葉を使ったところが巧みだった。実際には大量生産される犬を由緒正しいものに見せ、多くの人に王族に対するものと同様の畏敬の念を抱かせるというのは、当のイギリス人にすら簡単にはできないことだった。

地球の歴史上、昨年のアメリカ人ほど、多くの純血種の犬を作り、ケネルクラブのスタッドブックに登録した人たちはいない——その数は一五万頭にもなる——生来の愛犬家たちがそのような動きをしている背景には、伝統の大きな力があると見るのはそう間違いではないだろう。私たちは「生来の」という言葉を慎重に使っている。子供時代に犬がそばにいた記憶がないという愛犬家は少ないだろう。父親、母親の愛した犬、あるいは祖父母の愛した犬の記憶が、多くの愛犬家にはあるはずだ。平均的な愛犬家であれば、記憶はせいぜい祖父母止まりである。しかし、家によっては、良い犬を愛好する趣味の起源を、その一族の始まりにまでさかのぼれることがある。それはあらゆる伝統の起源が遠い歴史の彼方に埋もれているのと同じようなものだ——愛犬の伝統は、時に、アメリカではないどこか遠くの土地で始まっていることもある。[49]

AKCの方針は今も基本的に変わっておらず、同じように「あなたの愛犬を登録しましょう！　そして、ともに楽しみ、伝統に加わりましょう」と言って、愛犬家に登録を呼びかけている。[50]

ボストン・テリアにとっても、一代で成功を収めた立志伝中の人物にとっても、犬種の過去は長いほど良いし、神秘的であるほど良かった。犬種が多くの世代を重ねて続いてきたと言えれば、その犬種を選んだ飼い主の家系も由緒あるものに見えやすい。だが結局、野心は誰もが平等に持てるもので、どの犬を飼うか選ぶ権利も、すべての人に平等に与えられている。遠い昔から同じ純血種の犬を変わることなく家庭内で飼い続けてきたという伝説があれば、それが一族にとって誇らしいものになるのは確かだろう。しかし、今、飼っている犬が、たとえばウェストミンスター・ドッグショーで賞を取ることができれば、それを基礎に新たな伝統を築いていけるに違いない。わざわざ純血種の犬を飼う人たちに、たとえ密かにでもその動機がないということは考えにくい。そのくらいの想像力はどの飼い主も持ち合わせているはずだろう。由緒ある家であれば雑種犬は飼わず、血統の正しい貴族的な犬を飼うものであると、平均的な消費者に思わせるために使われた手段は決して上品で礼儀正しいものではなかった。[51]

階級模倣への果てない欲望

高貴な身分は売買できるものであるという考えは根深く、時の試練に耐えて長く残った。それは結局、実際に身分を簡単に手に入れる方法がいくつもあったからだ。他に何の理由もない。売買の仕組みがいつも明らかになっているわけではなかったが、犬が重要な役割を持っていたことは確かだ。多くの人が、犬にはブランド価値があると信じていた。ある犬種の犬を持てば、それだけで、多くの財産を持ち、贅沢な趣味を持てる余裕がある高貴な人間だと周囲に知らせることができると信じられていたのだ。

ＡＫＣが「純血種」と称する犬種には、必ず、過去の飼い主のリストがついている。飼い主の中には実在の人物も、想像上の人物もいるが、ともかくそのリストは、「回想（ルックバック）」という名の項目として犬種標準に含まれている。古く価値があるとされるペットに投資することは、社会学者が「階級模倣」と呼ぶ行為の一つの例である。高貴な犬の飼い主はほとんどが下ではなく、上を見て生きており、その視線が行動を決めている。だが、純血種とされる犬が増えると、価値を高めるために引き合いに出される支配階級の人間の数も急激に増えることになった。言及される中にはもはや貴族とは呼べないほどに没落してしまった人々も多く含まれていた。ただ、よほど注意深いスノッブでなければ、貴族らしき名前の価値をうっかり信じてしまうことになった。

多くの商業ブリーダーが、愛犬家を惹きつけようと、厚かましくも高貴な名前を使うようになっている。イギリスの城ではなくブラジルにある施設なのに、「ロイヤル・ウィンザー・ケネル」と名乗ったりするのが、その例だ[52]。一方で、そうしたエリート主義が、ケネルの名前ばかりでなく、純血種の犬の身体を使って示されることもある。それを見れば、無意味な伝統を取り除くのがいかに難しいかがわかるだろう。たとえば、ボストン・テリアのように、タキシードのような毛色を持つ犬種がいくつかある。金色、紫、あるいはブルー・ド・ガスコーニュのように青い毛を持つことが高貴な犬の証拠とされる場合もある。希少なクーバースのように、白ともアイボリーとも言われる毛色が「犬種の高貴な血統の証明」だと称賛される犬もいる[53]。足先に生えた房毛が、働く必要のない高貴な人々の長い爪になぞらえられることもある[54]。犬の特徴を表すのに、「王冠」、「ローマ人の鼻」、「ライオン」、「たてがみ」という言葉が使われる。また、ベルヴォア血統のフォックスハウンドのように、「馬の鞍に似た黒い模様」が乗馬をする階級と結びつけられることもある[55]。

「特徴的な背中は、この犬種の紋章のようなものだ」ザ・ケネルクラブの犬種標準では、ローデシアン・リッジバックの背中に見える、紋章入りの盾を思わせる隆起線について、そう書いていた。この表現は、ＢＢＣから改革を求める圧力がかかったことで二〇〇八年には変更されたが[56]、ＡＫＣの犬種標準では、現在でもその模様が高貴さの証明であるとされている。そこには、「その背中には……二つの互いにそっくりな王冠がなくてはならない」という記述があり、また同時に脊髄奇形についても記されている[57]。また、感染症を招きやすいパグやペキニーズの顔のしわは、古い言い伝えによると、かつては「皇」という漢字の形になっていたという。このことは、悲惨な突然変異を維持させる正当な理由とされてきた[58]。

人間にとってステータス・シンボルに思える特徴が、近親交配によっても維持できなくなった場合は、生まれたあとに外科的な処置を施すこともあった。一八九〇年代、あるドッグ・トリマーは、顧客の依頼を受けて、犬の皮膚に飼い主の一族のイニシャルを直接彫り込んだという。また、チェスタフィールド・ガーデンのビア夫人は、飼い犬のプードルの背中に、一族の紋章だった「子に餌を与えるペリカン」の図を彫り込ませた。

読者の中には「ある種のペットを飼うだけですぐに社会的地位が上げられると信じるような単純な大人がいるとは信じられない」と思う人もいるだろう。しかし、無関心な人にとっては信じがたいことだろうが、たとえば「ザ・ブルー・ブック」のように純血種の犬の価値を大げさに宣伝するような出版物は、現在でも盛んに作られている。そして、犬を供給する業者は、今も喜んで、そうした出版物の広告スペースを買うのだ。「ザ・ブルー・ブック」の各ページには、高所得者を相手にするブリーダーや、犬向けアクセサリーの広告が載っており、ウェストミンスター・ドッグショーの審査員の意見などを書いたＰＲ広告なども掲載されている。「ザ・ブルー・ブック」は不定期の刊行物で、作っているのは、自ら「メトロポリタン・ドッグ・クラブ」と名乗る少々、不気味なニューヨーカーの一団である。これは昔風の閉鎖的な社交クラブで、どうやら入れる人種にも制限があるようだ。彼らが主催する会議、講演会など——それは時に、身体的特徴の維持のため健康を害している犬種を救済する目的で開かれる——は、古き良きグラマシー・パーク内の有名なナショナル・アート・クラブで行われる。それはまさに、かつてフリーマン・ロイドが遠い過去に思いをめぐらせ、過度に理想化されてしまった先祖たちと空想の中で自由に会話を交わした邸宅のすぐそばにある。

第8章　猟犬たち

ボールが大好きなラブラドール・レトリーバーを相手に、「取って来い遊び」をするのは楽しい――少なくとも最初の数分は。テニスボールの動きに夢中になって、それが唯一の生きる目的でもあるかのように大興奮している犬を、誰が邪険に扱えるだろうか。すべての犬がそうではないにせよ、一つの単純な作業にのめりこんで、地球の果てまで追いかけかねない犬を見ると、私はいつも感嘆してしまう。私が毎日一時間、世話をするよう頼まれていたイエローラブのテスも、そういう犬だった。

ラブラドール・レトリーバーのテス

投げる、取って来る、投げる、取って来る、投げる、取って来る……その繰り返し、まったく何の変化もない。テスは決してやり方を変えようとしない。彼女の遊び場は、アスファルトで舗装され、金網のフェンスで囲まれた狭い土地で、元は小さなテニスコートだったのかもしれないが、ニューヨークではそこは「ドッグラン」と呼ばれていた。この犬はもしかすると、かつてはテニスの球出しマシンだったのかもしれない。だが、私が相手をしている間、球出しをするのは専ら私で、テスではなかった。ボールが投げられるとすぐ、テスは全速力で取りに行き、戻って来る。そのあとは私の足元で、礼儀正しい姿勢でおとなしく、ただひたすら次のボールが投げられるのを待つのだ。私には一時間で十分だったが、テスは、もし許されるのなら、死ぬまででも走り続けただろう。

「我が家は、これまでずっとラブラドール・レトリーバーを飼ってきたんですよ」テスの股関節形成不全が進行して、私がその仕事を辞めざるをえなくなる時まで、テスの飼い主は、打ち明け話めかしてよくそう言ったものだ。「ハウ伯爵夫人は黒のラブラドールがお気に入りだったらしいですね。だから、この犬たちの祖父世代は、ロングアイランドで飼われていたんです」。飼い主はそんなふうに、この犬種の輝かしい歴史を話した。その歴史は彼自身の家系図とも重なる。「ウィンザー公爵（エドワード八世）は退位前、黄色のラブラドールがお気に入りだったということはほとんど知られていません。公爵がパグ好きになるのは、そのあとのことなんですよね。私の父は本当に、とにかくラブラドールが好きな人でした」。決まりきった運動を毎日させるために私を雇ったこの家の伝統は、代々飼われてきたラブラドールたちによって確立したと言ってもいいようだった。テスの親は、ウェストミンスターのチャンピオン犬だ。それでも彼女は、若くして関節炎になってしまった。テスの先祖をさかのぼるとイングランドやスコットランドの犬になるらしい。「イングリッシュ・ラブ」と呼ばれる犬が生まれた土地だ。

話を聞いていると、彼は過去をとても大事にしているようだったが、その割には、自分の飼い犬を散歩させる時間も見つけられないのは不思議なことだ。私がかわいいテスを迎えに行くと、彼はいつも家にいた。昼でも夜でも、必ず彼はシルクのパジャマにイニシャルの刺繍と金の錦織の入った赤いサテンのスモーキングジャケットを羽織り、やはりイニシャル入りのスリッパを履いて出迎えてくれた。「コーチ」の革のリードを同じコーチの首輪に取りつける時には、いかにも大邸宅の主という感じで、尊大でもったいぶった態度に見えた。リードを取りつける儀式が終わると、彼は私たちを楽しい浮かれ騒ぎの場へと送り出し、自分はすぐに居間へ戻るのだった――その家はすべての部屋が居間と言ってもいいほどだったが――紳士らしくテレビを見るために。

いったい飼い主はそんなに熱心にどんな番組を見ていたのか。だいたい連続ドラマかクイズ番組だったが、その夜はいつもとは違っていた。その夜、私が街の灯りに照らされてテスを迎えに来た時、飼い主が見ようとしていたのは、ウェストミンスター・ドッグショーだった。マディソン・スクエア・ガーデンからの生中継が夜八時から始まるのだ。ただし、タクシーに乗ればすぐに現場に行けるのに、彼は行こうとせず、テレビで見るつもりらしかった。たとえどれほどのイベントであっても、自分がわざわざ足を運ぶほどの価値はないと思っているようだ。ドッグショーで見る価値があるのは本当に最後の方だけなのだと彼は何度か私に言っていた。「そこにいたるまでのくだらない部分をじっと見ているのは耐えられない」のだという。

都会に暮らす猟犬たち

レトリーバーたちは、舗装された運動場で機械的におもちゃを追いかけている時、本当に幸福なのだろうか。あるいはその行動は、先祖たちが生き残るために獲得した習性が、哀れなかたちで発揮されているにすぎないのだろうか。つい最近まで、田舎に住む犬を都会に連れて来てペットにするのは、決して賢明なことと考えられてはいなかった。それどころか、グレート・デーンやボーダー・コリーを狭いアパートの部屋に閉じ込めることや、ニューヨークの「ドッグラン」と呼ばれる混み合った小便まみれの「ゲットー」に放置することは、身勝手で残酷だとして非難の的にもなっていたのである。

テスは生来、水を浴び、泳ぐのが好きな犬種だ。だから私が連れて歩いている時も、汚い悪臭を放っているような水たまりが通りにあると、どんな化学物質が含まれているかわからないその水の中に入りたがった。ゴールデン・レトリーバーでも事情は同じだ。ドッグランに大雨が降ったあとなどは、必ずそこに犬の排泄物の混じった沼ができる。犬はその沼に座り込んでしまう。毛に油が多く、足に水かきがあり、水に飛び込みたい衝動を持つ犬たちなのに、湖や池がそばにある田舎ではなく、水場のない都市や郊外に置くのはどうしても不自然である。しかもニューヨークは最近、彼らの習性に対し敵対的にすらなっている。犬がセントラルパークの湧水の小川や池で水を飲むことや、水遊びをすることは禁じられてしまった。八月の犬の日ですら駄目だという。企業の支援を受けた園芸家たちや、公園警察は、水に入るのが彼らの自然の性質なのにもかかわらず、ラブラドールやゴールデンが水遊びをすると「環境」を損なうと言っている。

本来生きるべき環境からはかけ離れたところに置かれて苦しんでいるのは、他の多くの犬種も同じだ。たとえば、ノーリッチ・テリアは元来、ネズミを捕る性質のある犬である。道路に面した店舗の空調設備や天井のファンの近くにはネズミが多くいるので、当然、ノーリッチ・テリアは興奮状態になる。ただ、散歩に連れて行く時にはこの性質が大きな問題になってしまう。都市に住むグレーハウンドは、自分の本能に従って野ウサギやシカを追いかけることができない。歩道の上から、絶対に近づけない距離にいるハトを追いかけるか、「犬は立入禁止」という看板のある芝生の端でリスを物欲しそうに眺めるしかないのだ。ジャック・ラッセル・テリアは、本来、農場にいて、地面を掘ってキツネやアナグマを探す性質を持った犬だ。しかし、今ではせいぜいスケートボードの通る道で、縁石を飛び越えるくらいの動きしかせず、道路の一五メートル下を走り回るネズミを、格子状になった蓋の上から眺めるだけで

ある。(1)

ラブラドールの役割が獲物を集めることから、かたちのない視線を集めることに変わってから、すでにかなりの年月が経過している。一日限りのドッグショーで勝つことも重要だが、そのためには長期間にわたるブリーディングの努力、多くの資金も必要になる。そこには大勢の人間が関わり、必要に迫られたこともあり、皆がより多くの利益を得ようと必死になった。また、より望ましい犬を作るための新たな手法が工夫されることにもなった。イエローラブのブリーディングに関わった人たちは、猟犬という枠を超えた犬を作ろうとした。彼らは自分たちにとって理想の形、サイズ、毛色を犬に持たせようとした。そうして、主流の社会が夫や父親に求めるものを体現した犬を作ろうとしたのだ。ラブラドールはその無地の毛色にふさわしく、真面目で実直な性質を持つことを期待されてきた。感情を露わにして自己を主張する犬は良くないとされ、むしろ盲目的に主人に従う忠実な犬が良しとされた。行動が機械的で予測可能な方が——熱心な犬の愛好家が少し退屈だと感じるくらいの方が——良く、たとえば、まだ若い企業重役のアクセサリーとなるにはふさわしいと考えられた。

「私はチームプレーヤーです。命じられたとおりに動きます」ラブラドールは自分の生きる世界に向かってそう言っているような犬である。「私は性格が良いし、投げられたボールは必ず失敗せずに取って来ることができます」そう言っているようでもある。実際、ボールは必ず取りに行ってくれる。人間にへつらっているようでもあるし、それをまったく恥じる様子もない。「私は血筋が良く、良い遺伝子を持っています。子供たちにとっては良い保護者になります」そう言っている。ラブラドール・レトリーバーが地球上で最も素晴らしい犬と言えるかどうかはわからない。ただ、この犬が、従兄弟とも言えるゴールデン・レトリーバーと同じく、ある種のスノビズムの体現者であることは確かだ。「その優しい犬の姿を見ると、もしかすると胸にラルフローレンのロゴマークでもついているのではと思い、つい確かめてみたくなる[2]」などと言った人もいたくらいだ。ラルフローレンは、富、特権、そしてコネティカット州のどこかに森のある地所を持っている、といった雰囲気を醸し出しているブランドである[3]。

多様なレトリーバー

大都市のアパートの中で飼える銃猟犬を探している人ならば、現在のように銃猟犬の選択肢が少なくなったのが比較的最近のことだと知れば、興味深く思うかもしれない。一九世紀には、「レトリーバー」というのは、ハンターがしとめた獲物を回収する性質を持った犬全般を指す言葉であり、特定の犬種を指すわけでも、ましてや、特定の毛色を持つ犬だけを指すわけでもなかった。

ものを回収したがる性質――オオカミから受け継いだ性質の一つであり、それが今ではパロディと呼べるほどのレベルにまで強調されている――には、少なくとも千年くらいの歴史がある。犬の形、サイズ、毛色、毛質、毛の長さなどには様々な種類が生じた。一八二三年に画家のランドシーアが描いた二頭の「ラブラドールの雌犬」は、現代人の目から見ると、ラブラドールというよりは、プードルとボーダー・コリーの中間くらいの犬に見える。かつては犬の外見が多様だっただけでなく、一頭の犬の持つ能力も様々だった。同じ犬が一つではなく複数の仕事をこなすことが普通だったのだ。その状況は少なくとも、銃器の技術が進歩し、多くの鳥が撃ち落とされるようになるまで続いた。回収すべき鳥の死骸が増えると、その仕事を専門に行う犬が必要となり、そうした犬たちを「レトリーバー」と呼ぶようになったのである。一八五〇年代くらいの話だ。その後、回収に極端に特化した犬を使うことが裕福な紳士の間で流行するようになり、また黒一色、金色一色の犬が気品の証として望ましい毛色とされるようになってから、そうでない犬を持つ人たちは狩猟家として二流とみなされ始めた。ただ、金色の犬は間もなく、目立ちやすいことから敬遠されるようになった[4]。

元々、狩猟をする人の間で黒のラブラドールが好まれ、他の毛色が排除されるようになったのは、この犬の原種の一つがセント・ジョンズ・ウォーター・ドッグである可能性が高いからでもある。現在、世界でペット犬としておそらく最も好まれているラブラドールの遠い祖先かもしれない（ただし、ほぼ絶滅してしまった）この犬の毛色は、全身が真っ黒に近い。しかし、胸や脚に少しだけ白い部分がある犬もいて、今日の有名なドッグショーにもし出たとしたら、それはきっと評価を下げる要因になるだろう。現在、街で見かけるゴールデン・レトリーバーには、胸のあたりに少し白い毛が混じっているものも多いが、それと似ている[5]。こうした胸の白い毛は（さほど多くないとはいえ）、実はショーに出るほど質が高いとされるラブラドールにもよく見られる。これは欠陥とも言えるが許容されており、円形になっていれば、高貴さを表す「メダル」とみなされる。

毛に白い部分が混じる以外にも、ラブラドールと、セント・ジョンズ・ウォーター・ドッグという名の、海辺でよく飼われ、半ば伝説になった犬の間には、不思議なほど共通点が多い。両者の関係を証明するのに使われる何枚かの古い写真を見ると、セント・ジョンズ・ウォーター・ドッグは確かに、大きすぎ、基準を満たしていない黒のラブラドール・レトリーバーのようである。しかし、この先祖は決して高貴な犬などではなかったし、必ず特定の外見になるよう矯正が行われたわけでもない。有閑階級が見せびらかしのためにする儀式的な狩猟でお決まりの仕事をするべく育てられたということもない。テニスのような高貴なスポーツをする人々のそばで長年生きてきたラブラドール・レトリーバーとは違い、セント・ジョンズ・ウォーター・ドッグは何世紀もの間、さほど地位の高くない飼い主のもとで、乏しい食料を確実に受け取って育ってきた犬だと言われる。この犬は、貧しい境遇にいながらも、人間のそばで有用な存在として生き、身体の形はいつしか漁船に乗るのにちょうどいいものになった。原産地は現在のカナダだと言われているが、それがやがて遠いイギリスやスコットランドへと輸出され、品種改良を経て、よりひたむきで、ある意味では愚かとも言えるラブラドール・レトリーバーという犬になり、今では裕福な家の居間で、ソファに気持ちよさそうに寝そべっているわけだ。

セント・ジョンズ・ウォーター・ドッグ

後にラブラドール・レトリーバーになる犬は、現代のような意味で、商業的な目的でのブリーディングをされたわけではない。セント・ジョンズ・ウォーター・ドッグというのは、いわゆる在来種であり、ウォーター・ドッグの名のとおり、生涯のほとんどを海で過ごしていた。海こそ、この犬の価値が試される場所だったのだ。厳しい環境下で鍛え上げられた犬は、高い能力を持ち、献身的によく働くようになった。文書に記された基準に沿って作られたわけではない。ニューファンドランド沿岸の漁業において重要な役割を果たしてきたこの犬には、ポルトガル、フランス、イギリスなど様々な土地の犬の血が混じっているに違いないが、詳しくどの犬の血がどのくらいの割合で入っているかは誰にもわからない(「ラブラドール」というのは、かってこの犬が生きていた地域全体を指す名前だった)。五〇〇年ほどの間、何度も様々な交配を繰り返した結果として生じた頑丈な雑種犬がいただけだ。おそらくマスティフや、いずれかの種類のウォーター・スパニエルの血、あるいはセントハーバート・ハウンドと呼ばれるフランスの猟犬の血なども混じっているだろう。北米の冷たい海の上に生きる人たちは何も知らなかったし、気にもしなかった。その場の漁師たちは、自分たちのそばにいる犬が完璧な存在だとわかっていたので、それだけで十分だったのだ。

セント・ジョンズ・ウォーター・ドッグは、何時間も休むことなく泳ぎ続けることができたと言われる。自分に与えられた仕事に、まったく疲れを見せることなく常に熱心に取り組んだ。この質実剛健な犬は、水をはじく毛皮と、水かきのある足を備え、泳ぎを助ける強力な尻尾も持っていた。水面の下に潜って生きた魚を捕まえることができた上、立泳ぎをしながら、漁網を口に加えていることもできたと言われている（ラブラドール・レトリーバーにまつわる伝説の正しさを確認したければ、犬を、かつて先祖が住んでいたのに似た環境、たとえば近所の湖か池のそばに連れて行くだけでいい。ニューヨークに住んでいれば、セントラルパークの噴水でもいいだろう。そこなら、オリンピックの聖火のような太さの木の枝をくわえながら水に入る姿を見られるに違いない。ラブラドールの能力は、おそらく先祖が持っていたとされるものより劣るだろうが、それでも、長年の性質は簡単にはなくならず、ちょっとしたきっかけで表面に現れて私たちを驚かせる）。

貴族に「救い出された」犬

ラブラドールがたどってきた、漁船からセントラルパークの噴水へといたる長い道のりを振り返ると、この犬が称賛されたのは、何世紀にもわたって様々なかたちで人間の仕事の役に立ってきたからだとわかる。決して、上流階級の人間を楽しませ続けてきたからではないのだ。とはいえ、一八世紀の後半に、慎ましい暮らしをしていたセント・ジョンズ・ウォーター・ドッグを有名にし、裕福な人たちが飼う純血種の犬へと作り変えたのは、彼らの友人だった赤ら顔の漁師たちではない。この犬を見出して資金を提供し、生まれ変わらせたのは、やはり上流階級の人間たちである。これが果たして「改良」だったと言えるのか、意見は人によって異なるだろう。ただ、多くのラブラドール愛好家は、有閑階級の人間が、海から、粗野な漁師たちの手からセント・ジョンズ・ウォーター・ドッグを「救い出した」と信じたいようだ。救い出してもらえたおかげで、犬たちは社会的な地位を上げて、名家で飼われる犬になれたというわけだ。

昔から豪華な宮殿の中にいて、外の世界など何世紀も見たことがないペキニーズのように、屋外へはあまり出ない貴族階級の人間にとって、セント・ジョンズ・ウォーター・ドッグはとても物珍しい存在だった。その当時の記憶が、この犬をより魅力的な存在にしたようだ。実は、同じような能力を持ち、また同じようにニューファンドランドを起源とする「レトリーバー」は何種類かいたのだが、ラブラドールの先祖とされるこの犬はその中でも特に魅力的に見えた。ラブラドールという犬種を生んだ人々として その名を残しているのは、マームズベリー伯爵とバクルー公爵だ。もちろん、ブリーディング、訓練に伴う作業をし、犬舎にいる犬たちを実際に世話したのは、彼らの雇った狩猟番だろう。狩猟番たちは、主人の前で犬が見事な仕事をできるよう鍛え上げたのだ。新しい猟犬がいるという話は短期間に国中に伝わることになった。マームズベリー伯爵とバクルー公爵は、一方はイングランド、一方はスコットランドで互いに長い間まったく無関係に、「純粋な」黒のセント・ジョンズ・ウォーター・ドッグを飼っていたが、他の猟犬との交配もさせていた。毛色や毛質にいくつもの違った種類が生じたのはそのためだ。

ヘロン宮廷、そしてバクルー地所では、どちらもラブラドールの先祖を、地元の村人たちが飼うごく普通の雑種犬から隔離し、血が混ざらないようにはしていた。貴族に飼われるようになった美しい犬たちは、当然、上流階級の人々のそばで優雅に暮らした。もはや、重い荷車を市場まで引いていく、タラを取るための網を支えるといった重労働に一生を捧げる必要はなくなったのだ。高貴な人々の住む絵のように美しい地所の中で、念入りに準備された儀式的な狩猟の中で、スターの役割を演じていればよくなった。培ってきた能力は、高貴な人々の趣味の場で活かされることになったわけだ。他に能力を使う場面はもうない。はじめのうちは、確かに礼儀を教え込む必要があった。セント・ジョンズ・ウォーター・ドッグは元来、宮廷にいるような犬ではなかったからだ。

しかし、選抜育種と注意深い訓練（これも当然、そのために雇われた人たちの仕事である）のおかげで、最初のうちにはなかった上品さが身につき、個体ごとに大きく違っていた外見も揃うようになった。やがて、極端なスノビストだったフリーマン・ロイドが「完璧な二〇世紀のラブラドール・レトリーバー」と呼ぶような子犬も生まれるようになった。「自制心、克己心の模範」、そして「品行方正」という言葉を具現化したような存在になったのだ。[6] また、しばらくの間は、人間にとって時々は役立つ犬であり続けた。まず、新たに飼い主となった人たちが、茂みや池の向こうにいる鳥に狙いを定め、銃を撃つまでの間は、おとなしく待っていることを覚えた。そして囲いのある地所の管理された環境で何世代かを過ごすと、元は素性のわからない雑種犬だった犬たちが、撃たれた鳥の死骸を確実に回収する力を身につけるにいたった。その時には、海に飛び込んで生きた魚を捕まえていた頃に匹敵するほどの元気な姿を見せた。社会の上の階層で生きるようになったことで、犬も飼い主と同様に高尚な精神を持つようになり、かつての雑種犬を超える存在になった。ただ、それでもしばらくは、元来は雑種犬であったことを忘れない人が少なからずいた。王族の介入もあって一九〇三年にようやくケネルクラブがセント・ジョンズ・ウォーター・ドッグとその子孫を公式に純血種として認定するまで、その状況は続いた。

狩猟という見世物

しかし、セント・ジョンズ・ウォーター・ドッグが船を下りて以後のラブラドールの血統には、怪しい、うさんくさい部分が少なくない。この犬を賛美する伝説などには、あとづけだと思われるものが多い。素晴らしい行いをしたという伝説もいくつかあるが、どこまでが本当かはわからない。「改良」されてできた新しい犬の方は、実際には先祖に比べてそう大した仕事をしていないと思われる。人間が新しい犬を海から引き離してしまったからだ。

ラブラドールが貴族の楽しみである狩猟に加えられたのはそう昔のことではない。しかも、その時点では、キツネ狩りをはじめとする貴族の狩猟は、本当の意味での狩猟ではなく、階級を象徴するような決まりの服装で行う派手な演出の見世物へと変わっていた。その頃の狩りはすでに、すべての動きがあらかじめ定められていた。いわば事前に「振りつけ」がなされていたのである。後のドッグショーに似たところがある。たとえば、スコットランドの貴族たちの場合、ハンターも犬も最初はまったく動かない。雇ってある助っ人が前へと走り、鳥を驚かせ、飛び立たせて、撃ちやすい状態にするのを待つのだ。ハンターとなった主人のすぐ後ろには、何人もの召使いがついていて、銃に弾丸を装填し、狩猟への活力を高めるための蒸留酒を飲ませる。狩猟の場には、大勢の「役者」がいて、それぞれに与えられた役を忠実に演じることになっていた。初期のラブラドールもやはり、そうした役者として狩りに加わっていた。毛色は必ず黒で、それが正装のようになっていた。黒い毛色を守るために間引きも行われていたし、撃たれて動かなくなった獲物を回収できるよう、厳しい訓練も受けていた。それ以外の時には、犬舎から表に出されて自由になっても、ほぼ何もしないのだ。ショーに出る犬たちが、決まった外見になるよう育てられるのと同様、ラブラドールは必ず、あらかじめ決められた行動――つまり、見世物の狩猟で殺された獲物を回収すること――だけを取るよう育てられたわけだ。そのために、他のすべての能力は犠牲にされ、バランスを欠いた性格になっても無視された。

ラブラドールは、外見は先祖とそう変わらなかったが、その性質、能力は人間が意図的に作り出したものだった。狩猟も、下層階級の人間が生きていくために雑種の犬と共に行うものと、上流階級が純粋に楽しみのため、あるいは見世物にするために行うものではまったく違うのだが、その違いは簡単に忘れられてしまう。ラブラドールの持つ能力が元来、どこから来たものかは語られても、その犬が使われる狩猟というのが単なる見世物と化していたことはあまり語られない。AKCが犬の回収能力を試験するにしても、実際の狩りの現場でその試験が行われることはほとんどないのだが、その事実に目を向ける人もまずいない[7]。一応、狩猟を模してはいるものの、その狩猟も、必要に迫られてしていたものではなく、人々の頭の中にある狩猟を演じていただけの見世物でしかないのだ。バージニア州で農業を営んでいた作家のドナルド・マッケイグは、使役犬が一九世紀にショーのための犬へと変貌していく過程を調べて、こう書いている。「実用性は、庶民的な特徴だとして次第に遠ざけられていった[8]」。とはいえ、ドッグショー向けに作り変えられる以前には、鳥撃ちという貴族の娯楽において芝居がかった役割をこなせるよう、多数の猟犬が実用的な意図で仕込まれてもいた。犬たちはそこで有閑階級の慰みものにされたのである[9]。

狭められた能力

ラブラドールのような猟犬は、かつては質素な暮らしをする人の役に立つ犬だったが、それが安穏と楽な暮らしをする人たちのものになった。そして、この種の犬の価値を決める上で最も大切なのは、実のところその能力ではなく「前の飼い主が誰だったか」ということである。

ラブラドールが社交界に登場した頃、イギリスの上流階級は犬に関しては世界一の「目利き」であるとみなされていた。彼らは実際に魅力的な新種の犬を多数生み出し、既存の犬にも改良を加えてより魅力的にしていた。日々、犬に餌を与えること、訓練を施すこと、新しい犬種を作り出すこと、新しい犬を補充することなどは、使用人たちの仕事だった。主人たちは、高い教育を受けたその目を活かして狩猟を洗練させ、芸術の一形態にしていった。[10] また、生まれてきた子犬のうちどれを育て、どれを死なせるべきかを、その教養と感覚によって判断した。業者の持って来る最新の銃の中から最も良いものを選び、仕立屋に最高の狩猟服を作らせるのとまったく同じように犬も扱うことになる。[11] 自分たちは伝統を受け継いでいると信じて疑わないイギリス人たちは、柵で囲み、芝生で覆った猟場で自ら放った獲物を追う、という形だけの狩猟を行うようになった。そしてあつらえた舞台の上には、特別に育てた犬を配置した。犬たちは、過去の犬たちと同じだと彼らが思う役割を演じることになった。しかも、その役割はすぐに演じられるよう簡略化されていた。

役割が簡単なのであれば、そもそもなぜ、わざわざラブラドール・レトリーバーという特定の種類の犬を必要としたのか、という疑問が当然浮かぶ。この問いの答えが真剣に考えられたことはあまりないだろう。大陸ヨーロッパのハンターたちは、狩猟に特化した犬ではなく、汎用的な犬を使っていた。アメリカのハンターたちも、イギリス崇拝者の不健全な影響が土壌に根づいてしまう前は、やはり万能の犬を狩猟の友として求めていた。イギリス人だけが、万能の犬では満足できなかったのだ。彼らはたとえば、野ウサギを狩る時だけに使う犬を所有したりもした。あるいは、鳥以外のものを追うことを一切禁じられた犬、あるいは特定の種類の鳥以外、追うことを許されない犬なども所有した。どの鳥を追うかは犬の種類ごとに定められた。まだ空を飛んでいる鳥だけを追う犬もいれば、すでに地面に落ちた犬だけを追う犬もいた。水中向けの犬もいれば、陸上向けの犬もいた。また、地形に合わせて脚を短くした犬、反対に長くした犬もいる。かと思えば闘いの場に出され、ネズミや牛、アナグマ、クマなどと闘い、その肉を引き裂くべく作られた犬もいる。オオカミを根絶やしにするため、またはすでに追いつめられていたキツネをさらに苦しめるために作られた犬もいた。大きな獣を動けないようにするのが役割の犬もいた。飼い主が大きな銃を持ってしとめに来るまでその状態を維持するのだ。

イギリス人は犬の用途を限定したので、犬種ごとに特定の能力だけを極端に鍛え上げた。勢いよく飛び上がる能力だけ、動物をおびき寄せる能力だけ、あるいは何かを回収して来る能力だけを極端に高めた犬を生み出した。そういう犬を使うことで実際に人間の仕事は少しでも楽になるのだろうか。現代のハンターたちに、実際の狩猟の細部について詳しく話を聞くと、確かに彼らは、獲物の種類ごとに脚の長さも毛色も違った犬を求めているのだとわかる。どの犬も狩猟の行われる土地の風景にも合っているとされる。だがそれでも、特定の犬が特定の種類の鳥だけを追いかけるということが本当にあるのだろうかという疑いは消えない。同様に、獲物を動けなくなるようにすること、おびき寄せること、回収することなど、特定の仕事だけにひたむきに取り組む犬を使うことが本当にいいのかという議論はいまだに続いている。ある仕事に特化せず、何でもこなすバランスの取れた犬は、どれも完璧にはできないという人もいるが、果たして本当なのだろうか。実際には、人為的に特定の能力だけを高められた犬というのは、所有者に富と余暇があることを証明するだけのものではないのか。その存在に意味はないが、無意味を許容する豊かさがあることを証明しているわけだ。そして、わざわざ労力と時間をかけて特殊な性質を持たせている分、犬の値段は当然、上がることになる。

狩りとドッグショー

古くからの貴族のハンターたち、また彼らの取り巻きたちは、ドッグショーに出すような犬の愛好家たちをはじめのうちは軽蔑していた。洗練されていない成り上がり者とみなし、一切関わろうとはしなかった。おそらく明らかに自分たちを模倣している人間を、似すぎているがゆえに嫌悪した面もあったのだと思われる。貴族たちは、犬の「美人コンテスト」のようなショーを非難した。犬の能力よりも外見に関心を向ける態度を非難したのだ。

彼らが伝統的に自分たちの高貴な目的に合うよう利用してきた犬の質が低下することも懸念した。ブラック・ポインターという犬種を生み出したウィリアム・アークライトは、「ケネルクラブのスタッドブックには、心あるブリーダーのやる気を削ぐような悪影響がある」と言っている。何の役にも立たないような無意味な犬種ばかり有利になるような内容になっているというのだ。このままでは元来、素晴らしい犬たちが皆、そういう役に立たない犬になってしまうという危惧もあったようだ。犬の能力を測る実地試験も行われていたが、そこも外見だけを重視する愛好家たちの感覚による「汚染」が進んでいると彼は訴えた。もはや、真に狩猟に役立つ能力を備えた犬はほとんどいなくなっているというのだ。アークライトは一九〇一年に開催されたあるコンテストでの事件に言及した。その時、審査対象となったセッターのうち一頭は、逃げ出してしまった――「審査員からも調教師からも見えないところまで全速力で」逃げてしまったのだ――にもかかわらず、一等を獲得したのはその犬だった。堕落した新しい犬のビジネスの目的は金銭的利益だけだ、とアークライトは言い、こうもつけ加えた。「昔のハンターとは違い、現代の愛犬家たちは、本来、役立っていたはずの特徴を、もはや役に立たないほどにまで誇張してしまった。自分の使用人に、その能力に対してではなく、外見に対して給料を支払うということがあるだろうか。それと同じくらいバカげたことが行われている」

　そもそも、美しい猟犬を使って行う儀式的な狩猟にどれほどの実用的意味があるというのだろうか。おそらく当時のドッグショーを最も声高に批判していた一人であるアークライト自身でさえ、狩猟においては見た目の美しさも重要になることは確かだと認めている。「現在の狩猟家の中にも、犬の外見にまったく関心のないふりをする人たちはいる」アークライトはそう言う。チャールズ・クラフトのように、猟犬を極めて男らしいものと考える人たちは、そういう態度を取ることが珍しくないというのだ。「だが、自分の妻や馬の外見が良いのは喜ぶのに、たとえば飼っているポインターについてはそうではないとしたら、一貫性を欠くことになるだろう(12)」

　猟犬を狩猟に使うハンターたちは良くて、ただ見た目だけをもてはやす新しい愛犬家たちは良くないと言い切るのも無理があった。裕福な紳士たちが自分たちの広大な地所を荒らすわけでもないウズラやヤマウズラ、ライチョウなどを狩るのは生活のためではなく、あくまで楽しみのためである。無害な獲物たちを、無意味なほどに大きなライフルを持ち、犬や、先導役、調教師、弾丸の充填役などを引き連れて追いかけ回すのだ。それを昔からある娯楽だから良いとみなすのか。ウェストミンスター、クラフツなどのドッグショーで、クシを通しすぎた毛の塊の周りで喜んだり悲しんだりしているパンツスーツ姿の太り気味の婦人たちも、ただ立って美しさを見せるだけが仕事で、審査員に噛みつくことなど絶対にない犬たちをかわいがって楽しんでいるだけである。趣味で狩猟をする男性たちと何が違うというのだろうか(13)。

人間の序列を守るために

狩猟に使われる高貴な犬は、誤った人たちの手に渡すべきではないとされ、それを防ぐために様々な手段が使われた。イギリスの平民が飼う雑種犬が貴族の犬と競うほどの能力を持っているとわかると、その能力は奪われた。脚を根元から、あるいは脚先を切り取り、平らな土地でさえ自由に動き回れないようにされたのだ。そういうことが何世紀にもわたって続けられた。動物を特定の階層に留めておくこと、ある階層にふさわしい外見を維持することは容易ではない。それは現代のドッグショーに出るにふさわしい外見の犬を作り続けるのと同じくらい難しいことだっただろう。

現代でも、ラブラドールの子犬の毛色が望ましいものでなければ間引かれる、という話を聞けば、なんとひどい、毛色が違うくらいで殺すことはないと感じる人は多いだろう。だが、過去には、行動が社会や自然の秩序を乱すからといって犬を罰するという伝統もあったのだ。そのことを知れば驚く人は多いはずだ。カイウスは犬のそうした行動を「無作法なふるまい」と呼んでいる[14]。たとえば鳥猟犬は、厳しい基準に従うよう強制され、一生をただ一つの仕事に捧げること以外は許されなかった。仕事とは、獲物の位置を知らせること（ポインティング）、獲物を動けなくすること（セッティング）、あるいは獲物を回収する（レトリービング）などである。そのうちのどれか一つだけに専念することが望ましく、複数の仕事を同じ犬が兼ねることは良くないとされた。セッター、ポインターはどちらも、ハンターが獲物に狙いを定める助けをしてくれるが、その方法はそれぞれに違う。また、どちらも撃たれたあとの鳥に触れてはいけない。それはレトリーバーの仕事だからだ。猟銃が現れる前、まだ弓矢が使われていた頃からすでにセッターに期待される仕事は決まっていた。セッターは獲物には触れない。その数メートル手前で止まり、網の中にまで獲物を追い込むのが仕事だ。期待する仕事を強制するため、セッターの口に金属製の釘を詰め込む、あるいは革ひもを頭に巻きつけて口が開かないようにするといったことも行われた[15]。

そのように犬を律しようとした最大の目的は、飼い主である人間の序列を守ることだった。イギリスの法律では現在でも、ある土地の上空に飛ぶ鳥を撃つことをその土地の地主だけの特権であるとし、借地人が撃つことを禁じている[16]。森に入った人間や犬は、厳格に管理され保護されている樹木を切ることはもちろんできないし、森の中のどの生物も捕獲してはならないとされた。一一世紀から一九世紀までの間は、法律をはじめあらゆる手段を使い、狩りのできる人、できない人の差別が行われていた。イギリス内の土地の多くを誰かの私有地とすることもそうした手段の一つだ。私有地に囲い込まれたシカを撃つのは、樽の中にいる魚を捕まえるのと同じようなものだった。狭いところに閉じ込められて自由に動けない点ではまったく同じだ。国中が大地主の私有地ばかりという時代が終わったあとも、犬に対する見方はあまり大きくは変わらなかった。役に立つ純血種の犬は、決まった行動だけを取り、決まった動物だけを獲物にする、という考え方は残り、そういう犬を持っていることが富の象徴となり、犬は富を誇示する道具であり続けた[17]。

ガン・ドッグ・マガジン誌の最近の記事によれば、現在では、実用的な狩猟を行う人たちでさえ、その美しさに注意を払うようになっているという。かつての貴族階級の狩猟に近いかたちにする努力をしている人たちが多いということだ。「私の心の目には、夜明けの柔らかい光の中にいるスプリンガー・スパニエルやヤマシギの姿が見える」ある狩猟ジャーナリストはそう言っている[18]。「黄金に輝く巨大で丸い朝日が、犬の真後ろに見える——まさに完璧な絵画のような光景[19]」。動物が大量に殺されるかもしれない日のことを詩的に表現したそんな言葉は、猟銃を扱う業者にとっては都合の良いものだ。その美しい光景の中で確かに銃は欠かせない存在だろう。また現在の猟犬たちは、儀式としての狩猟が始まり、その小道具としての犬が必要とされなければ存在し得なかったものだ。今、公園の噴水で水遊びをし、ソファに寝そべっているイエローラブは、過去の銃器の発達がなければ存在しなかった犬だということである。

銃の進歩と犬の変化

持ち運びやすく、弾丸の装填も撃つのも容易という便利な銃が一八世紀に作られるようになると、はじめのうちこそ少し抵抗はあったものの、やがてそれは紳士の持ち物にふさわしいとみなされるようになった。[20] フリーマン・ロイドはこれを「精巧に作られた道具で、風格があり儀式向き」と表現した。便利な銃は、一時は不公正ではないか、狩猟にはそぐわない、紳士らしくない、とみなされたのだが、すぐに裕福な人間だけが正しく扱うことができるものと考えられるようになった。[21]

狩猟が便利になるほど、射撃をさらに楽にしたいという要望が高まった。また儀式化されていた狩猟の儀式性がさらに高まり、単に自分の地位の高さを示すために射撃をする人が増えた。あえて紳士の狩りの真似事をしている平民が描かれた絵画を見て、「実用的な意味はないので、射撃の具体的な技術や、銃の詳しい仕組みなどには誰も興味がない」とロイドは嘲笑した。生まれの卑しい者たちは「狩猟家にはふさわしくなく、また何でも射撃の標的にしたがる」というのだ。間もなく、銃は紳士が必ず持つべきものの一つに加えられることになり、たとえ銃を持っていてもその使い方を誤ることは、感受性の鋭い上流階級の狩猟家に対する攻撃と受け止められることになった。まだ身分の不安定なソーシャル・クライマーたちにとって、それは恐ろしいことだった。上流階級と同じ装飾品を持ち、同じ犬を飼うことで、上の階層に成り上がろうとする者たちにとって、銃の使い方を誤って軽蔑されるのは何とも恐ろしいことだったのだ。「彼らがたとえ何頭も犬を飼っていたとしても、そのうちただの雑種と言えないのはせいぜい一頭だ」ロイドは、紳士の真似をする身分の低い「コックニー」を非難してそう言う[22]。

現代の私たちがよく知っている銃猟犬は、いずれも銃器の進歩に合わせて作られた犬たちだ。銃を撃つ喜びをさらに高めるように改良を加えられている。獲物を早く追いつめて、その喜びの時をうまくお膳立てできるよう、より身体が大きくなるような改良を加えられた犬が多い。古い犬種であるクランバー・スパニエルの人気が衰えたのは、銃が進歩し、素早く撃てるようになったせいでもある。この犬種は、古い紳士と、もはや時代遅れになった射撃スタイルに合っていたのだ[23]。大陸ヨーロッパでは何世代にもわたり貴族の間で十分にその役目を果たしていた多目的犬は、銃の進歩とともに、イギリスで特別の用途のみに合うよう改良された。セッターは、低木の茂みの前にしゃがみ込み、主人がどこを狙って撃てばいいかを知らせる役目を果たす。これは、石弓と網を使っていた時代から犬が果たしてきた役目だ。フラッシング・ドッグは、鳥を飛び上がらせて、クレー射撃で標的となる皿のように、良い道具と技術を持ったハンターにとって撃ちやすい状態にさせる。ポインターの能力は基本的にセッターと同じだが、それがさらに強化された。決まった行動だけを取るとても変わった犬である。彼らは文字どおり、凍りついたように適切な場所で動かなくなり、まるでレーザービームのように、標的を指し示す。指示された方向に何も考えずに銃を撃てば、獲物を確実にしとめることができる。それと同時に、獲物を回収する性質を持った犬は飼い主の傍に控え、命令を待っている。飼い主は自分が満足する数だけ鳥を撃ってから、犬に回収の命令を出す。

銃の進歩とともに猟犬の数は増えていった。鳥撃ちが人気を集めるほど、銃猟犬は速く多く作られるようになり、個々の犬の役割もより限定されたものになっていった。ただある時点で、ハンターたちは、もはや優れた犬を多数所有する必要はないと気づいた。銃があまりにも進歩したために犬の力を借りる必要がなくなってきたのだ。鳥撃ちは過去に比べて信じられないほど容易になった。一九〇三年にあるハンターがこう書いている。「現代のイギリスの狩猟では、獲物が大きくても小さくても、セッターやポインターなどの犬にはもはや、一五世紀の石弓と同じくらいの有用性しかなくなってしまっている(24)」。

かつて戦場にいた伝説の犬、アーラントは、銃器の進歩とともに絶滅してしまった。猟犬たちも、テクノロジーとの競争に敗れ、もはや有用性はなくなった状態で存在し続けている状態になっていた。もっと数多くの獲物を撃ちたいというハンターの欲求に応えたのはテクノロジーであって、猟犬ではなかったのだ。狩猟がスピードアップするに従い、猟犬は置き去りにされることが多くなった。より強い刺激を求めるハンターたちにとって、猟犬を使うかつての猟は物足りないものになったのだ。犬を連れていることで気持ちが穏やかになる効果があるというのはよく知られていたのだが、それも意味のないものになった。狩猟は、ただひたすらに動物を殺すものになってしまった。殺すことの中毒になるハンターが増えたのである(25)。

ポインターの奇妙な行動

一九世紀後半のアメリカでは、イギリスのポインターの懐古ブームが起きるが、おそらく絶好のタイミングで訪れたブームだったと言えるだろう。取り憑かれたように一つの行動だけを繰り返す銃猟犬を所有することは裕福さの証とみなされていた。ポインターなどの犬を持ち、それを誇示したいという人が再び増えたのだ。また、効率ばかりを優先するのをやめ、もっとゆっくりと狩りをしたいと望む人が裕福な人たちの間に増え、そこに隙間市場が生まれた。贅沢な趣味を持ちたい同好の士が集まり、彼らが、それぞれ際立った特徴を持つ犬種を守る意思を示したことで、時計の針は戻り始めた。犬を使い、少数の鳥だけをじっくりと撃つ狩猟が復活したのである。

大西洋の両岸で、取り憑かれたように獲物を回収し続けるレトリーバーたちが極端な金持ちの寵愛を受け始める前、社会的な地位が極めて高いことの象徴となっていたのは、やはり執拗に同じ行動を繰り返す犬であるポインターだった。歴史学者のデイヴィッド・キャナダインは、こう回想する。「伝統的な形態であれば、射撃は元来、田園生活の不可欠な要素だった。地主は二頭のポインターを連れ、前込式の銃と、火薬のフラスコを持って自らの地所を歩く。一日に一〇羽撃ち落とせれば、今日は幸運だったと思えた」[26]

「ほどほどが良い」と考えられた時代の初期にポインターが珍重されたのは、できることが限られていたからではなく、狙うべき方向を飼い主に的確に知らせることができたからだ。鳥を前にした時に動きを止める奇妙な行動が、審美眼の高い狩猟家の目にはとても魅力的に映った。綺麗な四角い頭をして、鼻の形も良く、維持に高い費用のかかる毛色をしている犬、しかも左右対称で美しい見事な羽を持った鳥がいれば、正しくその方向に耳を傾け、尻尾を上げることができる犬、そういう犬を所有していることは、飼い主が稀有なほどの趣味の良さと、感覚の鋭さ、忍耐強さを兼ね備えていることの証明になる。[27]

ポインターという犬は、実は意外に行動が遅い。セッターも同様だ。誰よりも速く数多く撃ちたいと思うのであれば、こういう「奇妙な行動を取る犬」は連れて行くべきではない。[28]ポインターは急にどこかへ逃げて行ってしまうことでもよく知られていた。何時間も姿を消したまま戻って来ないことがある。時には、まったく仕事を放棄し、二度と戻って来ないことすらある。[29]

ポインターは行動が不規則で、しかも非常に神経過敏なので、ポインターを連れて狩猟に行った場合には、一羽でも鳥をしとめられたら幸運と思うべきかもしれない。銃猟犬として使われ始めた頃から、ポインターはひ弱で神経質な犬だった。ほんの小さな物音や、何かの小さな動きだけで、驚いて飛び上がってしまうところがある。家庭でペットとして飼われるようになってからも、その性質は変わっていない。鳥に向かってポーズを取るのは、それが落ち着ける唯一の方法だからだろう。場合によっては、まったく反対の方を向いて固まり、動かなくなることもあり得る。撃つべき方向を教えてくれたのはいいが、そのあと動かすのに苦労したという話はいくらでもある。まるで彫像のように動かなくなり、蹴っても突いても一時間くらいそのままでいることがあるという[30]。

確かに鳥の存在を近くに感じると、そのことを知らせ、注意を促してくれるが、それは犬にしてみれば、ただそれだけが目的の行動ではない。オオカミや、バランスの取れた能力を持つ普通の犬とは違い、ポインターは計画を立ててそのとおりに行動するということができない。ポインターはただ、固まって動けなくなるだけだ。何かを考えているのかもしれないが、何も考えていない可能性もある。レトリーバーも獲物を回収したあとは、興味を失ったように何もしなくなってしまうが、ポインターもそれと同じように、一応、飛びかかりそうに見える体勢は取るものの、そのあとは何の仕事もせず、すべてを他に任せてしまう。動物行動学者はこれを「異常定位反応」と名づけている。何時間も続けて何もせず、ただテレビを見つめていたりするのも、やはり同じ異常定位反応にあたるという。ポインティングは、セッティング、レトリービングなどと同様、単にそれだけでは、元来、不完全な、子供っぽい行動である。しかし、ブリーダーは、ポインターのこの未熟さをそのまま維持しようとする。それは、ドッグショーに出す犬をかわいらしくするために、目をできるだけ大きく幅広く、漫画のようにし、また額を広くし、子供っぽく口を尖らせる表情をさせ、毛も子犬のように柔らかく保とうとするのと同じだ。
　強硬症のように身体を動かさなくなる性質は、儀式的な狩猟をするハンターたちが犬に望んだものである。とにかく彼らは、過度に専門化した、型にはまった犬を求めた。ポインターが動かないことを異常なまでに重要視するイギリス人のこの執着心を、犬種を生んだウィリアム・アークライト自身も「行き過ぎた信仰」と呼んだ。おかげでハンターたちは、ただでさえ高い費用のかかる犬を複数、組み合わせて使わざるを得なくなった。狩りの場で、ポインターたちは奇妙な「機械仕掛けのバレエ」のような動きをするが、[31]たとえば「バッキング」あるいは「オーナリング」と呼ばれる行動を取るためには、二頭以上が必要で、あるところまで競争するが、その後は協調して、互いを補い合って動けるよう訓練しなければならない。ポインティングという行動はイギリス人が生んだわけではないが、その行動を後押しし、ポインターという犬がその後、広まるようにしたのは間違いなくイギリス人の力だ。[32]
　犬たちは、ある時点までは何かを探して動く。ハンターは銃を持ち、犬から離れすぎないよう、何かあったらいつでも飛び出せるようについて行く。草や低木の中に鳥が隠れているのを一頭が感じ取ると、その犬は動きを止める。他の犬たちの務めはとにかく行儀良くすることである。間違っても走って行って、鳥を逃がすようなことをしてはいけない。また、張り合って同じように動きを止めるようなこともしてはならない。止まっている姿を飼い主に先に発見され、手柄を横取りするようなことはしてはならないのだ。血統の良い犬であれば、潔く負けを認め、勝者に栄誉を与えなくてはいけない。少し後ろに下がり、一番乗りに敬意を表して、礼儀正しく一斉に同じ方を向くのだ。[33]ハンターがもし測量装置を持っていたとしたら、犬たちの鼻から伸ばした直線の交わるところをそれで突き止めることができるだろう。そこが標的だと考えてほぼ間違いない。標的がわかれば、そこへ向けて撃てばいいだけなので、非常に楽になる。現在では、ユーチューブなどに投稿された動画を見ることで、犬たちに助けられた狩猟を擬似体験することができる。現代の儀式的なハンターは、最新のテクノロジーを駆使して、ポインターの精緻で貴族的なダンスを皆に誇示している。

狩猟場外での活躍

ポインターという猟犬は、イギリスでもアメリカでも珍重され、その行動は保存されることになった。ポインターの屋外での動き——より正確には「動かない状態」——を撮影した写真は、裕福な人々を魅了し、その熱心な愛好ぶりは崇拝とも言うべきほどにまで高まった。ハンターは銃と共にカメラを携行している。そして、ポインターが動きを止める瞬間を撮ることに夢中になりすぎて、そもそもの目的が狩りをすることなのか、狩りの写真を人に見せることなのかがわからなくなっている。言葉は同じ「シューティング」でも、狩りをすることと写真を撮ることのどちらが大事かわからなくなっているのだ[34]〔英語では銃を撃つことも、写真を撮ることもshootingという〕。

ポインターは映画でも、そしてドッグショーのステージでも人気を博した。ドッグショーの初期の時代には、出場できるポインターは一種類だけだった。「センセーション」という名前のレモンイエローのポインターがウェストミンスター・ケネルクラブのロゴになるのは、それから何十年か経った頃だ。その頃には、イエローラブが社交の場に登場するようになっていた。レモンイエローのポインターがロゴになったのは、AKCのかつての理事長が言っているとおり、「ウェストミンスターは基本的にはポインターのクラブ」だからである[35]。純血種の犬を珍重する愛犬趣味そのものが、イギリスやアメリカでは、ポインターへの崇拝から始まったと言うこともできる。一八五九年に、銃メーカーの後援によってイギリスのニューカッスル・アポン・タインで開催された初期のドッグショーでは、出場した犬はポインターとセッターという二種類の犬だけだった。初期のイベントにおいては、その後しばらく同じ状況が続いた。アメリカでも同様だ。アメリカの場合、初期のドッグショーはほぼ、ポインターのショーだった。

ショーで調教師がポインターを連れて行くのは、リングではなく屋外の場合も多かった。木々や草に覆われた田園風景の中に犬は連れ出される。近くにはケージに入れられた鳥たちがあちこちに隠れている。ポインターたちは、干し草などで隠されたケージを前にして動きを止める。審査員はその時の姿勢や取り組みの熱心さを見てメモを取る。見物客は、名をよく知られた裕福な人でなければとても飼うことのできない高度な技術を持った犬たちを憧れの目で見つめることになる。貴族の地所を模した場所で、ポインターが働いているのを見せるわけだ。これは、大邸宅の一室を模したセットで小さな愛玩犬が丸くなって眠っているところを見せるのと同じだ。ポインターの斑点のある毛色は、二〇世紀以降になっても維持された。狩猟での実用性は失われても、見せ場を失うことはなかった。現代では素晴らしい器具を使って照明をあてられ、屋外でのお決まりのポーズを写真に撮られている。見られる存在として価値を保っているのだ。

第9章　ラブラドール・レトリーバーの帰還

一通り何でもこなすがどれも完璧ではない犬が、低級な存在とみなされるのは、いったいなぜだろうか。どうやら、できる仕事が多いほど、その犬が純血種ではなく雑種であることの証明になると思われているようだ。これから、ラブラドール・レトリーバーが「純血種」として北米に戻ってきた様子を見ていくが、その前段階として、そもそも大西洋の両岸の狩猟家たちがなぜ、優生学的に改良されたイギリスの犬を必要とするにいたったかを改めて考えてみることにしたい。

階級と狩猟

イギリスの歴史のほぼ全期間において、雑種犬は冷遇され続けてきた。だが、そうした差別を差し引けば、社会で「有用」とされる猟犬と、単にペットとして愛玩される犬との違いは小さいものとなる。イギリスでは、平民の飼う雑種犬は、法律によって不具にされることもあった。また、富裕な人たちの地所や猟場に雑種犬が侵入したために、その飼い主が処刑されることさえあった。しかしその一方で、雑種犬を連れた貧民の中にも、どうにか生きる方法を見つける者がいたし、しかもそれをかなりうまくやる者もいたようだ。古い衣服を身に着け、身体の模様の決して綺麗でない犬を連れた男たちは、上手な狩り、鮮やかな狩りができたわけではない。だが、彼らは無様ではあっても生き抜いていく力を持っていた。彼らの狩りには観客はいない。見せるための狩りではない分、厳しさもあったが、身分の高い人たちのように、鑑賞に堪える完璧な容姿をした犬を連れている必要もなかった。「ラーチャー」と呼ばれるグレーハウンドに似た雑種犬を連れた貧しいハンターたちは、法の目も地所の柵もくぐり抜けて、生きるために必要なものを手に入れるという悪評が立っていた。彼らの狩りには、制服を着た使用人たちもいなければ、花や音楽で飾ってもらうこともなかった。夜の間に違法に獲物を手に入れるには、むしろ人の目につかない地味な姿でいなくてはならなかった。そうした強いストレスにさらされる状況下では、ふと立ち止まって新鮮な空気を心ゆくまで吸い込む余裕も、不思議な形の岩石に目を留めて、それを楽しむ余裕もない。

しかし間違いなく、彼らは腕の良いハンターであり、連れているのは有能な猟犬だった。何かしらの賞を得るために、内なる計画図、ＧＰＳシステム、総作品目録を必要とする、高級な純血種を連れた金持ちとは違う。粗野で洗練されていない犬たちは、教養ある人たちには嫌われてしまうが、強さ、持久力、狡猾さを兼ね備えている。姿の美しさを求め、階級への帰属意識のために犬を所有したい人には向かない。だが、そういう「卑しい」とも言える犬たちを大事に飼う人たちはいた。社会の中でとても勝者とは言えない庶民たちが、数々の障害にも負けることなく、雑種犬の価値を証明し、何でもない犬たちを現在まで生き残らせたのである。

良い家柄に生まれたわけではない庶民にとって、狩猟とは、虚栄心のためでも楽しみのためでもなく、ともかく食べ物を得るためのものだった。しかし、庶民のハンターも、彼らの飼う育ちの良くない雑種犬も、不当と思えるほどのひどい扱いに耐えることになり、大きな悲しみも味わうことになった。上の階層の人々は自分たちのしていることが最良と信じていたので、それとは違う庶民と雑種犬は迫害を受けたのである。上流階級の人々は、自分たちの持つ優れた犬たちが適切でない人間の手に渡らないよう相当な努力をしていたが、それでもハンターたちの中には、雑種犬の方が見た目の美しい純血種の犬よりも総じて知力、体力とも優れていると言い切る人がいた。

ゴードン・ステーブルズは、そうした噂を早い段階で打ち消そうとして、こう記している。「ある男が『身体の特徴や見かけから考えれば二ペンスの価値もないが、獲物の回収に関しては、あんたが連れてくるどんな高級な犬にも負けないような犬を作るつもりだ』と言っているのを聞いたことがある。素人の目には、雑種が、最高の血統を持つ純血種と同じくらい――それ以上、ということはさすがにないが――優れていると見えることがままあるようだ。だが、断言してもいいが、雑種犬が純血種のように優れていることなど絶対にない。それは猟犬であっても番犬であっても同様だ。意欲のある狩猟家は、専門家の言葉を素直に信じるべきであり、はじめのうちは、きちんとした血統書のついた、広く認められた犬種を連れて行くべきだろう。間違っても、雑種犬でもチャンスさえ与えれば能力を発揮できるなどと考えてはいけない。決してそんなことは起きないからだ。真に上流階級に属している人たちも、またその模倣をしたがる無数の人たちも、特に、傲慢な狩猟家たちの突拍子もない発言の誤りを証明したいという気持ちは持っていない。それと同じように、雑種が良いと言い張る人たちも、優生学が真っ赤な嘘であることを証明したいと望んでいるわけではない。たとえその目的が達せられたとしても、彼ら自身にとって利益になるわけではないだろう[1]」

純血種の猟犬を扱っている「評判の」ブリーダーを探して支援したい時、あるいは、イギリスの銃猟犬のうちでニューヨークのアパートで飼うのに向いているのはどれか知りたい時、どういった資料を調べればいいのだろうか。ＡＫＣガゼット誌に長期連載されていた"Pure Breeds and their Ancestors"〔「純血種とその祖先たち」〕の中で、フリーマン・ロイドは「そうした資料は、狩猟の様子を描いた版画を売っている店で見つかる」と答えている。「狩猟を描いた画家たちは、人、銃、スパニエルを一つの画面に同時に配置することを楽しんだ。それこそが、遠い昔の狩猟家たちを取り巻いていた状況だったのである」[2]。見栄えの良くない狩りをしてしまうのは、上流階級の人間にとって考えるだけで不快なことだった。そんなことがあれば、彼らの使う道具から細かい行動まですべてを模倣しようとするソーシャル・クライマーたちを不安にさせるだろう。それも彼らにとって恐ろしいことである。高貴な猟犬と平凡な雑種犬はまったく異なっているという考えに対し、あえて声を上げ、異議を申し立てる人は、長年の間、驚くほど少なかった。ただ、異議を唱える人は皆無ではなく、稀にそういう人がいると、彼らは驚くほど強硬だった。

雑種犬の復権

「私はレトリーバーを飼っていた」あるイギリス人がそう書いている。彼は、自分の飼っていた取り立てて特徴のない平凡な雑種犬を、大胆にも「完璧に用を成す犬だったたし、それはおそらく他の雑種犬たちでも同様だっただろう」と言い切った。だが、その雑種犬は正確にはどのような犬だったのだろうか。一八四九年（最初のドッグショーとされるイベントが開催されたのはその一〇年後だ）に出版された*The Young Sportsman's Manual*〔『若き狩猟家のための手引き』〕の中で言及されたその犬は、「ブルドッグとスムース・テリアの中間くらいの犬」だったと考えられる。雑種犬なので、当然のことながら、やがて王家のケネルクラブに「純血種」と認められることになる、どのレトリーバーにも外見は似ていない。だが、著者は「この犬は類い稀な能力を持っていて、水中が得意なレトリーバーと、地上が得意なスパニエル、両方の仕事を一頭で完璧にこなすことができる」と主張した。不思議にも、どこにでもいるような普通の雑種犬がそういう仕事をすべてこなせる。特に、その能力を支えるような血統もないのに、すべてできてしまうというのだ。そんなことが果たしてあるのだろうか。あり得ないと思った人はいた。家柄が良いわけでもない狩猟家がいくら熱心にそう主張したところで、当時は異端としかみなされなかった。だから時折、異議を唱える声があがっても、大きく広がることはなかった。ただこの時のイギリス人は簡単には引き下がらず、自分の犬を称賛し続けた。「洞察力や勇気という点で、他の犬たちと公平に比較さえしてもらえれば、彼女を上回る犬はいないだろう」(3)

次は六〇年後の一九〇九年の話だ。犬を消費者に届けるにはもはや、ケネルクラブに登録する以外に方法はない、という時代になりつつあった。狩猟に使う犬でも、ショーに出す犬でも、あるいは歩道で見せびらかすだけの犬であっても同じだった。アメリカ、バージニア州には、かつて「良い犬は白人と同じように扱うべき」と発言した医師がいたが、一九〇九年には少し態度を改めている。ブリーダーが作る純血種の犬がとにかく最高だとするドグマに部分的にだが異議を唱えたのだ。しかもこの医師の異議には説得力があった。医師は「私は、多種多様な鳥猟犬とともに実際に狩りの現場に出て豊富な経験を積んだ。犬たちは過去の実績も、血統も、訓練歴もそれぞれに違っていたが、良きハンターであることを証明する書類の有無、書類の種類も様々だった」と言っている。

私は期せずして、由緒正しい特別な犬たちと、州内のどこの農家でも見つかるようなごく普通の犬たちとの比較実験をしていたことになる。農家の犬たちは、もちろん血統は定かではなく、名声などとはまったく無縁である。ところが、この育ちの良くない平凡な犬たちが実に良い仕事をするのに仰天させられることが多かった。血統正しい犬たちは訓練過剰なのではないか、血が濃すぎるのではないかと時に疑問に思うほどだった。どの世界においても、最高の人間は自らの力で成功を収めた叩き上げの人間である。そのことは誰もが知っているだろう。それと同じように、私の知る最高の犬も、少なくともその一部は、基本的に血統によらず自ら力を身につけた犬である。

由緒ある血統もなく、訓練も受けていないのに、賢く、能力が高く、信頼できる犬がいるという主張である。この医師は、自分の主張の正しさを裏づけるために、一頭の犬の話を例にあげている。どこにでもいる地味な、しかし能力の高い犬だ。この犬は特別に頭が良く、また愛情豊かだった。「外見が特別に魅力的なものでなかったのは間違いない。栗毛のセッターに似てはいたが、顔の中央部あたりを見ると、ブルドッグの血が混じっていることが推測された。その態度は、後ろめたいことでもあるのだろうか、と思うほど、おどおどしている。みすぼらしく、これほど駄目そうに見える犬は見たことがない、というくらいの犬だ。ところが一緒に狩りに出てみると、私の知る限りこれほど素晴らしい犬はいなかった(4)」

ラブラドールの帰還

これは、ラブラドール・レトリーバーが到来し、純血種の優越性に対する疑いを一掃する前のことだ。アメリカの消費者が家庭でペットとして飼う犬としては、ボストン・テリアとコリーが人気を競っていたが、ラブラドール・レトリーバーという犬が祖先のいた北米に里帰りし、成功を収めたことは、純血種の犬にとっては何より力になった。「ラブラドールのアメリカにおける成功は、輸入者よりも犬自身にとって利益となった」リチャード・ウォルターズは、ブリーディングに関する有名な自著の中でそう書いている。ただ、ウォルターズは、当時のアメリカがいかに高慢な国になっていたかについては触れていない[5]。イギリスでマームズベリー伯家からバクルー公家に贈られた犬を起源とするラブラドールだが、その遠い祖先はカナダの雑種犬だ。それが長い時を経て、故郷である北米大陸にできた若い国へと戻って来た。その若い国は裕福になり、国際的にも高い地位を築いていた。ラブラドールはそこで王座につくことになったのである。

ウォルターズは、ラブラドール・レトリーバー、つまり改良されたセント・ジョンズ・ウォーター・ドッグについてこんなことも書いている。

ラブラドール・レトリーバーが北米に帰ってきたのは、流行の一環であり、時の気まぐれだった。狂騒の二〇年代、ジャズ・エイジと呼ばれた時代、フラッパーが登場し、チャールストンが一世を風靡した時代。F・スコット・フィッツジェラルドが流行作家となり、良質のスコッチ・ウィスキーが飲まれた時代に、裕福なアメリカ人たちはヨーロッパの王侯貴族に強く心惹かれていた。アメリカ人は蓄えた富でほぼ何でも買うことができたが、イングランド、スコットランドにあるような、貴族、王族といった公式の社会的地位だけは金で買えなかった。当時、最も「格好いい」とされたのは、友人の中にイギリスの貴族がいるということだった。たとえば、スコットランドの荒れ野でのライチョウ狩りに招待されることなどは、何よりも優雅で洗練されていると見られた[6]。

こうした社会的流行が、二〇年代、三〇年代におけるラブラドールの最盛期と重なったわけだ。「ごく初期の時代には、裕福なアメリカ人の多数がイギリスの貴族をとにかく模倣するという現象が見られた」という。[7] その頃のアメリカには、外国の文化を自分流に改変して取り入れる人たちがいた。たとえば、宮廷で使われるような工芸品を生活に取り入れる。上流階級の親族にはなれないが、何とか姻族にはなろうとする。彼らが、ラブラドール・レトリーバーという犬と、その犬に関わるあらゆる経験をアメリカに持ち込もうとした。あくまで高貴な娯楽をアメリカで再現することが目的であり、金銭は重要ではなかった。コリーやポインターが大流行した時と同様、ラブラドールに関わりが深く、この犬種に精通していたケネルやその人材が一斉に、蒸気船に乗ってアメリカまで渡ってきた。[8]

ラブラドールを求めた名士たち

レトリーバーの人気は何年もかけて高まっていった。驚くのは、アメリカで本当に人気が出るまでに非常に長い時間がかかったことである。ラブラドール・レトリーバーが、ＡＫＣのスタッドブックにはじめて載ったのは、一九一七年のことだ。ゴールデン・レトリーバーが載るのはさらに遅く、一九二五年になってからで、高い人気が続いた期間はそう長くない――この犬の人気にはイギリスでの国王令が大きく関係しているようだ。イギリスでは、ジョージ五世が、他の追随を許さない王室の犬を、クラフツ・ドッグショーで披露していた。まるで、決して持つことのできない犬を見せびらかして、大衆をからかっているかのようだった。ジョージ五世は、母親のアレクサンドラ王妃との約束を守り、犬たちの遺伝子が一般の国民の間に流出しないようにした。ブリーダーたちはその姿勢に失望したが、王室が外へ出したがらなかったことで、余計に人々の注目が集まった。入手が困難だからこそ、その犬たちが特別なものとして扱われるようになったのである。(9)

ジョージ六世は父親のジョージ五世と同様、自身の所有するラブラドール・レトリーバーを躊躇せずに見せびらかしたし、また犬を外に流出させないようにしたところも父親と共通していた。では、ラブラドールを外に出したのはいったい誰なのか。マームズベリー伯家、バクルー公家には、この犬のブリーディングについての「レシピ」が存在したが、その内容を家族だけでなく、親しい友人、知人に教えることがあった。そのせいで、ゆっくりとではあるが、徐々に外部の人たちも同じ犬を作るようになる。ついには、王家の紋章を除けばあらゆる証書のついたラブラドールが、少しずつ確実にニューヨーク港にまで届けられるようになった。

この犬に関しては、実物が届く前に、すでに有名になっていた飼い主たちがその評判をアメリカに伝えていた。たとえば、ラブラドールレトリーバー・クラブ・オブ・グレート・ブリテンの初代会長がナッツフォード卿であるという事実は、早くからアメリカでもよく知られていた(現在はウェリントン公爵がクラブを指揮している)。犬の良さを知らせるのに、それ以上、有効な情報はなかなかないだろう。同クラブの第二代会長に選ばれたのは、ローナ・ハウ伯爵夫人だった。彼女は、当時の女性には珍しく、いわゆる「ラップドッグ(小型の愛玩犬)」から、猟犬のラブラドールに乗り換えた人だ。そして、三代目会長に選ばれたレディ・ヒル゠ウッドは、その犬が本物のラブラドールであることを証明するリングをつけるということを始めた。これは、バクルー公家に生まれた者以外、授けることのできないリングだ。大西洋の両側で、古くからの上流階級の間にラブラドールは次第に広まっていった。ただ、アメリカに新たに生まれたエリートたちは、自分たちの力で彼らの間に入り込んでいかねばならなかった。

ウォルターズは、その状況について「ラブラドール・レトリーバーが盛んに輸入され、広く飼われるようになったのは、裕福な人間を惹きつける何かがこの犬種にあるからだろう」という発言をしている。[10]ラブラドールの魅力の源泉はもちろん犬自身にあったが、それと同時に、この犬に関わる人たちが魅力を増していたことも確かだ。初期の飼い主は、アメリカの紳士録に載るような、真の富裕階級に属する人たちばかりだった。輸入され始めたばかりのラブラドールを飼っていた人たちの中には、まず、A・バトラー・ダンカン夫人がいる。そして、有名なフィップス家、ゲスト家の人たち。その他には、ハリー・ピーターズも初期の飼い主となっている。J・P・モルガンは、犬の持つ本来の形態を非常に重視し、オリジナルとされるラブラドール・レトリーバーを入手して飼っていた。リビングストン家は、他の多くの犬種の場合と同様、この犬種の世界でもやはりセンターステージにいた。[11]

ラブラドールを所有する名士の中には、不動産王ロバート・ゴエレットもいた。一九三一年、オレンジ郡の彼の地所では、この犬の奇跡的とも言える獲物回収能力がはじめて多くの観衆の前で証明されることになった。地所の名である「グレンミア・コート」という名前が、スコットランドの貴族に匹敵し得るものとして扱われた。仮に他に多くの名前が引き合いに出されたとして、そのどれにも目が留まらなかったとしても、グレンミア・コートというだけで価値がわかることもあった。イギリスから愛犬趣味を伝える大使の役割を果たしていたフリーマン・ロイドは、正しいメッセージをアメリカ人に確実に伝える公式の通訳のような役割も担っていた。ロイドは、自ら書いた記事“Popular Dogs”〔「ポピュラー・ドッグス」〕の中で、「八〇〇〇エーカーの広さがある、ロバート・ゴエレットのグレンミア・コートの地所で、我が国最初のレトリーバーのフィールド・トライアル〔狩猟の技術を競う競技会〕が行われた」という具合に、地所の面積を読者に正確に伝えている。有名な地所がどのくらい広いのかは、誰にとっても気になることだからだ。[12] 記事のその他の部分は、舞踏会の出席者名簿のようになっている。あるいは新聞の社交欄のよう、と言ってもいいだろう。とにかく、有名人の名前がずらりと並んでいる。二ヶ月後、AKCガゼット誌のために書いた別の記事でロイドは、自分がイギリス人であるという立場を利用して、グレンミア・コートの価値を実際以上に高めようとした。その地所を「ロバート・ゴエレットの領地」と呼んだのだ。つまり、不動産王ロバート・ゴエレットがまるで伝統的な封建領主であるかのような表現をしたわけだ。ゴエレットの領地に招待され、近くから、または遠方からやって来る客人たちは皆、その価値のある要人ばかりということになる。[13] ロイドは、グレンミア・コートでのイベントを「アメリカにおけるラブラドールのルネッサンス」と表現した。[14]

アメリカでの初仕事

ラブラドール・レトリーバーがアメリカではじめて本格的に仕事をしたのは、やはり堅苦しい儀式としての狩猟の場だった。他国で王室が主催していたものと同様の儀式だ。この新しい娯楽は、遠い海の向こうの国、スコットランドの流儀を模倣していた。スコットランドでは狩猟が演劇のように純粋な見世物になっていたが、それと同じことをしようとしたのだ。

フィールド・トライアルに関わる人は非常に多く、また多くの犬、銃、鳥もそこに関わっていた。そして、トライアルを縛る規則も非常に数多くあった。広大な土地では、伝統的な方法での射撃が行われた。ハンターたちは全員、華やかな衣装を身につけ、野原を整然と列をなして歩いて行く。彼らの行く手には、農家で育てられたキジたちが、あらかじめ立てられた計画のとおりに配置されている。一度のトライアルには三人の射撃手が参加する。射撃手にはそれぞれ、専属の銃整備係がつき、またラブラドールの調教師が二人ずつ帯同する。皆、射撃手のすぐあとを辛抱強くついて行く。一行は最初のうちはただ前に進む。するとそのうち、茂みの中から何人か訓練を受けた「バード・ボーイ」と呼ばれる人たちが現れ、左、中央、右と三手に分かれ、予定されたとおりに進む一行を追い始める。バード・ボーイたちは、茂みの中にすでに撃ちやすいようキジを配置している。キジは、ニワトリのようにまったく飛べないわけではないが、飛ぶのは得意ではなく、撃つのはそう難しい芸当ではない。獲物には様々な水鳥も使われる。たとえばカモは、狩りの大きく盛り上がる場面のために大量生産される鳥だが、必ず決められたA地点からB地点まで飛ぶように訓練する必要がある。しかも、ちょうどハンターたちの予定のルートを横切るようにしなくてはいけない。射撃手、整備係、調教師、犬たちは前進し、立ち止まり、銃を撃つという一連の動作を繰り返していく。歩いて行くのはスコットランドのムーア〔湿原〕に見立てた土地だが、実際にはニューヨーク州らしい風景が広がっている。ロイドによれば、一行について歩く観客も豪華だったという。「その多くは女性だったが、名誉と富の両方を持っている人ばかりだった」とロイドは書いている[15]。

では、犬はどこに出てくるのか。人が大勢いるので、ラブラドール・レトリーバーの姿など簡単に見失ってしまいそうである。よく見ていれば、犬たちは、地上でも、水の中でも基本的に同じ仕事をしていることがわかったはずだ。ハンターたちは、近くにいる妻たちに良いところを見せようとしているのか、必死になって銃を撃つ。犬の仕事は、調教師たちの指示があれば、駆け出していき、撃たれた鳥を一羽でも多く見つけ出し、無傷の状態で持ち帰って来ることだ。

ラブラドール・レトリーバーは美化されてはいたが、していることは結局、「ごみ集め」にすぎなかった。鳩撃ちの行事に登場する犬たちもまったく同じことをしている。その犬たちをラブラドールの代わりに使うことも可能だったはずだ。だが、当事者たちにとって、血統の違いは重要な意味を持っていた。上流階級の鳥撃ちにおいては「様式」に大きな意味があり、そして、ラブラドールという犬が見せる幸福そうな顔や、爽快さ、熱心さも大切だった。犬たちの熱心さはハンターにも影響を与えた。元来は、同じ仕事をいかに楽をして済ませるかということばかり考えていた人たちが多かったが、それが変化したのだ。ボーフォート公爵は、狩猟は「紳士の娯楽であって、仕事ではない」と言った。裕福なアメリカ人たちも同じような姿勢で狩猟をしようとした。実は、ラブラドールの最初のフィールド・トライアルは、あえて月曜日に設定されていた。あまりに仕事熱心すぎる人は参加できないようになっていたわけだ。この時は少なくとも大物が一人、どうしてもマンハッタンのオフィスを離れることができず、招待に対し欠席の返事をしたが、彼は自分のラブラドールだけは現地に送った。ウェストミンスター・ドッグショーに出席できない外国の要人が犬だけを送り込むことがあるが、それと同じことをしたのだ。(16)

たまに会うだけの家族

ラブラドール・レトリーバーという犬の有用性は、アメリカではこのように、選ばれ、お膳立ての整えられた環境で実証された。アメリカには、現実の狩りの場で有用性が実証されてきた、まさに実用的という言葉にふさわしいチェサピーク・ベイ・レトリーバーという犬がすでにいたのだが、その後、いとことも言える、愛玩犬としての魅力の高いラブラドールとの競争に負けてしまうことになる。新参者だったラブラドールが特別な犬になったのには、すでに飼っていた人たちの顔ぶれが豪華だったこともあるだろうが、他にはどのような理由があったのだろうか。

犬自身の楽天的な性格もあったが、ロイドによれば「常識と戦略」も重要だったという。ロイドは、この点に関してアメリカ国民を褒め称えている。また、ラブレドール・レトリーバーという犬種には「大きな脳を持ち、良い教育を受けたことで、高い知性がある」とも言っている。ただ、ロイドの発言にはよくあったことだが、結局、彼は犬を褒めているのか、その飼い主を褒めているのかが曖昧だった[17]。

小さな王子とも言うべき犬たちの優れた能力についての噂は、あっという間に大西洋の端から端まで伝わったのだが、どのようにして伝わったのかはいまだに謎のままだ。先述のような上流階級のフィールド・トライアルは、そう頻繁に行われるものではなかったし、広く一般に公開されていたわけでもなかった。公開して良さが多くの人に広まると、犬が盗まれる危険性もあったからだろう。だとすれば、外部の人間はどのようにして、ラブラドールの並外れた能力を知ったのだろうか。ただ、由緒あるプライベート・クラブにより、広大な地所で犬に関する重大なイベントが開かれたという事実だけで、ロイドが「ごく普通の愛犬家」と呼ぶ人たちにとっては、大いに刺激になったと思われる。普通の愛犬家も、「ラブラドール・レトリーバーという犬がそうしたイベントで素晴らしい能力を発揮したという情報を何らかのかたちで得れば、きっと感心しただろうし、その後の価値観にも大きく影響したに違いない」とロイドは言う[18]。

このように、登場時に新聞や雑誌で概ね好意的に取り上げられたこともあり、ラブラドール・レトリーバーは、アメリカではお馴染みの犬になった。一方、自分たちの国の原産であるチェサピーク・ベイ・レトリーバーは、名前を聞いたこともないというアメリカ人が大半だろう。ラブラドールの誇り高き飼い主の中には、愛犬の血統を、すでに存在していないケネルや、何世代も前に亡くなったかつての所有者たちまでたどり、ブログなどで紹介している人も多い。しかし、初期にこの犬を輸入していた人々が、あまり新顔の客とは関わろうとしなかったという事実はほとんど知られていない。また彼らが、輸入している犬そのものや、輸入の実作業をしていた人々との関わりすら避けていた事実もほぼ知られていない。たとえば、ロングアイランドの裕福な地域における狩猟犬の地位は、近隣のミネオラやマディソン・スクエアで開催されるドッグショーにおける地位とさほど違いはなかった。ステータス・シンボルではあったが、それを誇示する飼い主が、本当にシンボルにふさわしい人間であるとは限らなかった。『ラブラドールの伝説』の著者、ナンシー・マーティンは「ラブラドール・レトリーバーの飼い主やトレーナーたちが互いに交流することはほとんどなかった」と書いている。また「初期においては、飼い主やトレーナーの間の厳しいカースト制度のせいだという。交流がなかったのは、飼い主が自ら犬の世話をすることはほとんどなかった」ともいう[19]。

優生学的に見て完璧な形の頭を持つ犬を何千ドルも払って手に入れたとしても、飼い主がその犬に関わるのは、広大な地所の多数の翼から成る大邸宅に隣接するケネルを訪れる時だけだった。しかも、あらかじめ予定した期日以外に訪れることはない。それはイギリスの王族が、何時間もかけてウィンザーやサンドリンガムの見世物小屋にいる動物たちを見に行く伝統に似ていた。アメリカでも裕福な狩猟家が犬のことで自らの手を煩わせることはなかった。今、私はニューヨークでも特に裕福な家庭の犬たちの散歩や訓練を請け負っているが、飼い主と犬の間のそうした関係が今も変わっていないと思うことが多い。裕福な家庭の大半では、その家の子供たちでさえ、自分の家の犬を散歩させることがない。散歩代行者、トリマー、鍼灸師、アロマセラピスト、有名な行動主義心理学者などが雇われて、犬を世話し、また犬に関してその家の使用人を教育する。彼らは正面玄関からではなく、皆、荷物の搬入口から邸宅に入って行く。ただ、大勢の人が世話に関わっていても、高価な犬は、あくまで飼い主だけにとって家族であることに変わりはない。

閉鎖的なコミュニティ

上流階級のハンターたちのアクセサリーから、中流階級のソファで寝そべる犬へと変貌するまでには紆余曲折があったものの、ラブラドール・レトリーバーの気高さは、二〇世紀に入っても失われることはなかった。スポンサーとなっていたアメリカの上流階級は、この外国の犬に、自らのアイデンティティの多くの部分を投影していた。だから、犬が適切でない人たちの手に渡るのを見るのは何よりも辛く感じられた。そもそも彼らの当初の意図は、自分たちの社会的地位を利用して、この新しい輸入品に世間の注目を集め、それが大衆が飼うにはふさわしくない犬だと知らしめることにあったのである。初期のドッグショー、すでに時代遅れとなった犬種にも、それぞれ同じ意図があったことは、すでに見てきたとおりだ。

しかし、大衆も、上流階級と同じように、他人に差をつけたいという強い願望は持っていた。そして、ただ金だけ払ってその見返りに上流階級から認められたような人間への反発は強く、そういう人間は罰を受けるべきと考えた。金を払って上流階級と同じ競技会に参加することは、貴族の地所に不法侵入するようなものとされた。たとえ受け入れて欲しいと強く訴えても、犬の世話、訓練、調教を自らの手でしている人は、それだけで嘲笑され、相手にされなかった。長年狩猟をしている裕福な人たちは、犬を輸入する際、調教師も同時に国外から呼び寄せていたから、自分で犬の面倒を見ることなど絶対に考えられなかった。ロングアイランドのフィールド・トライアルで、自分で世話をしている素朴な犬を披露する者がいるなど、あってはならないことだ。妙なブランドの服を着て、無名メーカーの銃を持った誰かが現れたとしても、それは単にからかうために招待されにすぎない。部外者が入り込んだとしても、階級の違いを見せつけられ、自分がいかに場違いであるかがわかる。古くからの護衛を連れて歩き、ボーフォート公爵が言及しているような豪華な友人たちの中にいても、落ち着いた態度を崩さず場に溶け込む人たちばかりだからだ。[20]

ウォルターズは、ラブラドール・レトリーバーが入ってから少しあとのロングアイランドの狩猟環境について、次のように回想している。「ウィスコンシン出身の牛乳配達も、ウォール街の銀行家も同じように高級狩猟クラブに入り、プロのトレーナーを雇って自分の飼い犬を訓練するようになったことで、確実に状況に変化がもたらされた。もちろん、同じように良い犬を飼っているからといって、両者の社会的地位が平等になるわけではなかった」[21]。見知らぬ人でも歓待し、気軽に食事を共にする状況にはならなかった。異質の人たちが入り込むようになってからは、フィールド・トライアルのあとの晩餐会などは気まずい空気になるのを嫌って開催されなくなってしまった。トライアルの流行は、マラソンのように全米各地へと広まっていった。ただ、その現場を目撃し、心を傷つけられた人たちの証言によれば、ソーシャル・クライマーを排除する雰囲気、変化に抵抗する力は、さらに強まったという。ロングアイランドでも十分に堅苦しいと感じられたが、他の地域はそれ以上だったというのだ。

一九六〇年代頃のロングアイランドでは、ラブラドール・レトリーバーの競技会そのものが、高慢で排他的なイベントとして悪名高いものになっていた。田舎から出て来てはじめてフィールド・トライアルに参加した人の中に、こんな証言を残している人がいる。「妻と犬を連れ、モンタナ州ビュートに着いた時には、すっかり仲間に入れてもらっているという気分になれた。トライアルが終わったあとには、クラブで例年開かれている晩餐会に、他のゲストたちと共に招待されたこともある。ところが、ロングアイランドでは様子がまるで違っていた。定められた場所で犬に散歩をさせている時でも、誰もろくに挨拶すらしてくれないのだ」

　こうしたアメリカ東部の不愉快な逸話は、映画「ドッグ・ショウ！」を思い出させる。その映画では、様々な飼い主たちが互いに競い合って、なんとも落ち着かない状態に陥っているのだ。だが、閉鎖的な集まりを象徴する内輪だけのパーティーも、ドッグショーのティアラもプードルの氷像も、結局は、ラブラドールの飼い主に「良くない血」が広がるのを食い止めることはできなかった。不公正な審査員でもいなければ、それは不可能だった。ウォルターズは、ロングアイランドの状況について、次のように書いている。「この土地では、飼い主の血統が犬の血統よりも重要ではないかという気にさせられたものだ[22]」

おわりに――フランケンシュタイン博士の研究室、あるいは城で暮らすための代償

一八九六年のある日の早朝、ニューヨーク社交界でも特によくその名を知られていたジェームズ・L・カーノーチャンは、いつものように列車に乗って、マンハッタンの瀟洒なタウンハウスから自身の広大なロングアイランドの地所へと向かった。列車の中では、極力、他人には関わらないよう心がけていた。高級な服に身を包んでいた彼は、メドウブルック・ハント・クラブの会員である。他の会員も上流階級の人間ばかりだ。裕福で、誰の目にもわかりやすい贅沢を楽しむ有閑紳士。その彼がロングアイランドのヘムステッドに出向くのは、優れたビーグル犬を多数飼っている人物としてイベントに参加するためだ。イベントの様子は、社交界専門のコラムニストたちによって記事にされ、カーノーチャン本人が戻るよりも早く、マンハッタンへと伝えられることになるだろう。

カーノーチャンは一流の狩猟家でもあった。その優れた腕前は、イギリスの狩猟界にも引けを取らないほどである。馬に乗って行う「王のスポーツ〔狩猟〕」への情熱や、殺した獲物を解体してトロフィー代わりに皆で分け合うことが評価されて、カーノーチャンは、妻と共に何度も顕彰されていた。とはいえ、その朝、列車で彼の隣の席に座っていたのは妻ではなかった。隣にいたのは、流行のフレンチ・ブルドッグの雌だった。これは前日、マディソン・スクエア・ガーデンのドッグショーで、「非猟犬」部門二位に選ばれた犬である。

カーノーチャンは列車の中で、できる限り、周囲のことに対して、我関せずの態度を貫こうとしたが、それはどうも良いことではなかったらしい。裕福でない人たちから見れば、自分たちのことはまったく考えるに値しないのか、関心の範囲にはないのかということになる。このあと悲惨な事件が起きるが、それは、高慢な愛犬家たちにとっては一種の警告になった。何しろ彼らは皆、軽率にも、自分が誰で、どこに住んでいて、これからどこへ向かうかを広く世間に知らせてしまっているからだ。

その日のニューヨーク・タイムズ紙には、こんな見出しが載ることになった。「J・L・カーノーチャン襲撃される　犯人は消防士　フレンチ・ブルドッグが賞を獲得したことに不満」。フレンチ・ブルドッグがこれほどの反発を招くのはなぜだろうか。この犬はおとなしく、いたって無害ではあるが、生まれながらの怪物である。医学的な治療を施さない限り、ほとんど呼吸もできず、歩くこともできない。賞を取るまでに完璧に育て上げられたこの犬だが、列車の乗客すべてが称賛するわけではない。また、犬が話せたら大声で伝えたいであろうメッセージもさほど多くの人に届くわけではない。カーノーチャンは、列車の席に誇らしげに座っていた。隣の犬は、通り過ぎて行く村々のありふれた雑種犬とはまるで違う。時折、がっしりした体格の労働者階級の人たちが集まり、犬を見物していく。記事によれば「そのほとんどは酒を飲んでいて」好奇心をかきたてられていたようだったという。前日、この上流階級の人が、四本足の贅沢品のおかげで銀のカップを授けられ、洗練された趣味を称賛された時、低賃金の公僕たちは、人気のあるワシントン誕生日のパレードに参加し、酒場でお祝いをしていたのだ。

翌朝、彼らは、上流階級の愛犬家と同じ方向の列車に乗り込んだ。目的地がまったく違うにもかかわらず、乗った列車は同じだったのだ。消防士たちの中には「外見が非常に醜悪な者もいた」、そして、相当な量のアルコールを飲んでいた。ちょっとしたことで、すぐにでも火がついてしまいそうな状態だったのだ。「消防士のうちの何人かはフレンチ・ブルドッグが好きではなかった」ニューヨーク・タイムズ紙はそう書いている。何人かは、自分の個人的な好みを一斉に口にし始めた。また「動物の外見について不作法な言葉を投げかけた」。カーノーチャンはいらだったが、さすがに育ちの良い彼は、同じように不作法な言葉を返すことはしなかった。まさに彼の思っていたとおり「余計なお世話です」と一言返しただけだった。その時、消防士のうちの一人が「無理やりにカーノーチャンの横に座ったために、犬は座席から落ちることになった」という。犬は期せずして、混雑した汽車の中に突発的な階級闘争を引き起こすことになってしまった。

すぐに、二〇人もの酔った消防士たちが加勢した。攻撃的になったフレンチ・ブルドッグとその飼い主に対し、無礼な態度を取り、暴力を振るったのだ。カーノーチャンの召使いは、いつも大声を出せば聞こえる距離に控えていたが、彼がその後、間に入って闘い、活躍を見せた。喧嘩は「一〇分ほどにわたって続いた」らしい。その間、列車の扉は、労働者階級の人間たちの手によって固く閉ざされていた。「この闘いは、あくまでも個人的なもの」だったからだ。争いの元になった犬は、脇に置かれ、召使いが身を挺して守っていた。しかし、カーノーチャン本人は、目に強烈な一撃を喰らい、さらに口も一発殴られ、背中、胸、脇腹を蹴られて、その後、さらに顔にパンチを浴びた。いかに社交界の名士とその従者たちといえども、多勢に無勢だ。自分たちより下層とはいえ、圧倒的な数の者たちにあっという間に、ひどく打ちのめされてしまった。御者も床に転がされ、情け容赦なく蹴られた。大工の親方は、窓に向かって投げ飛ばされた。その日のうちに逮捕状が出た。カーノーチャンは「世間の同情」を集め、ファー・ロッカウェーの消防士たち――ウェストミンスターの結果に賛同しなかった人たち――の狼藉ぶりに対しては「怒りの声」があがった。[1]

実に気分の悪い事件ではあったが、幸いなことに悲劇には終わらなかった。この無害なフレンチ・ブルドッグは愛玩犬であり、闘犬ではなかった。実際、その日の争いでは唯一、我関せずの姿勢を貫いた。そもそも身体能力からして、ただ座って鼻を鳴らす以外のことができなかったのである。それに、不幸な仲間のように、毛色や耳の形をめぐる意見の不一致の犠牲になったわけでもなかった。「マーゴット」という名のこのフレンチ・ブルドッグは、上流階級の人間と一緒にいるところを場違いな場所で目撃されたことで、心底苦しんだわけではない。激しい階級闘争の場に居合わせることになったが、もしその闘争で火の粉をかぶり、傷ついたとしたら、いったい誰を責めればいいのだろうか。消防士たちは侮辱された気分になり、高慢な飼い主をほんの少しでも懲らしめてやりたいと思った。彼らにとって、目の前にいるアクセサリーのような犬の存在は、とりあえずは二の次だった。

サッカレーは著書『俗物の書』の中で、スノッブのことを「くだらないものにやたらと恐れ入る人」と定義している。[2] 言い換えれば、高慢や偏見を示す外的なサインを真面目に受け取りすぎた結果、卑劣な行為に走ってしまう人たちもまた良くない。彼らはスノッブな考えに巻き込まれているのであり、それでは、お高くとまった人たちと大差がないからだ。高級な愛玩犬を連れた人間を目の敵にした消防士たちは、結局、自分たちの持つ階級意識を表に出してしまった。つまり、富と社会的地位を誇示して彼らを愚弄する飼い主と比べて、消防士たちが特に気高いわけではないということだ。このいささか攻撃的な本の著者である私も、「逆スノッブ」の誹(そし)りを免れないかもしれない。だが、いずれにしても、誰もが賛同することがある。それは「犬には常に罪がない」ということだ。人間はそうとは言えないが、犬には罪がないのだ。たとえ近親交配の繰り返しによって病弱になり、様々な奇形を抱え、知能が低くなっていても、勝手にステータス・シンボルにされていても、そのおかげで死んでしまっていい犬など、どこにもいない。

犬の飼い主がこのようにして暴力に遭うのは確かに衝撃的だし、恐ろしいことだと感じる。しかし、生き物に人間が手を加え、元とは違うものに作り変えてしまったこと、そのせいで自然には決して存在し得ないような生き物ができてしまったことも、同じように恐ろしい。その恐ろしさを思うと、このような事態を招いたのはさほど驚くようなことでもないのかもしれない。人間がうかつに改変したせいで、生き物は危険にさらされることになってしまった。犬という生き物は何世紀にもわたって人間と関わってきた。それによって形、サイズ、毛色などが自然のものとは大きく変わった。また、元のオオカミの持っていた習性のごく一部だけが抜き出されて強調されてきた。中には、ほとんど「パロディ」と言っていいほどのレベルまで強調されている習性もある。これまで書いてきたとおり、近親交配の繰り返しにより、頭に王冠のような模様を持つようになった犬もいれば、ライオンのようなたてがみ、オコジョのような毛皮、そして、タキシードを着ているような模様を持つようになった犬までいる。王の馬のごとく速足で駆けるようになった犬もいるし、無理に堂々とした姿勢で歩くようにされた犬も、「クイーン・アン・レッグス」と呼ばれる猫のような脚を引きずって歩くようにされた犬もいる。かと思えば、宮廷の道化師のようにされた犬、何でも愚直に回収するようになった犬、自分が標的にされることも厭わないほど、懸命に獲物のいる方を指し示す犬もいる。ブリーダーたちは、次々に、まるで芸術家のように新しい犬種を作り出してきた。その際、元にするのは貴族的とされる祖先である。ただし、実際に作られた犬種は、祖先の犬とは遠い関係にあることも多く、中には、まったく無関係の場合すらあったし、その祖先が実は存在しないということもあった。「キャバリア・キング・チャールズ・スパニエル(3)」、「クイーン・エリザベス・ポケット・ビーグル(4)」、「ファラオ・ハウンド」、「チャイニーズ・クレステッド・ドッグ」などはそうした犬種の例だし、「ゴールデン・レトリーバー」なども同様の例だ。

ここまで読んだ人ならもうわかるだろう。愛玩犬の品種の中には、階級、家柄、人種の純粋性、国家のアイデンティティなどの象徴にする目的で作られたものが少なくない。実際にはありもしないあらゆる特権、特別さを、あたかもあるように見せかける目的で使われるのだ。いわゆる「純血種」というものは、元来、そういう目的で作られ、そこが多くの人を惹きつける魅力でもあった。一九世紀に最初のドッグショーが開催された時点からそうだった。純血種の犬は、その価値を維持するためにかなりの無理を強いられている。その事実を無視し、人の好みはあくまで中立なもので、愛犬家の好みに従っていたら自然に純血種が残ることになった、などという人がいたら、現実から目を背けているだけだろう。「ステータス」は、常に純血種の犬の大きな魅力であり続けた。広く認められた犬種の犬たちは、ドッグショーの会場を闊歩してきた。そういう犬を飼っていれば、ショーで青いリボンや銀のカップを獲得できる可能性が高まるのだ。また、広場などにいても、純血種の犬を連れていれば目立つことができるし、本当は途切れ途切れの血統の存続に貢献できたと信じることもできる。

犬にとって気の毒なのは、純血種の犬たちが、彼ら自身にそういう意識はないにもかかわらず、飼うことのできない人たちの妬みを買いやすいということだ。時には、それが昂じて激しい怒りを生むこともある。妬み、怒りといった醜い感情は、犬や飼い主に対する無礼な態度につながり、時には暴力へと発展することもある。さすがに暴力を振るう者は稀だが、それで済んでいるのが不思議なほどだ。カーノーチャンと彼の自慢の犬が襲われたことは、社会と関わる上での代償を支払わされたようなものだが、同じような目に遭ったのは彼だけではない。また、この程度の争いは、内乱や経済危機、革命、戦争などに比べれば大したものではないだろう。確かに社会全体が大変な状況に陥った時には、ブリーダーの思いとは裏腹に、飼い主の小さな分身でもある純血種の犬たちは辛い境遇に置かれることがあった。カーノーチャンは、普通の人間には手の届かないような高価な犬を連れていたために、粗野な労働者たちを怒らせた。しかも、彼はその時、ロングアイランドでのキツネ狩りに向かうところだった。農地を傷める恐れのあるキツネ狩りの本場であるイギリスでは、土地所有をめぐる激しい論争が起きており、それが猟犬の立場を危うくしていた。王侯貴族の遊びである狩猟によって、自分たちの生活手段が脅かされることに、農民たちは怒りを募らせていた。そのため、彼らは自分たちの土地の周囲に有刺鉄線の柵を張り巡らせるなどの対抗措置を講じて、作物を守ることにした。おかげで王侯貴族たちのその日の楽しみは台無しになり、ハンター、犬、馬などが有刺鉄線でケガをすることもあった。キツネ狩りへの怒りは、隣のアイルランドでも同じく大きくなっていた。ただし、狩りそのものに対する怒りというより、それによってイギリスによる圧政が思い起こされ、さらに怒りが燃え上がったのだという。イギリス崇拝の狩猟家に対しては、素晴らしい血統のフォックスハウンドたちに、大事な出番の前に一斉に毒を盛るという破壊活動まで行われた。

「一九世紀のはじめほど、犬が階級的憎悪の原因になった時代はない」[5]犬の歴史家、カーソン・リッチーは、次第に厳しくなるイギリスの狩猟法に言及する中で、そう書いている。その法律では、階級差別に基づいて狩猟の権利が定められていたのだ。[6]犬の美を競うドッグショーが盛んになり始めた頃には、「アイルランドでは貧しい人間が猟犬を所有したというだけで、密猟の有罪判決を受けることがあった。狩猟に関する法律が厳しくなっていたイギリスでも同様の状況だった」という。[7]フォックスハウンドは友好的な犬だった。それは、地主階級の広大な地所を侵入者から守るべく、外見もふるまいも威嚇的になるよう作られたブルマスティフとは大きく違っていた。フォックスハウンドという犬は、階級の区別や特権を象徴する存在となる。[8] この気取った犬は人間の手下として働き、獲物をその脚で押さえつけるよう育てられ、訓練されている。常に腹を減らした貧民からは、猟場番と同じく、不当に悪者扱いをされることが多かった。大きな犬の態度が少しでも悪いと、徒党を組んだ人々によって射殺されてしまうこともあった。人間はすべて、生まれながらにして狩りをして、家族を養う権利を有していると考える人たちの集団だ。庶民は何世代もの間、特定の犬種の所有を禁じられた。どうしても持ちたいと思えば力づくで奪い取るしかないという状況が長く続いたのである。そのせいで、上流階級の人間に対しては無遠慮な関心が向けられていたし、また長年の間に、未消化の怒りが蓄積していた。

イギリス諸島の外でも、犬たちが容赦なく虐待されていたのは、イギリス諸島の中と変わらなかった。飼い主の多くは犬たちを酷使していた。革命の頃のフランスでは、ペットの犬たちが一斉に集められ、焼却されるということも起きている。イタリアでは、ヨーロッパでも特に古い家系に生まれたベルナボ・ヴィスコンティが、自らの所有するグレーハウンドの飼育費用を、哀れな領民たちに支払わせるという悪しき前例を作ってしまった。[9] スペインでも犬を地位の象徴として見せびらかすことはよく行われていて、それが人々の恨みを買っていた。マーク・デアによれば、すでに忘れ去られているが、当時のスペインには、血統を詳しく調べることを趣味としている人が多くいた。「その頃のスペインには、『血の浄化』ということに執着する考え方があり、特に軍人や聖職者が、人間だけでなく動物に対しても、その考え方を適用した」という。[10] 古代犬の歴史を研究するレネ・マーレンによると、ユダヤ人の間に伝統的に犬を嫌う感情があるのは、彼らをかつて支配したエジプト人たちが、ペットの犬を神格化する一方で、一般の民衆の命を大切にしなかったことに対する積年の怒りがあるからだという。[11] ヨーロッパ人の間に血統の純粋さを重んじる考え方があったことを示す例としては、「ブラッドハウンド」という名の犬種もあげられる。その名は、血のにおいを手がかりに奴隷の探索をしていたという、この犬の役割から名づけられたわけではない。まさに「高貴で純粋な血を受け継ぐ犬」という意味である。

特定の犬種が、人間どうしの争いに巻き込まれ、不幸な目に遭うこともある。「堕落した精神の象徴である犬を、感情の高ぶりにまかせて連れて歩くのは明らかに良いことではない」ロジャー・カラスはそう言っている。この発言をしたカラスの念頭には、一八世紀のオランダで愛国党の力が強まる中で名前をつけられた犬種のことがあった。それは、キースホンドという犬である。キースホンドという名は、愛国党の党首キース・ド・ギズラーに由来する。彼の飼っていた犬の品種だから、キースホンドというわけだ。一七八七年、愛国党によるクーデターが失敗に終わると、党首のキース・ド・ギズラーに結びつくキースホンドは、パグを好むオランダ王室に疎まれることになってしまう。[12]ロシア革命当時のロシアでは、ボルゾイという犬が貴族に多く飼われ、オオカミ狩り用の猟犬として使われていた。その中には、毛の模様がほとんど同じ二頭の犬もいて、ペアで使われていたことが知られている。だが、革命後は、ボルシェビキにより、封建国家の象徴として排除されてしまう。簡単に一般の国民と見分けがつく飼い主たちとともに、組織的に探し出され、排除されていったのだ。おかげでボルゾイは絶滅寸前にまで追い込まれた——人為選択の結果として生み出された動物を途絶えさせることを「絶滅」と呼ぶのが適切であればだが。支配階級と強く結びつき、一般の国民には飼う権利がなかった犬だけに特に敵視されたのである。

中国でも高貴な犬は、革命の際に不幸に見舞われたが、たとえば、皇后の袖の中に入り、衣服の洗濯費用を増やしていた「袖犬」と呼ばれるペキニーズが革命の際にどうなったのかは正確にはわかっていない。ただ、一九一二年、宮廷の犬舎にいた犬たちはわずかな例外を除いて大半は殺されたと言われる。[13]

ただし、このペキニーズの大量虐殺が本当に行われたかどうかは、証拠が乏しくよくわからない。裁判にかけられた高貴な人々を侮辱するために宮廷の犬たちが利用されたという伝説も残っている。一方で犬泥棒が処刑されたこともあったという。この時、民衆の間に犬を愛好する趣味が大きく広まることはなかった。宮廷の犬を皆殺しにするのは確かに残酷で非人間的な行為だが、その背景には、旧体制の圧政に対する積もりに積もった怒りがあったのは間違いない。少なくとも、ペキニーズをはじめ、王朝に関係する何種類かの犬たちを殺したのは、旧体制への恨みを晴らすためだったと言える。また、一九四七年には、有用でない愛玩犬——食用でない犬ということだ——には税金が課されるようにもなった。共産党政権は、愛玩犬を「堕落の象徴であり、犯罪的な浪費である」とみなし、すべての都市で贅沢な犬の飼育を禁止した。[14] 文化大革命の際には、「毛主席に逆らう者は、飼い犬の頭蓋骨を粉々に砕くぞ」と叫ぶ声が聞かれることもよくあった。やがて中国にも新しい種類の資本家たちが表れ、彼らの間では犬をペットにすることが急速に広まっている。たとえば、ある中国のデベロッパは最近、世界で最も高価な犬を購入したりもしている。愛玩犬がブルジョアの象徴ともなったわけだ。しかし、一方で問題も生じている。飼われる犬が急増し、狂犬病の危険が急速に高まったことから、何十万という数の飼い犬が一斉に捨てられ、撲殺されるということも起きた。

キューバには、ハバニーズという有名な品種の犬がいるが、この犬も悲惨な目に遭っている。キューバ革命の際に、上流階級の飼っていたハバニーズは大量に殺された。いったい、何頭殺されたのかはわかっていない。飼い主の上流階級の中には、マイアミへと逃亡して、命だけは助かった者も大勢いたが、親友だったはずの犬たちは多数が放置され、アメリカに共に渡った犬はごくわずかだった。おかげで、ハバニーズはさらに希少となり、多くの人を惹きつける犬種となっている。過去のキューバの継承者とも言える、このか弱く、ふわふわとした毛の犬は、最近になってアメリカやヨーロッパの反革命主義のスノッブたちによって復興が進められており、同地での人気も高まっている。ルーマニアでトランシルバニアン・ハウンドやハンガリアン・グレーハウンドが根絶させられたのも、エストニア、ポーランド、チェコスロバキアなどで大量の犬が殺処分になったのも、同じような理由からである。上流階級の象徴だった犬が、社会状況の変化によって敵視され、殺されることになったわけだ(15)。

二〇世紀のはじめ、ドイツの動きに対するイギリス人の怒りは今にも爆発しそうなほど高まっていた。そして、第一次世界大戦が起きると、その戦争が長年の恨みを晴らす良い言い訳になった。イギリスの街、バーカムステッドでは、少なくとも一頭の無防備なダックスフントが石をぶつけられて死んでいる。その犬が生まれた時につけられた書類に不備があったことが直接の原因だった(16)。一九一五年には、愛国心を示すために、クラフツ・ドッグショーの対象から公式に除外されたこともある。また、大戦から次の大戦までの時期にも、イギリスではダックスフントはあまり飼われなくなった(17)。アメリカでは、ダックスフントは「リバティハウンド」と名を変えられた。これはザワークラウトを「リバティキャベツ」と言い換えたのと同じようなことだ(18)(911のあとにフレンチフライを「フリーダムフライ」と言い換えたのにも似ている。ただ、アメリカでは、近年の反フランス感情の高まりにもかかわらず、フレンチ・ブルドッグへの人気は高まっている)。

イギリス人は他に、「ジャーマン・シェパード」という犬種も敵視したことがあった。まさにドイツの誇りであり、ヒトラーの最後の友人としても知られる犬だったからだ。一九一一年には、ドイツとフランスの間で長年取り合ってきた領土であるアルザスにちなみ、この犬を「アルセイシアン」と呼ぶようになった。イギリスでも、大陸ヨーロッパでもドッグショーにおいては、アルセイシアンという名前が使われ続け、元の名前に戻ったのは一九七〇年代になってからだ。イギリスでは、一九一七年に同様の改名が王朝に関しても行われた。それまで「サクス゠コバーグ゠ゴータ朝」と名乗っていた王朝が、敵国だったドイツの領邦であるザクセン゠コーブルク゠ゴータ公国に由来する名前を嫌い、「ウィンザー朝」と改称したのである。ウィンザー朝は今では、コーギーやパグといった犬種との結びつきでよく知られている。

アメリカでも戦争中の短期間はダックスフントの人気が急降下したことがあったが、ドイツと同じ枢軸国だった日本の秋田犬がちょうどその時代にゆっくりと人気を得ていったのが興味深い。秋田犬がアメリカの地を踏んだのは、一九三七年にヘレン・ケラーの盲導犬となった時だとされている。その後、一九五六年、進駐軍が日本を去る時に持ち帰ったことで、秋田犬はアメリカでさらにその数を増やすことになる。ただ、秋田犬がＡＫＣ認定の犬種になったのは一九七二年のことである。

犬が最も憎悪の対象になりやすいのは、不況の時である。犬をペットとして飼うこと自体が贅沢に思えるような経済不振の時、犬は、気まぐれな友人である人間の感情の犠牲になりやすいのだ。不況の時、純血種の犬を飼っていることは、無用の家財道具を多く所有しているのと同じように受け止められる。質素倹約こそが美徳という時代には、純血種の犬は恥ずべき無駄、浪費の象徴とみなされてしまう。戦争で食料が配給になった時にも、多くの犬種が絶滅寸前まで追い込まれている。キャサリン・マクドノーは自著 *Reigning Cats and Dogs*〔『君臨する猫と犬』〕の中で「クラフツは一九一七年から二一年にかけて扉を閉ざした。人間の食料さえ不足している時に、愛玩犬を人に見せびらかすことは、それ自体、悪趣味だと考えられたからである」と書いている。わずかな期間ではあったが、派手なこと、目立つことを忌み嫌う雰囲気はあり、王室でさえ、それに従わなければ国民の怒りを買う危険を覚悟しなくてはならなかった。実際、「英国王室は驚くほど控えめな態度を貫き、めったに目立つ行動を取らなかった」という。また、英国王室は、犬を飼うにしても外国産の犬種は避け、クランバー・スパニエルやラブラドール・レトリーバーといったイギリス原産の犬を選ぶようになった（ただ、厳密には、どちらもイギリス原産ではないようだが）。その他に選ばれたのは、ケアーン・テリアやコーギーなど、典型的なイギリス原産の犬種である。[19] 一般の庶民の飼い犬たちは、王室のお気入りの犬たちのようにうまく生き延びることはできなかった。第二次世界大戦の時には、イギリスで何十万という数の犬をはじめ、ありとあらゆる種類のペットたちが、食料の不足から飼い主自身の手によって命を奪われることになった。[20]

戦時だけでなく、平時であっても、人間の経済的な苦境は犬にとっても大変な苦境となった。処分が簡単な贅沢品は、状況が悪くなった時には真っ先に捨てられることになるからである。犬にとって人間は、まさに良い時だけの友達ということだ。人間たちは生活が苦しくなると、すぐに犬を食べさせる余裕はない、犬を住まわせるための家は持てない、と考えてしまう。アメリカでも、そう遠くない昔に、捨て犬の数が急激に増え、国中で保護施設があふれてしまったために、大変な数の犬が一斉に安楽死させられる事態を招いたことがある。[21] ペットを異常なほどもてはやす者たち、ペットを自分のアイデンティティの一部とまで考えるような者たちは、少し状況が変われば、大事にしていたはずの犬を簡単に捨ててしまう。「たかが犬。もう犬の時代じゃない」などと言って態度を変えるのだ。「まるで人格が変わったかのような、この豹変の理由は何なのか」とエリザベス・マーシャル・トーマスは問いかける。[22] 彼らの態度は、さかのぼると、そもそものはじめから矛盾しているのだ。主に、彼らが犬を飼った理由がまず間違っていることが問題だ。高貴さ、純粋さ、訓練のしやすさ、美しさなどに惹かれたと言っても、その気持は生半可なもので、さほど強くもなく、犬について詳しく調べるつもりもない。その程度では、少し困った状況に陥るだけで、犬を飼う熱意が失せてしまう。犬を売り込む人たちはうまいことを言うが、その言葉どおりであるという保証はどこにもない。だが、その言葉を信じて買った人は、簡単に愛情を失う。

最近では――と言っても、関わった人たちが真面目だったのかどうか確かめるのが難しい程度には昔から――犬の周辺商品がとてつもない数にまで増えている。こういう商品は元来、犬にとって役立つべきもののはずだが、その目的から大きく外れたようなものも多くある。Ancestry.comなどのサイトを利用して自分のDNAを手軽に解析できる時代、あるいは、ラルフローレンなどのイメージの良いブランドがあふれている時代になってからは、人類の壮大さという幻想を盛り上げるような商品やサービスが数多く生まれた。同時に、それとそっくりな商品が、私たち人間と密接な関係にある犬のためにも販売されている。犬用の小道具、アクセサリー、蝋印を付された証明書など、様々な手段を使って巧妙に、社会における自分の地位に不安を抱えている人々に偽りの安心を与えている。価格が宣伝文句を本当らしく思わせるのに十分なほど高ければ、買い手がつくというわけだ。あなたはどのくらい犬を愛しているだろうか。その愛情の大きさを金額で表すという発想もある。たとえば、ilovedogs.comというサイトでは、「アムール・アムール」という名前の、宝石で飾られた犬の首輪が三二〇万ドルという価格で販売されている。他にも一〇〇万ドル単位の首輪はいくつもあり、フォーブズ誌ではそれを「犬の首輪のブガッティ」と呼び、「合計五二カラットの宝石をあしらったアムール・アムールは、世界でも最も高価な犬の首輪である」と書いた。それほど高価な首輪をつけていれば、確かに犬をとても愛していると世界中に知らせることになるだろう。それほど高価ではないが、たとえば、ポー・プリンツ・ペット・ブティックでは、ルイ一五世様式の犬用ベッドが二万四〇〇〇ドルで売られていて、カスタム・メードの犬用マンションは一万五〇〇ドルからとなっている。もう少し安価な商品としては、ロイヤル・ドッグ・ポンチョ、ロイヤルスチュアート・タータン・ドッグコート、ロイヤル・ドッグ・ゲート、ウィンザー城様式犬用豪華ベッド（スコティッシュ・イン様式、グラマシー・パーク様式もある）、小型犬用の王族風衣装なども ある（赤いケープ、杖、アーミン毛皮の王冠など、一式が揃っている）。パシフィック・アーンズのように、富裕層の人とその飼い犬のための葬儀をデザインする企業もある。自分も犬も、この世を去ったあとも何らかのかたちで生き続けたいと願う人向けのサービスだ。ハンマチャー・シュレマーのカタログには、自分の手で犬の血統を調べるためのキットなども載っている。そのキットを使えば、自分の犬の祖先をかなり狭い範囲で特定できる。確かに高貴な生まれであることを証明できるわけだ（ただし、高貴な犬の系統につきまとっていることが多い健康上の問題は知らされない）。パーペチュア・ライフ・ジュエルズは、「自慢のペットのＤＮＡを身に着ける！」という宣伝文句で、飼い犬のＤＮＡの固有のらせん構造を模したアクセサリーを販売している。「ＤＮＡ」は小瓶に入れられ、ペンダントとして首から下げて常に携行することができる。

面白いのは、近年のＤＮＡ関連科学の革命的な進歩は、犬に関わる人々にまた逆の方向の影響をもたらす可能性もあり、それが恐ろしくもある。一九世紀には、農業が急速に進歩したが、それに反発するように、家畜は美しくあるべきと強く信じる人たちも現れた。すでに書いたとおり、これがドッグショーの誕生にもつながった。新たな科学知識が、純血種の重要性、特定の人種の優越性、階級差別の妥当性などを信じたい人たちに利用される恐れはある。こうした考え方には人を惹きつける強い魅力があり、どうしても捨てようとしない人は大勢いる。

犬の健康についての研究は進んでいるが、人間と文化の影響――本書ではそれがテーマになっている

——が考慮されることは実は少ない。そのせいで、犬の健康状態は、期待するほど向上していない。血統を大事にする人たちは、相変わらず、現実を直視せず、頑固に昔ながらの考え方に固執し、英雄的と言えるほどの強い意思を示し続けた。一九八〇年代、九〇年代、二〇〇〇年代と、何も変わることなく、自らが高貴だと信じるコーギーやラブラドール・レトリーバーを連れて、都会の歩道を歩き続けたのである。健康に関して目標だけは高く設定されていたが、犬たちに現実に起きている悲惨な筋骨格系の障害などに目が向けられることはほとんどなかった。最新の研究の結果、たとえばゴールデン・レトリーバーで癌罹患率が急上昇していることや、股関節形成不全を抱えた個体が七三パーセントに達しているといったデータが発表されても、この犬種の人気は衰えることはなく、反対にその発表があったのと同じ時期に急激に売れ行きが伸びたりもしている[23]。リンティンティンは、健康に問題があったことがよく知られているにもかかわらず、ジャーマン・シェパードはAKC名犬ランキングのトップ一〇の地位を長年守り続けている[24]。純血種の多くが健康に大きな問題を抱えているという証拠がいくら積み重ねられても、そうした犬種の人気は衰えない。また、純血種の飼い主たちが犬の健康問題を黙認することで、その危機をさらに深刻なものにしている可能性もある。ブルドッグ、ダックスフント、ラブラドールなどが車椅子に乗っている姿は、日常的によく見かけるはずだ。これは、人気の犬種が危機に陥っている証拠であり、今すぐ、あらゆる手段を講じて犬たちを救わなくてはいけないということを意味している。

犬の純血種至上主義は、優生学に由来している。純血種の犬をもてはやす考え方は、非常に危険な思想と親しい関係にあるということだ。自分にはそういう意識がなくても、それが事実であることは、過去、現在の実例を見ても明らかだ。特に、高い教育を受けた人たち、恵まれた境遇にいる人たちが、他人の目から見ると自己像と実像がずれていることに気づかない場合が多い。犬において良いとされる外見の特徴は皆、人間が恣意的に選んだものである。たまたま、ある特徴を持って生まれた犬を、真偽の怪しい血統と結びつけて珍重している。また、その恣意的な特徴や怪しい血統に関しては、もっともらしいルールが作られて、明文化もされてしまっている。ウェストミンスター、クラフツといったドッグショーの選考基準などはその例で、それに照らして、犬の良し悪しが判定されることになっている。どの犬種にも、毛色、頭蓋骨の形、鼻の長さ、耳の傾き、尻尾の曲がり具合、行動の特徴などに関して細かく、複雑な基準が存在するが、皆、恣意的な基準であることに変わりはない。しかもこれは、人間の目に、いかにその犬種として「普通」に見えるかを判定する基準である。「普通」であれば、その犬は危険にも見えないし、性格が悪そうにも見えない。そういう個体が多くいることで、犬種のブランド価値は上がる。誰もが連れて歩けるが、誰も注目しないありきたりな雑種犬との違いが際立つ。恣意的なものとはいえ、その基準をなくしてしまうと、すべてが崩れてしまう。犬種のブランド価値とは、そのようにトランプのカードで作った王宮のように脆いものである。

二〇〇四年に再販された *The Joy of Breeding Your Own Show Dog*〔『ショーに出品する犬を育てる喜び』〕という有名な本の中で、著者は、「最初の選抜は誕生の時に行うべき」とアドバイスしている。生まれた子犬が期待どおりのものでなかった場合は、その場で間引くべきと言っているのだ。また、この本には「責任感のあるブリーダーであれば、毛色が正しく、身体の構造も正常な子犬しか育てない。奇形がある犬、毛におかしな模様がある犬、身体の弱い犬は、すぐに処分すべきである」とも書かれている。[25] 犬種標準を満たしていないような犬を欲しがる人はいない、だから育てる意味がないという論理だ。ただ、BBCのドキュメンタリー番組「犬たちの悲鳴」により、注目すべき事実が知らされることになった。こうした「間引き」はあくまで、姿形、行動の傾向などを表面的に見て行うのだが、良いと判断された犬の多くが実は奇形で、生まれつき深刻な健康の問題を抱えていることがわかったのだ。つまり、基準を満たしてはいないが健康な子犬が、奇形を抱えた子犬のために犠牲になる。奇形は古代には、神聖なものとして崇拝されもしたが、それと同じようなことが起きている。ローデシアン・リッジバックの背中の模様が左右対称になっているのも、ダルメシアンの斑点が全身に均等に散らばっているのも、生まれた時に間引きが行われているおかげだ。過去に比べ、現在は間引きが減っているとは考えられるが、この「汚れ仕事」について公の場で論じようとする人間はほとんどいないため、動物愛護団体ヒューメイン・ソサエティ・インターナショナル（ＨＳＩ）ですら正確な統計データは持っていない。

昔から続いている慣習に疑義を差し挟むと、それに関わる専門家たちが怒り出すのが常だ。しかし、慣習に反対する外部の人たちは、たとえドッグショーで勝利した犬であっても、結局は勝利者になり得ていないと言う。毛色やあごの形が基準を満たしていない子犬は、もしその理由で生まれてすぐに間引かれることがなかったら、多くは犬に本来与えられるだけの寿命を全うして長生きし、その犬なりのメッセージを世界に伝えることになるはずである。「純血種の犬の遺伝する障害　パートⅠ――犬種標準に関わる疾患」と題されたイギリスの研究が、二〇〇九年、ヴェテリナリー・ジャーナル誌の名誉あるジョージ・フレミング賞を受賞した。これは、ロンドン大学王立獣医校の研究者たちによるもので、イギリス国内でもトップ五〇に入る有名な犬関連の団体が対象となっていた。この研究では、各犬種に固有の遺伝性疾患が三二二も特定された。また、そうした遺伝性疾患のうちの実に八四パーセントは、人間が犬を犬種標準に合わせようとしたことから直接的、間接的に生じたものであることがわかった。ドッグショーで賞を取る犬たちに、まさにその賞を取らせるための努力が原因になっていたわけだ。どの犬が私たちの心、私たちの家にとって価値があるかを決定する人間の判断が疾患を生んでいた。疾患の中には、年々増加しているものもたくさんあり、またその多くは、犬の極端な形態との結びつきが強かった。たとえば、ブルドッグの顔だ。ブリーダーたちは、あの顔が長くならないように努力している。またダックスフントの長い胴体。これも短くならないようブリーダーたちが努力をしているところだ。犬種標準とは無関係とされた二三八の健康障害についても、その多くは長年、犬種の外見と血統を維持するために近親交配を繰り返したことによって遺伝子に問題が生じ、それが積み重なったことが原因と考えて、おそらく間違いではないと思われる。犬種に厳格な基準を設けることが犬たちの病状を改善することにつながっていないばかりか、その基準こそが遺伝性疾患を引き起こす要因になってきたことは確かだろう。[26]

英国動物虐待防止協会（RSPCA）による「純血種健康報告書」も、非常に驚くべき内容だった。これも、良い犬種の維持という名目で犬たちが長く受けてきた被害を何とか食い止めるという重要な目的のために公表された報告書である。[27]中には数々恐ろしいことが書かれているので、読み通すには勇気が必要になる。読んでわかるのは、多くの人たちに愛されている高貴な犬たちは、その高貴さを維持するために高い代償を支払っているということだ。犬の魅力の陰に数多くの良くないニュースが隠れていることを知っている人たちは、有名なドッグショーで勝者になることや、犬種の人気が高まり個体数が増えることが、すなわち犬たちにとって良いことだと断言するのを避けようとする。犬種の高貴さを保つコストは上昇し続けている。外見上の基準を最優先にすることで、犬には種々の身体的な障害が生じている。たとえば、脚の障害、視力、聴力の障害、癌、てんかん、血友病などだ。慢性的な不快感や痛みに悩まされ、外科手術を余儀なくされ、そのせいでさらに不快感や痛みを味わうことになってしまう。動物の種を純粋に保とうとすること、一定の基準を設け、集団をそれに合わせようとすることは、決して動物の世界に秩序をもたらさない。むしろそれとは逆に、破壊と混乱をもたらすことになる。動物たちは健康を害し、能力を奪われ、寿命も短くなる。ドキュメンタリー番組「犬たちの悲鳴」でも明らかにされているが、「プロクルステスの寝台」のように、極端な特徴を持った犬を求める市場のニーズに生身の犬の身体を合わせようとする人間の努力は、犬のＱＯＬ（生活の質）を大きく損なってしまっている。また、このままでは、貴重な犬の遺伝子が絶えてしまうことにもなりかねない。犬たちは長らく、大西洋の両岸で苦しめられてきた。先述のＨＳＩからも、犬の健康問題が年々、深刻化してきたという報告がなされている。[28]個々の犬種が抱える問題はアメリカとイギリスでは異なっている。ただ、アメリカのゴールデン・レトリーバーの癌死亡率が高まっている原因が、おそらく遺伝子をもたらすイギリスの種牡にあるのだろうということは、専門の遺伝学者でなくてもわかる。希少であること、他と違っていることを強く求める人間の気持ちが、犬という種の遺伝的多様性を減らすことにつながる。多様性の減少は、種の絶滅につながる。スノッブの趣味は、ゴールデン・レトリーバーを、やがてセント・ジョンズ・ウォーター・ドッグと同じくらい希少な犬種にしてしまうかもしれない。

二〇一三年には、カリフォルニア大学デービス校により、アメリカの犬についてのさらに悲しい知らせがもたらされた。[29]一五年間にわたる大規模な調査の結果、犬種は、いわゆる「混血」を強く拒んだものから先に滅びていくとわかったというのである。そういう犬種ほど健康に多くの問題が起きることからして、そう結論せざるを得ないという。この調査では、対象となった二四種類の疾患のうち一〇種類が、純血種の犬に多く見られることがわかった。これは一般に長く言われてきたことに合致するし、ペット保険会社の見解とも一致する。[30]一方、一三種類の疾患は純血種にも雑種にも見られたが、一つの例外を除き、やはり雑種の方がかかりにくい。その一つも、あまり重要な疾患とは言えなかった。また、雑種犬でも、「改良」された純血種と血統が近いものの方が多く発症していた。この結果を素直に見れば、雑種犬の方が健康状態が良くなる傾向にあることは明らかにわかるはずだ。ところが、どういう理由でかはわからないが――AKCから資金が出ていた可能性もある――カリフォルニア大学デービス校の公式のニュースリリースでは、それを認めていなかった。見出しは「純血種が遺伝性疾患にかかる危険性は必ずしも高いとは言えない」という何とも歯切れの悪いものになっていた。雑種犬が健康面で必ずしも有利とは言えないと言いたげな見出しである。考えてみれば、当たり前ということしか言っていない。

雑種の生物だからといって、必ず完璧に健康かといえば、そうとは言えない。ただ、全般的な傾向としては、雑種の方が健康である可能性が高いというだけである。これは間違いなく本当のことだ。カリフォルニア大学デービス校は自分たちが得たデータを素直に見ず、あえて偏った解釈をしている。また、その解釈に都合の悪い事実には触れていない。たとえば、健康に先天性の問題を最も多く抱えているのが、「社会的に優れていると認められる犬種トップ一〇」に必ず入ってくるような犬種ばかりだという事実には触れなかった(AKCは毎年ウェストミンスター・ドッグショーの前日にトップ一〇を発表する)。AKCが良いと認めている犬たちの質に問題があることは言わなかったわけだ[31]。賞を取るような種牡も、その子孫たちも、また劣悪な環境のブリーディング施設で育つ子犬たちも、犬種自体はいかに有名で高級とされていても、健康には問題を抱えていることが多いのに、それには一切、言及していない[32]。カリフォルニア大学デービス校がニュースリリースにこのような見出しをつけたため、このニュースは国内のあらゆるところで同じように解釈された。見出しをつけた側の意図どおり「雑種犬が純血種に比べて必ず遺伝的に健康なわけではない」と解釈されたわけだ[33]。消費者もやはり同じようにミスリードさせられ、純血種の犬を購入することに対して、それまでよりもさらに積極的になる人が増えた。科学者にもう少し時間を与えれば、何か良い方法が見つかるに違いないと考える人もいる。犬の外見を気にする浅はかな人たちを満足させる方法、外見の特別な犬を所有し自分は特別だと感じたい人たちを喜ばせる方法があるというのだ。DNAを細かく操作できるようになれば、基準に合わせた犬がたとえ病気にかかるとしても、さほどひどいものにはならないようにすることも可能かもしれないと主張する人もいる。つまり、愛犬家たちは、犬の外見を思いどおりにした上で、同時に健康も損ねないようにする、といった「おいしいとこ取り」ができるかもしれないというのである。

動物には個体ごとに個性があり、人間が勝手に思い描いた類型に必ずしも当てはまるものではない、ということは科学者に言われなくても誰にでもわかることのはずだ。類型からは皆、外れていて、それぞれに変わったところがあるが、その変わったところが個体のかけがえのない魅力になる。[34] たとえ何の知識もない素人であっても、事実を素直に見れば、一九世紀に専門家が品種改良をするようになってから、犬がそれまでの時代とは大きく違った動物になったことはわかる。過激な動物愛護活動家でなくても、あまりにも平らな顔をした犬は呼吸がしにくいだろうとわかるはずだし、目が突き出ていれば、それだけ何かに当たる危険は大きいし、たるんだ皮膚、垂れた耳などは感染症の危険が高いということもすぐにわかる。皮膚のたるみが大きければ、歩くことさえ大変になってしまう。映画にもなった犬「マーリー」は胸が頑丈すぎたために胃捻転で死ぬことになった。コーギー、ダックスフント、シルキー・テリアなど、何代も続けて安楽死となっている犬は多い。すでにほぼ一〇〇パーセント、帝王切開でしか生まれない犬もいる。このままでは、そういう高貴な犬たちの多くが絶滅することは避けられないだろう。[35] 美しくすること、他にはない特徴を持たせることは、犬の健康を損ない、寿命を縮めているだけではない。すでに書いたとおり、犬のQOLも下げてしまっている。QOLが具体的にどのくらい下がっているのかは計測が非常に難しい。「基準を設定する人は、犬の外見を操作することがいかに、犬の全生活に大きな影響を与えるかを理解しなくてはいけない」犬諮問委員会のメンバーで、RSPCAの元獣医局長、クリス・ローレンスは、ドッグ・ワールド誌の取材に応えてそう発言している。「外見のために、正常に呼吸をすることも、自由に歩くこともできなくなった犬がいる。この現実を認識して、現状に合うよう基準を修正すべきだ[36]」

なぜ犬に過剰な要求を強いている基準を緩和しようとはしないのか。なぜショーの審査員たちは物事の優先順位を見直そうとはしないのか。ブルドッグたちの顔にあと一ミリか二ミリのゆとりを与え、呼吸しやすくすることに、いったい何の害があるというのか。飼っている犬を社会的地位に結びつけることは、もうやめたらどうか。商業的なブリーディングはすでに常軌を逸した状態になっている。科学者たちの言うことも必ずしも当てにはならない。人間の影響、文化の影響に目を向けず、ただ犬だけを見ている科学者は、犬が今、現実にどのような状況に置かれているかをよく理解していない可能性がある。犬種の基準に変更を加えようとしたことで、集団訴訟に発展するということは起きている[37]。犬の関係者自身に基準の緩和を期待しても無駄かもしれない。それは「泥棒に法律を決めろと言っているようなものだ」とポール・マクグリービーは言う。動物行動学の教授であるマクグリービーは、ゴールデン・レトリーバーなどの犬種をイヌ股関節形成不全から救おうとする現状の努力は中途半端だと批判している[38]。ラブラドール・レトリーバーは現在、イギリス王室の別邸、サンドリンガム・ハウスの犬舎にいるような姿のものが理想とされている。ただ、もしこの犬種がそんな理想から解放されたとしたら、AKCの資金による調査で判明したように、「股関節の状態が非常に良い」とされたのが対象となった犬のわずか一八パーセントだけ、というような状況は間違いなく改善されるはずだ。ブルドッグを今までのような基準を守ってブリーディングするのをやめれば、確かにファンを怒らせることになるかもしれない。しかし、すでにそのファンたちは、ほとんどまともに歩くことができないブルドッグをスケートボードに乗せて散歩させているのである。今はなんと七二パーセントのブルドッグが形成不全症だが、その数字はおそらく基準を緩和すれば改善するだろう。二番目にひどいパグも六七パーセントが形成不全症だが、これも改善するに違いない[39]。犬の外見を基準に合わせるのは、主として人の注目を集めるためだ。また、飼い主にとっては、基準に合った美しい犬を所有することで、自分を今までと違った人間のように見せることができる。そういう魔法の力を犬は持つことができた。その犬のあり方を今頃になって変えるのは、闘犬であるピット・ブル・テリアに闘いをやめろというのに近いかもしれない。

近年、なにかと議論の多い「デザイナードッグ」もまた、純血種の犬たちが直面している健康問題と無縁ではない。デザイナードッグは、諸団体に認可されていない組み合わせで、異なった犬種どうしを交配させ、作られた犬だ。そのやり方は、純血種を最上とする、たとえばＡＫＣなどの団体、地位を確立したブリーダーたち、また交配種でもより保守的な組み合わせを好む飼い主たちには、受け入れられない。彼らは、たとえ呼吸が困難など健康に問題があろうとも、昔ながらの犬を良しとするからだ。デザイナードッグは、一時的にではあるが、より民主的に犬を交配させることで、健康的で寿命の長い犬が作れるのではと期待されたこともあった。交配を適切に行えば、平らな顔などの極端な解剖学的特徴はさほど極端でなくなる。そして、遺伝的多様性は当然のことながら高まることになる。ただし、交配させる両親のスクリーニングは一般的ではなく、生まれてくる子供が、両方の犬種から最良ではなく最悪の特徴ばかりを受け継いでしまうこともよくある。改善の可能性がどの程度あるのかは、現実にはよく検証されていない。

　ウォール・ストリート・ジャーナル紙は、「ハイエンドの雑種[40]」、そしてニューヨーク・タイムズ紙は「雑種犬も商品としての地位を確立[41]」などと書いて持ち上げた。おかげでデザイナードッグは、純血種と同等だというお墨付きを、ＡＫＣからわざわざ得る必要もなかった。そして、モーキー、チョーキー、パグル、ボグル、ドゥードルマン・ピンシャー、シーザプーといったバカげた名前をつけられた新種の犬たちが、次々に華々しく登場することになった。こうした犬たちは、旧来の純血種である両親たちとほぼ同様の扱いを受けている。自らを他人と差別化したいと望む気位の高い人たちにとって役立つ犬とみなされているのだ。生まれ方も、多くの純血種の犬たちと変わらない。雌犬は何度も繰り返し妊娠させられ、強制的に大量の子犬を産まされている。子犬が帝王切開でないと生まれないことも珍しくない。デザイナードッグたちは、何十万円という高値で売られる。血統の確かな犬として、無意味な書類を数多くつけて売られ、アメリカン・ケーナイン・ハイブリッド・クラブ（ＡＣＨＣ）などの団体に登録することで価値がまた上がる。

　純血種の場合と同様、デザイナードッグに関しても、「まがい物」が数多く売られている。その際、個々の犬の健康状態や気質に注意を向ける人はほとんどいない。デザイナードッグたちは、家に連れて帰った時点から体調が悪く、病気を抱えていることが多い。すでに書いたとおり、両親の良くないところをすべて受け継いで生まれている恐れがあるからだ。中には、元来、地位が上だったはずの純血種を上回るほどの価値を持つにいたる犬もいるが、健康面では純血種と同じか、さらに悪い状態に置かれていることも少なくない。対象となった犬の数は多くないが、動物のための整形外科基金（ＯＦＡ）の調査によれば、たとえばラブラドゥードルという犬種は、元になったラブラドール・レトリーバー、プードルに比べて股関節形成不全にかかっている個体の割合が高くなっている。本来、異種交配は健康という意味では有利に働くはずなのだが、経済性ばかりを優先した粗雑な手法により、その効果が相殺されてしまっているようなのだ[42]。

「純血種が雑種に比べて遺伝性疾患にかかりやすいというのは神話にすぎない」ＡＫＣはそういう見解を出している[43]。「雑種強勢（交配によって、両親のどちらよりも優れた雑種が生まれること）」という理論はあるが、今のところ犬に関してこの理論を強く唱えている人はさほど多くはなく、雑種の方が絶対に優れた犬になる確かな証拠があるわけでもない。社会的にも商業的にも純血種が優位なのがあまりに当然で、それを疑うこと自体、愚かなことと受け止める人もいる。そのような状況では、「雑種が有利」という神話はあまり関心を持たれない神話なのかもしれない。ただ、ペット保険会社の収集した一定の信頼度のあるデータ、保険料の算定の仕方などを見ても[44]、また、犬と別れることになった飼い主の辛い体験に照らしても、ドキュメンタリー番組「犬の悲鳴」を手がけたクリエイター、ジェリマ・ハリソンによる記事の背後で実施された調査の結果などからも、やはり雑種犬が健康の面で優位だと考えるのは正しいようだ。ある調査では、「交配種の犬は、親の犬種では一般的となっている病気を発症することが少ない」また「遺伝的健全性は間違いなく高い」と結論づけている[45]。他の調査でも、「雑種犬は、一貫して致死的な病気にかかる危険性が低いと言える」という結論が得られているし、「雑種犬は、平均的な純血種の犬に比べ、多数の病気の発症比率が低くなる」とした調査もある。循環器疾患に関するある調査では「雑種犬は総じて寿命が長くなる傾向が見られている」とした。癌についての調査でも「犬と猫、どちらについても、純血種は、悪性腫瘍の発症率が雑種に比べ二倍近くになる」という結果が得られた。「雑種犬は運動能力に問題が生じる危険性も、心臓疾患の危険性も低い」とする調査結果もある。「死亡年齢の中央値は、全雑種犬では八・五歳なのに対し、純血種全体では六・七歳となっている」とも言われる。「どの体重群においても、純血種の死亡年齢は、雑種犬に比べて著しく低い」ともいう。「雑種犬は平均寿命が長い。雑種犬の場合、死亡時の年齢は多くが八歳、一一歳、一三歳に分かれるのに対し、純血種の死亡時の年齢は大きく六歳、一〇歳、一二歳に分かれる」という調査結果もある。基準を満たすための近親交配が健康の敵になっているのは確実だと思われる。

特定の病気にかかりやすい犬種も多く、そうした病気には、その犬種の名前がつけられている。たとえば、「シャー・ペイ熱」、「パグ脳炎」、「レオンベルガー多発性ニューロパチー」などがそれだ。AKCの血統書を持つ子犬たちの多くは、子犬工場(パピー・ミル)と呼ばれる劣悪な環境で、何千頭という単位で繁殖させられている。そのため症例はそこでいくらでも収集でき、そうしたデータは、ごく一部の優れた犬をより良いものにしていくための研究に使われる(これを行うのが「ブリーダーズ・オブ・メリット」〔AKCが提示する厳しい条件を満たすブリーダーたち〕で、彼らは規則や監視団体ではなく、AKCの助言に従う)。ごく最近になって、長年にわたる方向の誤ったブリーディングによって蓄積された多くの病気、障害に注目した研究がなされるようになってきた。これは、犬より確率は低いとはいえ、同様の病気、障害に苦しむ人がいるため、その人たちを助けることを目的とした研究だ。小さい犬をいつも膝にのせるようにしてかわいがって飼っていると、人間の病気を犬が吸い取って治すと信じられていたことがあるが、それが本当なのではないかと思うほど、人間と同じような病気にかかる犬は多い[46]。たとえば、ジャーマン・シェパードには血友病が多く見られるし、ダックスフントやボクサーにはてんかんが多い。ニューファンドランドには拡張型心筋症[47]、シュナウザーとプードルには網膜変性疾患、ドーベルマンにはナルコレプシーや強迫神経症、ブルドッグには睡眠関連呼吸障害[48]、シャー・ペイには過剰皮膚が多い[49]

——犬の病気は時とともにまだ増え続けていて、そのリストを見ていると、たとえ純血種の犬が人間にとってこれからも非常に役立つものだったとしても、もう犬種の維持、改良などを続けていこうという意欲は失われていくはずである。

こうした研究により、すでに多くの成果が得られており、それはマスメディアの手によって世の中の人たちに伝えられている。二〇一二年にナショナル・ジオグラフィック誌に掲載された記事はその例だろう[50]。明らかにウェストミンスター・ドッグショーにタイミングを合わせた記事だったが、提示されたデータがその後にどのような影響を与えたかは知らされていない。犬を見栄えよく、格好良くすること、人間にとって都合の良い外見を維持することだけを目的に、長期的、組織的にとても残酷なことが続けられてきた。もはや生体解剖ですら、それに比べれば人道的に見えるほど、残酷なことが続けられてきたのだ。しかも、病気の発生を防げる立場にいたはずの人たちは、自画自賛をするばかりで、無責任な態度を取り続け、長年の間、科学者たちに十分な研究材料さえ提供してこなかった。J・クレイグ・ヴェンター研究所の科学者で、犬のゲノムについて調べているユーウェン・カークネスは、私への最近のメールでこのように書いていた。「私は、純血種の犬の特徴を維持することを目的とした系統交配にはあまり強い関心を持っていなかった——その系統交配が、犬たちを苦しめる悲惨な病気の多くを引き起こす主要因になっている。たとえ私が関心を寄せていなくても、系統交配が引き続き行われている以上、病気が近い将来、なくなる見込みはないだろう。私たちは、ペットとして作られている犬たちについて、できる限り詳しく調査をすべきだろう[51]」

「白のボクサーには聴覚障害や視覚障害があると考えられている」あるブリーダーは自らの作る犬種についてそう話した。ただ、彼は批判の声に対し、自分たちを擁護するつもりで、障害を持つ犬の割合が少ないことを強調した。「聴覚障害や視覚障害を持つ犬は全体の二〇パーセントほどにすぎず、とても少ない」と彼は言った。[52] 残念ながら、熱心なブリーダーたちに、いくら犬と病気に関する事実、データを突きつけても、どれほど恐ろしい健康被害を起きているかを告げても、彼らは何らかの方法でそれを正当化するか、はねつけるかする。ここで人間の手前勝手な都合がどうしても目の前に立ちはだかることになる。しかし、どうして彼らがここまで強硬に明白な事実を受け入れようとしないのかを完全に説明できる合理的な理由は見当たらない。彼らはもしかすると、犬の障害、苦しみは「高貴さの代償」にすぎないという時代錯誤な考えを持っているのかもしれない。ノブレス・オブリージュ〔高貴な者には義務がある〕の義務を果たすことは決して簡単ではない。また、この考え方は、近代科学、DNAの研究などよりも、はるかに長い歴史を持っている。犬がどれほど苦しもうとも、それを正当化する人がいるのは、高貴な者はその生まれにふさわしい特徴を持つもので、そのために特別な配慮が必要になっても仕方がないと考えているからかもしれない。高貴な犬がたとえば異様に突き出した下顎を持っているのは、あるいは重い鎧のような皮膚を持っているのは、紳士や貴婦人が、その社会的地位にふさわしい義務を果たさねばならないのと同じだ、というのかもしれない。犬の健康問題の多くが主流のメディアに認知されるようになったのは、まだほんの最近のことで、今のところ、事の重大さの割にさほど報道する価値があるとはみなされていないようだ。こうした状況は、何年もの間、人々が純血種の犬を購入したいと思うのを容認する結果につながった。

ブルドッグという犬は、絶えず獣医に見せる必要もあって、現在では、数ある犬種の中でも特に費用のかかるものになっている。[53] またニューヨークでは（AKCに登録すれば）最もファッショナブルな犬ということになっている。イギリスにはじめてのブリードクラブが設立された当初から、この犬が、健康になるように、長生きをするように、運動能力が高くなるように作られているわけではないことは明らかだった。そして、賞を獲得する飼い主やブリーダー、登録団体、獣医、製薬会社などの財布を潤すために作られているわけでもなかった。ブルドッグを作る最大の目的は、この犬を社会的地位の象徴とすることだった。一八九〇年代のストランド・マガジンにはすでに、「ただ、この犬たちは、いかに高級だとはいっても、結局はより地位の低い他の犬たちと同じように死んでしまう――むしろ他の犬たちより早く死ぬことになる」と書かれている。[54] ソースティン・ヴェブレンは、数々の奇怪な特徴を持ったこの犬は、はじめから豪邸で贅沢に暮らすように作られている、と言った。[55]

一九世紀が終わりに近づき、ドッグショーが多くの人の関心を惹きつけるようになった頃、人間であれ、犬であれ、高貴な生まれは、高い代償を支払う価値のあるものだった。また病気に苦しむ犬の姿は、神経衰弱などに苦しむ、半ば神話となった高貴な人々の姿と同一視されるようになっていた。高貴な人々に現れる症状は、近親交配を繰り返した結果、犬に現れる症状と非常によく似ていた。古くからの支配階級の人たちは、洗練されているがゆえに脆弱になっており、俗悪な近代生活にはうまく馴染めないと言われた。ソーシャル・クライマーたちもそうなりたいと願った。だから、不思議な病気は恥ずべきものとは考えられず、むしろ、地位の高さの証拠と考えられた。[56] それから一世紀以上が経過した現在、犬たちの健康状態は以前にも増して悪化している。もっと基準を良識あるものにせよ、近親交配を減らせ、あるいはブリーディングなどもうやめよう、などといった批判の声は無視され続けている。[57] ショーに出品されるような犬たちは、そうでない犬よりも遺伝性疾患を抱えている比率が高く、行動にも問題があることが多い、という説得力のある証拠が得られているのに、関係者はまだそれに抵抗し続けている。[58] 犬の健康危機は、現在でも、無関心な人たちの目には見えにくいかもしれない。ただ、アメリカでは、保護施設に収容される犬たちの実に三〇パーセントを純血種の犬が占めている[59]。その事実だけでも、ペット犬の生産などやめるべきだと主張する十分な根拠になるのではないだろうか。

＊＊＊

この本の根底にある考えは、社会的に不安定な地位にある人たちを喜ばせるため、完璧なペットが存在するという幻想を助長するため、あるいは人間をサポートするために、動物を苦しめるのは間違っている、というものだ。その苦しみは防ぐことができるし、代償としては高すぎる。私たちは、犬を見つめて、こう自問すべきだ。「階級や人種に関係する、この取るに足らない、格式張った不要な重荷は、君を愛するために本当に必要なのだろうか」。もし、この問いへの答えがイエスなら、もはや人間は犬など飼うべきではないのかもしれない。私たちは犬を愛する文化を持っています、と胸を張って言えるようになるには、問題のある犬の飼い方ができないような実効性のある法律を制定する必要があるだろう。純血種を最上とする人たちにとっては、犬の世界が雑種の坩堝のようになるのは、犬をまったく飼えないよりも恐ろしいことだ。だが、私はこう問いかけたい。人間の価値観や信念を人間以外の動物に押しつけるのは本当に正しいことなのか。また、押しつけるのなら、人間自身が本当にその価値観や信念に沿って生きているのかを考えてみるべきではないか。異種交配で犬の健康問題すべてが解決するわけではないだろう。ただ、時折、外部の血を入れることは、どの犬種にとっても健康上、良いことなのは間違いない。それは人間の貴族も時々、踊り子や馬丁と駆け落ちしており、それがゲノムにとって良かったというのと同じだ。

犬は現在、見るのも恐ろしく、辛いような苦境に置かれている。それは事実だ。だが、犬をその苦境から救い出すことは十分に可能だし、最近では少し改善の兆しも見えている。人間にはやはり知性があるのだと感じられる変化が起きているのだ。人間は学習をし、犬種に対する偏見を捨て去ろうとしている。近親交配をやめる動きも出ている。ほんの少しだが、人間の持つ良心をもっと信頼してもよいのかもしれない、と思えるようになってきた。今でも自分の人種や階級、あるいはその両方を誇り、拠り所にしている人は多い。だが、私たち自身ですら居心地の悪い型に、古い友人である犬たちをあてはめることを良しとする人は、間違いなく減っている。

世論に重大な変化が起きていることを示す証拠もある。最近、私は街の歩道で、これまでにない新しいタイプの飼い主に出会って驚いた。その人は確かに純血種の犬を連れているのだが、決して誇るのではなく、犬を連れていることを申し訳なく思っているようだった。誤解をされたくないのか、道行く人たちにいちいち、「自分はこの犬を助けたくて飼っている」のだと説明してさえいた。飼い主の中にも、完璧なペットの見つけ方を書いたマニュアルや、嘘の多い純血種の犬についての本を読まない人が増えてきている。単に、身寄りのない生き物を救うために犬を飼い始め、その犬を愛するようになったという人も多いのだ。ファッションブランドのJ・クルーの広告には「由緒正しく質の確かな製品が好きだけど、シェルターの犬が好き。そんなあなたにこそ着てもらいたい」というものがある。ここには、セーターと犬は違う、犬をセーターのように扱うのはやめるべき、という主張が込められている。

訳者あとがき

最近、入場料のいる書店というのが話題になった。オープンしてすぐに私も行ってみた。思った以上に良かった。とにかく快適なのだ。なぜ、快適なのかを考えてみると、すぐにその理由に思い当たった。私も当然その一人だが、「一五〇〇円を払ってでも書店に入りたい」と思う本好きばかりが集まっているからだ。入り口で客のスクリーニングができている。おかげで店内は同質な人ばかりの空間になる。自分と似た人に好感を持つのは、人間としては自然な感情だろう。特に言葉を交わしたりはしないけれど、まとっている空気がどことなく似通った人たち。本好きが本屋で過ごす時にはどういう雰囲気だと嬉しいか、また周囲でどういう行動を取られると嫌なのか、皆、だいたいわかっている。暗黙のうちに、ほぼ全員が心地よく過ごせる空間ができあがっていく。

私はプロ野球の某球団のかなり熱心なファンで、ファンクラブにも入っている。会員にはランクがあり、球場で観戦した回数が一定以上になると上のランクに入れてもらえる。そうなるとやはり、どうしても最高ランクに入りたくなる。もちろん、色々と特典があり、観戦にも有利になるからだが、それだけではなく、単純に「自分が一番上」と思えること、ファンの中でも特別なのだ、と思える（錯覚できる）ことが気分良いというのもある。ランクは毎年、いったん最低からスタートするので、球団の思う壺だとわかりながら、せっせと球場に通うことになってしまう。

自分と似た人と過ごす快適さ。自分は他人とは違う特別な存在だと思うことの嬉しさ。どちらも、世界中のほとんどの人に理解できることだと思う。それ自体は何も悪くはない。少しでも快適に機嫌良く生きようとするのを責めることはできない。人間には総じてこういう性質がある。否定しがたい事実だ。まずそれを認めなくてはいけないだろう。

本人が喜んでいるだけならば問題はないし、むしろ良いことかもしれない。自分と同じような、気の合う人と楽しく過ごす。何かいいものを買って、ワンランク上の人間になった気分を味わう。そういうことがまったくない生活も味気ないのかもしれない。ただ、人間が本来持っている性質なんだからいいじゃないか、で片付けられない場合もある。この性質が時に大きな問題、悲劇を生んでしまうことがあるのだ。

同質なものを好む、というのならまだいい。これが「異質なものを排除する」になると、大変に困ったことになる。また、ほんの一瞬、自分が人の上に立ったと感じ、自尊心を満足させるくらいならいいが、これが「人を見下し」「迫害する」ということになると大問題だ。

この世界には色々な人がいる。皆、同じ地球の上にいて、同じ環境を共有して生きている。外見は皆、違っているし、性質も違う。生活習慣、文化も違う。価値観も違う。同質なものに心地よさを覚える一方、私たちは違うものに不快感を覚えるが、いくら不快でも、他者の存在を否定することはできないのである。特定の外見や価値観を忌み嫌ったとしても、その人たちを排除する、迫害する、などということは決して許されない。実際、そういうことが行なわれ、恐ろしい結果を招いたこともある。第二次世界大戦中のホロコーストなどはその最たる例だし、今もまだなくなったとは言えない。大小いくつもの差別、迫害が続けられている。

人間だけの害になっているうちはまだいい（良くはないが）。しかし、罪のない他の動物の迷惑になっているのだとしたらどうだろう。本書は、人間が、古い友達と言われる「犬」という動物にいかに迷惑をかけてきたのか、また今もかけているのか、を書いた本だ。迷惑とは何か。それはまず、健康被害、命の危険だ。犬には、純血種と呼ばれるものがいる。いわゆる「血統書つき」の犬たちだ。何代も前の先祖がすべてわかっている由緒正しい血統の犬。他の犬種の血が混じっていない。純粋な犬ということだ。ゴールデン・レトリーバー、ラブラドール・レトリーバー、フレンチ・ブルドッグ、ダックスフント、ジャーマン・シェパード、コリー、セントバーナード、チワワ……子供でも名前を知っている有名な犬種がたくさんある。たとえば、ゴールデン・レトリーバーならば、その両親も祖父母も曾祖父母も皆、ゴールデン・レトリーバーで、他の血が一切、入っていない犬は純血種として珍重される。また、外見が、「人間の頭にあるゴールデン・レトリーバーそのもの」であることも重要だ。頭や胴体のバランス、耳や鼻の形、顔の平たさ、目の大きさや形、様々な要素が細かくチェックされ、確かにその犬種にふさわしいとみなされれば、ドッグショーなどでも高く評価されて賞を獲得でき、高値で取引されることになる。

だが、この「純粋」を求める人間の気持ちが、犬に大変な負担をかけているのだという。犬が生む子犬は、実は普通の人が思うよりずっと多様だからだ。たとえ両親が「純粋な」ラブラドール・レトリーバーだったとしても、生まれてくる子犬がどういう姿形になるかは予想がつかない。血筋はとても「正しい」にもかかわらず、「誰が見てもラブラドール・レトリーバーではない」という犬はたくさん生まれる。そういう子犬はどうなるか。多くは間引かれる、つまり殺されてしまう。また、純粋さを求めると、どうしても、近い関係の犬との交配を繰り返すことになる。遠い関係の犬と交配させると、似ても似つかない犬が生まれやすくなるから、それを恐れ、実の親や兄弟との交配が頻繁に行なわれる。だが、よく知られているように、近親交配には害が多い。それが特有の病気の原因になる。だから、たとえ純血種にふさわしい外見に生まれ、幸運にして間引きを免れたとしても、生まれつき病気で、まともに呼吸することも、歩くこともできない、という犬が数多くいる。生き延びたとしても、QOL（生活の質）の低い犬になってしまうということだ。若いうちから車椅子に乗っている犬や、スケートボードに載せられて散歩している犬などは今、街に普通に見られるようになっている。ブルドッグのように、その大きな頭、特異な体型のせいで、人が帝王切開手術を施さなければ、誕生すらできない犬もいる。すでに大変な手間をかけて純血種の犬を世話をしている飼い主が大勢いるし、犬が早くに死んでしまい、悲しい思いをした飼い主も大勢いる。にもかかわらず、状況はあまり変わらないのだ。このままではいけない、という考えがさほど広まらないらしい。

著者は犬の散歩代行業をしている。ニューヨークの高級マンションに暮らす人たちの代わりに、飼い主自身が世話をしない「高級な」犬たちの世話を請け負っている。同じマンション内に何匹も同じような犬が待っていることもあるという。そういう話を読むと、いったい愛犬家とはなんだろう、という気持ちになる。本当に自分の飼い犬を愛しているのだろうか。生き物というよりも、単なるアクセサリーという意識なのかと疑いたくなる。

本書によれば、こういう純血種の犬を飼う趣味は、急に裕福なって、あとは名誉と高い社会的地位が欲しいと望む人たちの間に広まり、盛んになったものだという。王侯貴族が飼う犬を真似して飼うことで、自分も上流階級の仲間入りをしたと人々に思わせることが目的だった。彼らのニーズに応えることで、ブリーディングやドッグショーのビジネスも成長していった。上流階級の人々は、使用人に犬の世話を任せていたというから、著者の雇い主たちもその模倣をしているのかもしれない。

犬たちを犠牲にすることで繁栄してきた愛犬趣味は、どう考えても歪んだものだ。こんなことが長続きするはずはないし、させてもいけないだろう。このままいけば、肝心の犬が生存困難になり、嫌でも飼うことを断念しなくてはいけなくなる。そのような悲劇を避けるため、今後はペットショップで犬を買わず、いたって健康にもかかわらずシェルターに入れられ、命の危険にさらされている雑種犬を積極的に飼うようにしよう、と著者は訴える。私もまったく同感だ。健康な犬を次々に殺して、その犠牲の上に、生まれつき病気の犬を大量に生まれさせるなどということがあっていいはずはない。

著者によると、それでも最近は少し希望の兆しが見えているという。ニューヨークの街でも、「恥ずかしそうに」純血種の犬を連れている人を見かけるようになったというのだ。彼らはどうしても純血種を、と思って飼い始めたのではなく、自分が飼わないと殺されてしまう犬を引き取った。同じような意識の人が増えればと思う。そして本書の日本の読者の中にも、これをきっかけに意識を変える人が一人でも多く現れれば、訳者としてこれほどの喜びはない。

最後になったが、翻訳にあたっては、白揚社の上原弘二氏に大変お世話になった。この場を借りてお礼を言いたい。

二〇一九年二月　夏目大

ドッグ」としてポーチュギーズを選んだのも、その意図が先天性疾患の研究にあったのならば、賢い選択だったと言えよう。慢性的に近親交配が続いていたこの犬種は、最も希少な犬として、1981年のギネスブックにノミネートされた（Kate Dalke, “Boxer Genome Is Best in Show,” *Genome News Network*; Michael Wall, “Obama's Pick for First Dog Solidly Scientific” *Wired*, February 25, 2009.）

52. “The Truth About White Boxers!,” *Big Sky Boxers*, n.d..
53. “10 Dogs with the Priciest Vet Bills,” *Main St.*, October 10, 2011; “Top Breeds in Major U.S. Cities,” American Kennel Club.
54. William Fitzgerald, “Dandy Dogs,” *Strand Magazine* (January-June 1896): 549.
55. Thorstein Veblen, *The Theory of the Leisure Class* (Auckland, NZ: Floating Press, 2009; orig. pub. 1899), 168.
56. “Neurasthenia,” Science Museum, n.d.; “Neurasthenia,” *WebMD*, February 25,2014.
57. 行動遺伝学におけるスコットとフラーの記念碑的な研究によって、1960年代にはすでに次のような結論が得られている。「純血種は均質集団からはかけ離れている」、「純血種は普通、肉体的な欠陥を生み出す遺伝子を持っている」、「現行の犬のブリーディングは、有害な潜性遺伝子の拡散と保存に理想的なシステムとみなすことができる」（J. L. Fuller and S. P. Scott, Genetics and the Social Behavior of the Dog (Chicago: University of Chicago Press, 1965), 295, 389,405.）。理想化された犬種は、ペット業界のセールストークがそう主張するほど、行動面で特別優れていないばかりか、外見的な特徴も期待に届かず、均一性も不十分なものが多い——もちろん、ブリーダーたちがよく使う「予測可能」という言葉が、病気や短命のことを指しているのならば、セールストークも間違いばかりとは言えないだろうが（2013年になって、科学者とライターが公開討論を行い、間違ったブリーディングに対する警告文を発表したが、ニューヨーク・タイムズ紙の読者からは大きな反響はなかった。“The Ethics of Raising Purebred Dogs,” Opinion Pages: Room for Debate, *New York Times*, February 12, 2013.）
58. S. Ghirlanda et al., “Fashion vs. Function in Cultural Evolution: The Case of Dog Breed Popularity,” *PLOS One* 8, no. 9 (September 11, 2013).
59. “Animal Overpopulation: United States Facts & Figures,” *Oxford-Lafayette Humane Society.*

Breed."
40. Ellen Gamerman, "High-End Mutts Sit Up and Beg for a Little Respect," *Wall Street Journal*, December 24, 2005.
41. Jon Mooallem, "The Modern Kennel Conundrum," *New York Times*, February 4, 2007.
42. Orthopedic Foundation for Animals, "Hip Dysplasia Statistics."
43. "AKC Facts and Stats: Why Purebred?," American Kennel Club.
44. Burns, "Pet Insurance Data Shows Mutts ARE Healthier!"
45. Jemima Harrison, "Are Mongrels Healthier Than Pedigrees?" *Dogs Today*, October 2010.
46. かつてイギリスの宮廷では、人間に寄生したノミを移動させる目的で、ラップドッグを利用した。これらの犬はまた「コンフォーター・ドッグ」としての役割もあった。つまり、紳士淑女から病気を吸収すると信じられていたのである。犬の歴史の研究家であり、エリザベス女王のかかりつけの医師でもあったジョン・カイウスは、1570年にこう書いている。「こうした犬が何の役にも立たないと考える者たちもいるが、病人や衰弱した人間が犬を胸に抱くと、病気は場所を変え（正確な位置はわからないが）、その犬の内部へと入り込んでいく。これは虚偽などではなく、検証可能な出来事である。実際、何のけがもなく、外部からの影響を受けていないはずの犬が、これによって病気になり、時には死んでしまうこともある」。これこそが「紳士のスパニエルが宿す美点」の証拠だという（John Caius, *Of Englishe Dogges*（Charleston, SC: Nabu Press, 2012; orig. pub. 1576）, 21-22.）。
47. "Gentle Giants Could Help Cure Human Heart Problem," *BBC News*, October 28, 1998.
48. James Serpell, "Anthropomorphism and Anthropomorphic Selection -- Beyond the 'Cute Response,'" *Society & Animals* 11, no. 1（January 2003）: 83-100.
49. Jonathan Amos, "Shar-pei Wrinkles Explained by Dog Geneticists," *BBC News*, January 12, 2010.
50. Evan Ratliff, "How to Build a Dog," *National Geographic*, February 2012.
51. Ewen Kirkness, e-mail to author, February 23, 2012. ゲノム・ニューズ・ネットワークは、「ボクサーのゲノムが優勝をさらう」という見出しで、この犬種の悲惨な健康状態について説明している。ここで優勝というのは、病気の研究をするコンテストがあれば、最も理想的な参加者になるだろうという意味だ。「毛並み、忠実さ、歩き方などに賞が与えられるドッグショーとは違い、このコンテストでは、遺伝的な多様性が審査対象となる。当ゲノム・インスティテュートは、遺伝的多様性が最も低い犬を評価する。その理由は、ゲノム配列の収集がより容易になるからだ」。ちなみに、バラク・オバマが「ファースト・

Thomas (West Lafayette, IN: Purdue University Press, 1996), x.
23. E. R. Paster et al., "Estimates of Prevalence of Hip Dysplasia in Golden Retrievers and Rottweilers and the Influence of Bias on Published Prevalence Figures," *JAVMA* (Journal of the American Veterinary Medical Association) 225, no. 3 (February 1, 2005): 387-92.
24. J. M. Fleming et al., "Mortality in North American Dogs from 1984 to 2004: An Investigation into Age-, Size-, and Breed-Related Causes of Death," *Journal of Veterinary Internal Medicine 25*, no. 2 (March-April 2011): 187-98.
25. Ann Seranne, *The Joy of Breeding Your Own Show Dog* (Hoboken, NJ: Howell, 1980), 202.
26. Lucy Asher et al., "Inherited Defects in Pedigree Dogs: Disorders Related to Breed Standards," *Veterinary Journal* 182, no. 3 (August 2009): 402-11.
27. Nicola Rooney and David Sargan, *Pedigree Dog Breeding in the UK: A Major Welfare Concern?* (London: RSPCA, 2008).
28. Carrie Allan, "The Purebred Paradox: Is the Quest for the 'Perfect' Dog Driving a Genetic Health Crisis?," *All Animals* (May-June 2010): 17-23.
29. "Purebred Dogs Not Always at Higher Risk for Genetic Disorders, Study Finds," news release, *UC Davis News and Information*, May 28, 2013.
30. Patrick Burns, "Pet Insurance Data Shows Mutts ARE Healthier!," *Terrierman's Daily Dose*, April 4, 2009.
31. "About Registration," American Kennel Club.
32. Fleming et al., "Mortality in North American Dogs."
33. "Purebred Dogs Not Always at Higher Risk"; "Mutts Not Always Healthier, Genetically, Than Purebred Dogs," *Chicago Tribune*, May 30, 2013; Eryn Brown, "Mutts Not Always Healthier, Genetically, Than Purebred Dogs," *Los Angeles Times*, May 30, 2013.
34. Natalie Angier, "Even Among Animals: Leaders, Followers and Schmoozers," *New York Times*, April 5, 2010.
35. Katy M. Evans and Vicki I. Adams, "Proportion of Litters of Purebred Dogs by Caesarean Section," *Journal of Small Animal Practice* 51, no. 2 (February 2010): 113-18.
36. "Breeding Debate," *Dog World*, December 7, 2011.
37. Jane Brackman, "Body Language: Breeders, Judges and Historians Talk about Breed Standards – Why They Work and When They Don't," *Bark*, Fall 2013.
38. Lissa Christopher, "Hip Pain a Bone of Contention for Pedigree Pooches," *Sydney Morning Herald*, December 25, 2009.
39. Orthopedic Foundation for Animals, "Hip Dysplasia Statistics: Hip Dysplasia by

■おわりに――フランケンシュタイン博士の研究室、あるいは城で暮らすための代償

1. "J. L. Kernochan Beaten," *New York Times*, February 24, 1896.
2. W. M. Thackeray, *The Book of Snobs* (New York: D. Appleton, 1853), 21.
3. 有名な言い伝えや、一部の著名な犬の専門家の主張とは違い、「キャバリア」と呼ばれる犬種は古いものではなく、他の多くの犬と同様、ドッグショーのために発明された。1920年代のクラフツでは、ブリーダーたちは、チャールズ2世時代の宮廷画に出てくる犬のレプリカを競って作ろうとしたという。その結果生まれたまがい物の犬は、その「先祖」にそれほど似ていないばかりか、健康上の問題を抱えるようになった。
4. 「クイーン・エリザベス・ポケット・ビーグル」は、2002年にインディアナ州の女性によって作られた。「キャバリア」と同様、古い絵画を参考にしている。
5. Carson Ritchie, *The British Dog* (London: Robert Hale, 1981), 157.
6. Emma Griffin, *Blood Sport: Hunting in Britain Since 1066* (New Haven, CT: Yale University Press, 2009), 159. 今日でもまだ効力を持っている1880年の猟獣法は、領民にウサギを狩る権利を認める一方で、鳥類を殺す権利は地主にのみ与えている。
7. Ritchie, *The British Dog*, 157.
8. Roger Caras, *A Celebration of Dogs* (New York: Times Books, 1982), 96-97.
9. Katharine MacDonogh, *Reigning Cats and Dogs* (New York: St. Martin's, 1999), 73.
10. Mark Derr, *A Dog's History of America* (New York: North Point, 2004), 24.
11. Rene Merlen, *De Canibus: Dog and Hound in Antiquity* (London: Allen, 1971), 20.
12. Caras, *A Celebration of Dogs*, 143.
13. MacDonogh, *Reigning Cats and Dogs*, 225.
14. "Dogs in China," *Facts and Details*.
15. MacDonogh, *Reigning Cats and Dogs*, 226.
16. Graham Greene, *A Sort of Life* (New York: Penguin, 1971), 64.
17. "World War I Impact on America," *Facts on File*.
18. "War & Peace: Liberty Cabbage," *Time*, January 27, 1941.
19. MacDonogh, *Reigning Cats and Dogs*, 120-21.
20. Clare Campbell, "Panic That Drove Britain to Slaughter 750,000 Family Pets in One Week," *Daily Mail* (UK), October 14, 2013.
21. Jackie Damico, "Mortgage Meltdown Results in Pets Going to the Pound," CNN.com, November 21, 2008.
22. Alan Beck and Aaron Katchner, *Between Pets and People*, preface by E. Marshall

まわれるパーティーには、スコットランド人の調教師たちも出て、一晩中眠らずに意見交換をした。どうすれば次回は今回よりも楽に仕事ができるかを話し合ったのだ。その結果、まず全員がぞろぞろ歩いて狩りをするという方法はすぐに改められ、一箇所に留まったまま鳥を撃つというやり方に変わった。参加者は、運転手つきの車に乗って街から会場へとやって来て、そのあとも自分の足で歩く必要はない。獲物となる鳥は、ばねのついた箱の中に用意されていて、そこから空中へと射出される。鳥たちは、自分の翼で飛ぶこともなく、ちょうど散弾銃の標的にしやすい場所へと飛び出る。自分でもなぜかわからないうちにそうなっている。射撃手たちはその場を動くこともなく、ただ自分の番が来るの待っていればよい。観客たちも懸命に歩く必要はない。手編みの完璧な衣装に身を包んだ婦人たちは、折りたたみ式のローンチェアにどっかりと腰掛けて様子を眺めていた。ブルックリンの消防士、ジャック・“バッド・ジャック”・キャシディは、「愛犬家の婦人たちは皆、アバクロンビー＆フィッチの野外用衣装で着飾っていた」と回想している。彼は、ラブラドールのフィールド・トライアルへの参加者としては珍しく、社交界とは縁のない普通の庶民だった（Ibid., 112.）。グレンミア・コートの甘やかされた客たちには、「タワー・シュート」と呼ばれる射撃法も人気になった。ただし、この方法は、ロンドンのハーリンガム・クラブでは「公正ではない」とされた。宙に持ち上げられたケージの周囲に30人ほどの射撃手が立ち、定められた時間にケージから放たれた鳥たちを撃つという方法だ。ラブラドールは多数の鳥たちを回収し、連れて回る価値が自分たちにあることを証明できる。観客たちは、邪魔にならないようその様子を見ている。

17. Lloyd, “Among the Retriever Dogs.”
18. Wolters, *The Labrador Retriever*, 78.
19. Nancy Martin, *Legends in Labradors* (Spring House, PA: Self, 1980), 123.
20. Mowbray Walter Morris, *Hunting* (London: Longmans, Green, 1885), 268.
21. Wolters, *The Labrador Retriever*, 108.
22. Ibid., 109. ロングアイランドでの狩猟は、排他性という揺るぎない伝統を有している。アメリカで発表された銃による狩猟に関する最初期の文章に、その狩猟について、「実に見事なつがいのポインターが供される」「まことに荘厳な娯楽」だと書かれている（Anonymous, Heath-Hen Shooting on Long Island, 1783）。また、この著者の犬は「イギリス産」で、文章には当時の典型的な狩りの様子も書かれている。「2名の紳士からなる我々の一行を想像して欲しい。私は先頭の馬にまたがり、同じく馬に乗った従者が、犬、食料、酒、紅茶、砂糖、そしてもちろん火薬と弾薬を持ってついてくる」（John Phillips and Lewis Hill, eds., *Classics of the American Shooting Field* (Boston: Houghton Mifflin, 1930), 1-3.）

アルなども手に入れたアメリカの金持ちがその他に必要としたのは、銃を撃つ標的だった。そこで彼らは、イギリスやスコットランドの貴族が何世代にもわたってしてきたように、自らの手で鳥を育てるようになった。ごく少数の富豪たちにより、年に10万羽もの鳥が育てられ、撃ち落とされていたと推測されている。外国の貴族たちに仲間と認めてはもらえなかったため、自分たちだけの殻に閉じ込もるしかなかった。

9. *Royal Dogs* (London: The Kennel Club, 2006).

10. Wolters, *The Labrador Retriever*, 73.

11. ジェイ・R・カーライルは、アメリカでも特に古く、そして重要なケネルを創立した。W・アヴェレル・ハリマンは有名なブリーダーだった。サミュエル・ミルバンク、マーシャル・フィールド（彼の妻はイギリス出身で、アメリカに最初にできたラブラドールレトリーバー・クラブの初代会長になっている）、オーガスト・ベルモント、ジョン・オリン、ドロシー・ハウ（スコットランド出身。やはりラブラドールと同様、アメリカに移り住んだ）といった人たちも最初期の飼い主たちだ——その他、初期にラブラドールを所有した人たち、あるいは、育てた、輸入した人たちの中には、少なくとも名前は上流階級のように見える人が多くいる。キング・バック、デューク・オブ・カークマホ＝テア・オブ・ウィットモア、ボリ・オブ・ブレイク、オーチャードン・ドリス・オブ・ウィンガン、アールズモア・モーア・オブ・アーデン、カームセット・ドン・オブ・ケンジカティー・ケーテレン、サブ・オブタリアラン＝ペコニック、ダンディ・オブ・アダレイ＝チャットフォードなどがその例だ。問題は、立派な称号を持つ人たちの手を経てきた伝説的な犬をどう扱うのが適切なのかということだった。

12. Wolters, *The Labrador Retriever*, 78.

13. ウィンザー公と公爵夫人は頻繁に招待されていたが、退位とともにラブラドールは手放し、パグを飼うようになった。パグを連れてよく旅もしている。元々、アメリカには、誰かから譲り受けて犬を飼い始め、それを代々、繁殖させていくという人が多かった。しかし、田舎での狩猟と強く結びついた新しい種類の犬にも一方で強く惹かれた。貴族の娯楽を再現する際に必要だったのは、細部にいたるまでの正確さである。何もかもが正確に再現されてこそ、その価値が最大限に活かされた。

14. Freeman Lloyd, "Among the Retriever Dogs," *AKC Gazette*, March 1,1932.

15. Wolters, *The Labrador Retriever*, 78.

16. 現地に出向いた人たちは素晴らしい時間を過ごしたが、彼らにとっては犬たちとの時間より、他の出席者との時間が大事だった。狩りそのものに加え、それ以外のことも楽しみとなった。豪華な昼食会、晩餐会に加え、飲めや歌えの大騒ぎになる派手なパーティーも催された。大量のスコッチウィスキーがふるターの力を借りることで、飼い主は一度に2羽以上の鳥を撃つこともできる。そのためには、ポインターの獲物を発見してポーズを取る能力とともに、その嗅覚も重要になる。「彼の写真は、たまたま撮れたスナップショットではなく、あらかじめお膳立てをした上で撮ったものだ」アウティング誌の記事には、別のハンターのそんなコメントも載っている。フリーマン・ロイドが、腕のないガンマンに対して使ったのと同じような表現で、アマチュア・カメラマンを評したわけだ（Edward Donnaly, “Photographing Field Dogs In Action,” *Outing* (1904): 592.)。
35. Stifel, *The Dog Show*, 34.

■第9章　ラブラドール・レトリーバーの帰還

1. Gordon Stables, “Breeding and Rearing for Pleasure, Prizes and Profit,” *The Dog Owner's Annual for 1896* (London: Dean and Son, 1896), 115.
2. Freeman Lloyd, “Many Dogs in Many Lands,” *AKC Gazette*, July 31, 1924.
3. Craven (pseud, for John William Carleton), *The Young Sportsman's Manual; or, Recreations in Shooting* (London: Bell & Daldy, 1867), 103.
4. C. A. Bryce, *The Gentleman's Dog, His Rearing, Training and Treating* (Richmond, VA: Southern Clinic Print, 1909), 113-14.
5. Richard A. Wolters, *The Labrador Retriever: The History -- the People* (Los Angeles: Petersen Prints, 1981), 73.
6. Ibid., 72.
7. Lord George Scott and Sir John Middleton, *The Labrador Dog: Its Home and History* (London: H. F. and G. Witherby Ltd., 1936), 121.
8. ペンシルベニア州の「ザ・ブルーミング・グローヴ・ハンティング＆フィッシング・クラブ」、ロングアイランドの「ザ・ワイヤンダンチ・クラブ」、ウェストミンスターのガン・クラブなど、同好の士のための団体が全国に存在し、そこに所属できた選ばれた人たちの、狩猟をしたいという気まぐれな要求に応えた。ウォルターはこう書いている。「クラブには常に、スコットランド人の若い猟場番人を雇い入れる担当者がいた。また、裕福な家の中には、自らの地所を一定の期間、スコットランド風の猟場にするところもあった」(Wolters, *The Labrador Retriever*, 72.)。浪費癖のついたアメリカ人狩猟家たちは、贅沢な装飾品を何もかも自分のものにしたいと望んだ。そうした贅沢品で自分たちの王冠を飾りたいと願った。可能な限りの広い土地を買い占めたがったし、ロンドンの名家の邸宅から供給される最新の銃器もすべて買い占めようとした。ニューヨークの企業アバクロンビー＆フィッチは、狩猟関連の衣服、アクセサリーの主要な供給業者となり、また銃や、犬に関する書籍なども販売した。正しい服を身に着け、立派な銃で武装をし、狩猟のエチケットを書いたマニュたし、紳士になりたいと強く望む者にとっては、炉棚に置くカップはいくつあっても多すぎるということはなかった。また「射撃好きにとって、狩りよりも常にゲームとして楽しかったのは戦争だった」と、アメリカの上流階級向け狩猟雑誌「アウティング」の記事に書かれたこともある。狩りでも銃を撃つ楽しさは味わえたが、いつも物足りなさは残ったのだ（P. D. Q. Zabriskie, "Fox-Hunting about Rome," *Outing*（December 1903）: 327.）。紳士の狩猟に使われる銃の性能が向上するにつれ、とにかく銃を撃ちたくてたまらないハンターが増えた。上流階級もその欲求に屈してしまったのである。同時に、急速な進歩の時代には、何か大切なものが狩猟から失われてしまったとも言える。失われたのは、ボーフォート公爵が「獲物は美しく狩られ、潔く殺されなくてはいけない」と書いた時、頭の中にあったものかもしれない。儀式としての狩猟から気高さが失われたということだろうか。

26. Cannadine, *The Decline and Fall of the British Aristocracy*, 364.
27. Arkwright, *The Pointer and His Predecessors*, viii.
28. 急いで多数を撃とうとするのは素人向け、コックニー〔ロンドンの下町の人〕向けだという考え方もあった。紳士は同じ動物を殺すにしても、もっとゆったりくつろいで、思索にでもふけりながらという態度であるべきだ、と考える人がいたのである。大事な瞬間の味わい方は十分に知っていて、いざその時が来たら存分に楽しめるのだから、急ぐ必要はないというわけだ。
29. Edward Ash, *This Doggie Business*（London: Hutchinson & Co., 1934）, 148.
30. John Walsh, *The Dog in Health and Disease*（London: Longmans, Green, 1859）, 188. 似たような話はグレーハウンドについても聞かれる。この犬は、狩猟で能力を発揮しやすいようにブリーディングされた。その結果、素晴らしいスピードを持つようになったが、あまりに仕事に熱中するために、ウサギを追うのをやめさせられないこともある。過剰に興奮した犬たちは、しばしば重大な事故に向かって突き進む。互いにぶつかって、その華奢な首を折ってしまったり、集団で崖から飛び降りてしまうこともあるという（Ritchie, *The British Dog*, 126）.
31. Arkwright, *The Pointer and His Predecessors*, 84.
32. Ibid., 56.
33. Rick Van Etten, editor, Gun Dog Magazine, e-mail to author, September 9, 2010.
34. 「アークライト氏は最近、ムーアで犬の写真を無数に撮った」カスパー・ウィットニーのスノッブな雑誌、アウティング誌の記事にもそう書かれている。「氏が写真を撮り損なうことは一度もない。たとえ、それによって遅れが生じたとしても必ず写真を撮るのだ。写真によって、犬の嗅覚の鋭さはよくわかる。犬は鳥からは一定の距離を保って動きを止めるため、鳥を驚かせることなく、写真を撮ることができる（Dimming, "Modern English Gun Dogs."）」。ポイン世もまた、ロンドンのハーリンガム・クラブという名門クラブに設けられた台の上から、塔から次々に空に放たれた大量の鳥に向けてライフルを撃った。国王は、美しい鳥たちの群れに向けて、何の苦労もなく弾丸を撃ち込んだのだ。イギリスの国王は長くその楽しみを味わうことができた。人道的な理由から、クラブのメンバーが投票でその行為を禁止し、パトロンである王室に言葉を尽くして自重するよう告げるのは、ようやく1906年になってからのことである（Cathy Bryant, the Hurlingham Club, e-mail to author, August 6, 2010, with selections on pigeon shooting. バーミンガム・クラブは現在も活動を続けているが、この選ばれた特権階級のためのクラブのロゴはハトである。とはいえ、ハト狩りも、鳥を飛び立たせ、簡単に撃てるようにする「集め役」となった鳥猟犬も、ずっと前から禁止されている。ハト狩りは人道的な理由により取りやめられたが、犬たちは邪魔になるし御者を噛むという理由で1872年に仕事場から追い出されたという。現在それらの犬の代わりにクラブにいるのは、小さくて目の大きいキャバリアのようだ。クラブが主催したピクニックの写真には、食べ物が載せられた銀の盆を見上げ、草の上でおすわりをするキャバリアの姿が見られる）。エドワード7世は、その後、ハンドリンガム・ハウスの広大な地所に引きこもることを余儀なくされた。そこは王室の犬舎のあるところで、職員たちが毎年、2万羽ものキジを卵から育て、無意味な大量虐殺のバカ騒ぎのために使っていた（Cannadine, *The Decline and Fall of the British Aristocracy*, 364.）。

池越しに鳥を撃つ狩猟がアメリカのイギリス崇拝者の間で流行したこともあった。流行は、鉄道に乗ってウェストミンスター狩猟クラブのイベントに参加するような資産家たちの間に野火のように広まった。「血を好むニューヨークの若者たちが自分たちの欲求を満足させるためにしていること」という見出しの記事がヘラルド・トリビューン紙に載ったこともある（William F. Stifel, *The Dog Show: 125 Years of Westminster*（New York: Westminster Kennel Club, 2001）, 35.）。アメリカ人は、自分たちのロールモデルであるイギリス貴族――タキシードを教えてくれたのも彼らだった――のように、ハト狩りの儀式にはレトリーバーを使い続けた。当時、出版されていたハウツー本の一冊に、レトリーバーを使ったハト狩りがイギリスでは「流行の趣味」であり、「費用を要する贅沢な遊び」であると書かれていたことが影響したのである（Capt. Albert Money, *Pigeon Shooting: With Instructions for Beginners...*（New York: Shooting and Fishing Publishing, 1896）, 9.）。

アメリカ人は、スピードのある4本足の召使いを必要としていた。銃を撃ち終えたあと、大量に出た鳥の死骸を回収してくれる犬が必要だったのだ。特に競技として狩りをする際には、タイミングが重要になった。素早く獲物を回収してくれる犬がいれば、飼い主はその分だけ多く、銀の優勝カップを手にでき

21. Freeman Lloyd, "Many Dogs in Many Lands," *AKC Gazette*, September 30, 1924.
22. Freeman Lloyd, "Pure Breeds and Their Ancestors," *AKC Gazette*, July 31, 1927.
23. David Hancock, *The Heritage of the Dog* (Boston: Nimrod, 1990), 233.
24. E. dimming, "Modern English Gun Dogs," *Outing* (December 1903).
25. 短時間で大量の動物を殺すような狩猟が盛んになったが、19世紀の半ばにはそれにかかる費用は非常に高くなった。当時の有力者の一人だったグレイ伯爵は、大狩猟家として他の貴族たちから尊敬を集めていたが、そのために大金をつぎ込んでいた。伯爵は自らの広大な地所で、ほとんど犬の助けを借りることなく、輝かしい狩猟歴を刻んでいった。しとめた獲物は、キジ25万羽、ライチョウ15万羽、ヤマウズラ10万羽などだ。いずれも農場で育てられた鳥たちで、召使いが絶好のタイミングで空に放ったところを撃つ。無防備な鳥は、空中で容易に撃てる標的となる。ウォルシンガム卿は、最盛期の書類を調べてみると、1日に1070羽というまさに記録的な数のライチョウを撃ち落としている。ただそういう狩猟をしていた結果、後には広大な土地を売却して、外国に逃亡をせざるを得ないところまで追い詰められてしまった (David Cannadine, *The Decline and Fall of the British Aristocracy* (New York: Anchor, 1990), 364.)。

歴史学者のデイヴィッド・キャナダインは著書 *The Decline and Fall of the British Aristocracy* 〔『イギリス貴族の衰退と没落』〕の中でこう書いている。「振り返れば、それはさらに大きな大虐殺の不吉な前触れだったのかもしれない。その後もノーフォークの土地で、スコットランドのムーアで大量のライチョウが殺されたが、そのことを言っているのではない。フランダースの戦場で大勢の人間が死ぬことになるが、その前触れだったのではないかと私は言いたい」(Ibid.)。儀式的な狩猟の実用的な意味は、自分の地位や富を他に見せつけることだと長く思われているが、戦争の舞台に向けてのウォーミングアップという意味もあったのかもしれないということだ。「より大規模で、より凄惨な場面を見る前に目を慣らすことになったのかもしれない」とボーフォート公爵もその見方に賛同している (Morris, *Hunting*, 191.)。

ブラッドスポーツ〔狩りや闘犬など〕には、人間の持久力を高め、捕食者としての本能を刺激し、統率力を養う効果があると信じられた。だが、狩猟にスポーツマンシップがあったかといえば、それは疑問だ。たとえば、イギリス最高の紳士であるはずのエドワード7世——やがて多くの臣下を海外の戦場に送り死なせる立場になる王だ。数々の狩猟の理論書が捧げられたのは、それを予期してのことだったのかもしれない——は、その皇太子時代に、まるで絶滅を望むかのように、かなりの数のハトを撃ち殺している。エリザベス1世が音楽の伴奏とともに狩猟塔の上からシカに向けて矢を放ったように、エドワード7

を集めるために作られた犬なのだから、野ウサギを獲物にするようでは困るわけだ（Ritchie, *The British Dog*, 162.）。犬が想定外の生き物を追うことは、飼い主の飼育能力のなさの証明となるので、大変な侮辱ととらえられる。自然の力を抑え込む能力がないと言われているのと同じになるのだ。猟犬が自らの意志で行動することは厳しく禁じられていた。平民の雑種犬が自らの意志で行動した結果、たとえば個人の所有地のシカを狩ってしまったとしたら、犬は即座に拘束され、裁判なしで絞首刑となった。

16. Emma Griffin, *Blood Sport: Hunting in Britain Since 1066*（New Haven, CT: Yale University Press, 2009）, 159.
17. 大地主たちは政府の支援も受けて、自分たちの利益を確固たるものにして守ろうとした。その影響で、小作農だった人たちは少しずつ、すでに多くの人口を抱えていた都市部へと移り住むようになっていった。都市に行けば、運が良ければ工場労働者になることができた（Patrick Burns, "The Glory of British Dogs," *Dogs Today*, August 2010.）。上流階級が森林などを私有していたために良かったこともある。そのおかげで、群衆や機械から森林や土地が守られることになったからだ。狩猟も管理された環境下で行われたために、土地が動物たちにとって人工の隠れ家のような場所になった。そのことが地主階級のイメージを向上させることにもつながった。
18. Joe Arnette, "A Close To Perfect Union," *Gun Dog Magazine*, September 23, 2010.
19. Richard Hirneisen, "In The Company of Dogs," *Gun Dog Magazine*, September 23, 2010.
20. 便利なものに対する反発は、現在のシカ狩りや穴釣りに使われる音波式の探査装置や、閉回路の水中カメラなどに対するものに似ているだろう。獲物が近づいたら警戒音で知らせる装置や、動物の足取りを感知するデジタル装置などにしても、最新式の道具には必ず同じような反発がある。ハンターの技術のなさを補うものとみなされがちだからだ。宇宙旅行に惹かれるような少年心には魅力的に映ることもあるが、やはり特に鳥を撃つ時にあまり重装備だと見栄えが良いとは思われない。フランスのアンリ3世は16世紀に、貴族であろうと平民であろうと、銃やセッターを狩りに使うことを全面的に禁止した。イングランドのジェームズ1世も同じことをしている（Arkwright, *The Pointer and His Predecessors*, 45, 53-54.）。しかし抵抗はごく短い間に消えてしまった。新しい銃の力を知り、それによって得られる成果、喜びはよほど大きかったのだろう。想像することは難しくない。飛行中の鳥を落とすことがそれまでより一気に簡単になったのだ。弓矢を使っている頃には稀にしか成功しなかったことだ。銃の際立った力がそれで明らかにわかる。獲物が空にいるからといってあきらめる必要はなくなったのだ。

ン軍の退役将校がそう書いている。「王は、1日に700から800頭の動物を殺していた。狩りの際には、王の目の前を、ヤマウズラ、ウサギ、キジなどが途切れることなく現れる。唯一の問題は、どれを撃つかを選ばなくてはいけないということだ」。これは皮肉だが、やがて公然たる非難の言葉に変わっていく。「あまりにも馬鹿げた話だ」退役将校はそう続ける。「王は、狩りの本当の楽しみを知ることがない。酒を楽しく飲みたいのなら、まず喉を渇かす必要がある。一日の終わりに獲物袋をいっぱいにして帰る喜びを存分に味わいたいのなら、まず空の袋を持って帰るのがどういう気分かを知らなくてはいけない」。王のような狩りの仕方には何の感動もないと彼は言う。「宮廷の狩猟はお遊びで、ただの散歩のようなものだ。オペラ座で上演されている劇と何ら変わりはない」(Elzear Blaze, *Le chasseur au chien d'arret* (Paris, 1846), 255-58.)

この退役将校の言うことは確かに的を射ている。王の狩猟の腕前についても的確に批判している。しかし、この儀式的な狩猟に重要な意味があることには気づかなかったようだ。フランス革命以後は、すべての国民に王と同じように狩りをする権利が与えられていた。だが、上流階級の人々の狩猟によって、誰かのテーブルに食べ物が与えられるということはなかった。テーブルに食べ物を供給するのは使用人の仕事だ(James Robinson, *Readings in European History* (New York: Ginn, 1906) 435.)。上流階級の狩猟は、ただの娯楽ではなく一族の誇りを守るためのものである。獲物は「美しく」狩られなくてはいけない、とボーフォート公爵は言う。そして、「潔く」発見され、「潔く」殺されなくてはいけないというのだ(Morris, *Hunting*, 317, 190.)。そうでない狩猟は、上流階級向けとは言えなかった。スポーツとしての狩猟には、忍耐、自制心が必要になる。そのための心構えが必要になる。貴族の狩猟とは違う。観客の前で、名家に生まれた者は、なりふりかまわず獲物をしとめようとするような姿を見せてはいけない。それは、召使いが食料を得るためにすることだ。貴族の狩猟の目的は、健康維持のため身体を動かすことでもないし、新鮮な空気を吸うことでもない。多くの人にその立派な姿を見せることだ。その場にいるすべての人に、社会におけるそれぞれの位置を再確認させることだ。

14. John Caius, *Of Englishe Dogges* (Charleston, SC: Nabu Press, 2012; orig. pub. 1576), 27.

15. 獲物を1種類に限定しなかったために、犬が罰せられることもよくあった。主人がまったく想定しない動物を獲物にすると罰せられたのだ。*Rural Sports*〔『田舎の狩り』〕という本の著者でもあるW・B・ダニエル牧師は、自身の最高のスパニエルを72頭も絞首刑にしたと自慢気に語っている。どれも、飼い主の意図しない生き物を獲物にしたことが理由だ。この「悪い」犬たちは、飼い主の許可なく野ウサギを殺してしまった。狩猟をする人間なら誰でも知るように、野ウサギを狩るべき犬はグレーハウンドだけである。スパニエルは、鳥り、狩りには出ようとした」(Ibid., 105.)

よく調べると、純血種とされる犬を喜んで飼い、それをもてはやす風潮がそもそもどういうところから生まれたのかがわかってくる。多くの純血種の犬のルーツはイギリスにあると考えられ、儀式的な狩猟も、そこに使われる犬たちもイギリスのものだと考えている人が多い。ところが実は、それは元来、華やかなフランスの王室のものだったのである。フランスの場合には、宮廷がそのまま狩りの場になることが多かった。それは、いわゆるプロム〔ダンスパーティー〕の時に、普段は体育館であるはずの場所がそのままダンスフロアになるようなものだ。フランスの国王たちもやはり、いかにも君主らしいとされた贅沢な遊びに熱心に取り組んだ。まったく何の役にも立たない無駄な娯楽を喜んだのである。ルイ13世は、まだ心優しい子供だった王太子の時代、すでに王室所有の愛玩犬を使い、要塞のように守りを固めた王宮の寝室の中で、王室の野ウサギを追う遊びをしていた。将来の君主は、数多くのペットに囲まれて育つことになる。そして大人になると、その時の人気画家に肖像画を描かせる。肖像画の中の国王は、厳しく変化に富む環境に身を置いていることが多い(Katharine MacDonogh, *Reigning Cats and Dogs* (New York: St. Martin's, 1999), chap. 1.)。良い犬とはどういう犬か、という判断には、15世紀のジャック・デュ・フイユの狩猟に関する長い論文が大きな影響を与えた。その論文では、犬が、その毛色と、連れている人間の持つ銃の口径によって格付けされている(Jacques du Fouilloux, *La vinerie de Jacques du Fouilloux, Gentil-homme*. (Paris: A. Poitiers, de Marnefz, et Bouchetz, freres, 1561).)。後の時代になると、イギリス人が他のどの国の人たちよりも、細かく専門家された猟犬の品種を多く作り出すことになり、当然、自らもそう主張することになる。ただフランスの貴族も、自分たちは他に比べて熱心な狩猟家だと考えていたし、良い犬と、どこにでもいる駄犬を区別できる目を持っていることを証明すべく努力をしていた。

19世紀頃になると、狩猟に関しては他国でもイギリスの模倣をするのが常識になる。ポインターやレトリーバーは、イギリスから海を越えた大陸でも人気を集めるようになった。たとえば、流行に敏感なパリの男性たちは、最新の犬、銃、そして狩猟のための道具一式をイギリスから輸入した。フランス国王シャルル10世は、フランス革命の際にイギリスに亡命したが、ナポレオン1世が失脚する直前には――イギリスのサラブレッド競走馬などの助けも借りて――フランスへ戻り、再び国王に即位した。シャルル10世も狩猟を楽しんだが、王が狩りに失敗することなどあり得なかった。弾丸は尽きることなく、いくらでも装填されたし、召使いも無数にいた。また、獲物となる動物たちも、絶好のタイミングで解き放たれ、簡単に撃てる標的となった。自然の中、野生の動物が相手ではあるが、現代のビデオゲームと同じような感覚で狩猟をしていたのではないだろうか。「シャルル10世は偉大なハンターだった」ナポレオ使って狩猟をするには、まず一定以上の収入、資産があることを証明しなくてはいけない。資産がない場合は、誰かからいずれ相当な資産を相続することになっていると証明する必要がある。ジェームズ1世自身は国王なので、自分が欲しいと思えばどのような犬でも手に入れることができた。シカでも野ウサギでもイノシシでも、自由に好きな獲物を選べた。ただし、たとえばキツネ狩りのような、国民の農作物や個人財産に被害をもたらすようなあまりに破壊的な娯楽が生まれるのは、あとの時代になってからである。国王はイギリスでも最大の捕食動物だったと言えるかもしれない。そして、自身にとっての野外での大きな娯楽である狩猟に関して次第に貪欲になっていった。

王による狩猟が行われる時には、事前に広くその旨が通達された。地方の地主たちや、小規模の農家などにとっては、自分の持つわずかな土地で狩猟が行われるのは災難でしかなかった。普段から自分たち家族が生きていくため、大変な努力をして土地を守っているのに、その努力が無になるようなことを指示されるからだ。間もなくその土地で女王の狩猟が行われることが予告されると、それにふさわしくなるよう場を整えろと言われる。農地を耕すことは禁止される。地面を掘り返すと地表が平らでなくなり、馬や犬が堂々と見栄え良くそこを通行できなくなるからだ。王の一団が何ものにも遮られず一直線に通行できるよう、進路にある柵や生け垣は取り除くよう命令される。また、狩りの一行をより立派に見せるため、犬や必要な物品を無償で提供せよと強要されることすらあった。儀式が完了し、一行が去って、落ち着いてから見てみると、王の好き放題の行動のせいで土地は惨憺たる状態になっており、あとには怒りばかりが残るということになる。その土地に住む者たちは誰もが異議を唱えたいと思う。これほどの規模の儀式を、犠牲を払って行う必要があるのかと言いたい。ただ、そんなことをすれば、自分自身が狩りの獲物にされてしまうことも十分にあり得るのだとわかっているので、何も言えない。狩りが見事、成功した場合、手柄を立てた犬には、その目印として最高の品質の銀で作ったカラーがつけられることになっていたと言われる。ただ、そのカラーも、土地に住む者が無償で提供するのだ。つまり、大規模な狩りが行われると、王を楽しませるために、多くの一般のイギリス人たちの暮らしが破壊されることになる。できれば自分たちの住む土地にその役が回って来ないよう、地域の長に訴える者も多かった。だが皆がどれほど望んでも、暮らしを荒らす王の狩りを止めることはできなかった。狩りは王に生まれながらに与えられた権利だとされていたからだ。カーソン・リッチーは著書 *The British Dog*〔『イギリスの犬』〕の中でこう書いている。「王は常に馬の鞍の上で生きているようなものだった。それは一つには、自分の脚で立って歩いたのでは、あまりにも間が抜けて見えるからだった。王の脚は弱く、自分の体重を受け止めきれずに曲がってしまう。だから誰かによりかかる必要があるのだ……そしてジェームズ1世は自分に可能な限ように、狩猟に関しては、ギリシャ人の書いた本で勉強した。そして、過去の特権階級の伝説的な娯楽を意図的に蘇らせようとした。自分たちのことを彼らの正当な継承者と考えていたからだ。ただ、彼らは少々、極端に走りすぎた。

11.「かわいい犬を育てるのに、それ以上のコストはかからない」完璧な頭の形とカワウソのような尻尾を持つイエローラブを扱う有名なブリーダーは、ガン・ドッグ・マガジンでそう語っている。つまりは、「かわいい」犬だけしか育てないということだろうか（James Spencer, "Braemar Labradors: Good Looking Shooting Dogs," *Gun Dog Magazine*, September 23, 2010.）。

12. William Arkwright, *The Pointer and His Predecessors: An Illustrated History of the Pointing Dog from the Earliest Times*（London: Arthur L. Humphreys, 1902）, 72, 81, 85, 83, 80, 89.

13. 鳥撃ちや狐狩りなど、上流階級が娯楽として行っていた儀式的な狩猟も、ドッグショーも現代人の目から見れば、実用上の意味はないという点で何ら違いはないだろう。むしろ、何ら実用上の意味がないのに外見を整えるという傾向は過去の上流階級の方が強かったかもしれない。エリザベス1世の肖像画には、高くなった台の上に、コルセットで身を固められ、「エリザベスカラー」と呼ばれる高い襟（現在、ラブラドール・レトリーバーやゴールデン・レトリーバーが、股関節手術などのあとに装着させられるカラーに似ている）のついた服を着て堅苦しい姿勢で立っている女王の姿が描かれているものがある。鹿狩りなどのための服装だが、これは明らかに実用よりも見た目を重要視したものだろう。女王には、森の妖精に扮した女性から、あらかじめ用意された石弓が恭しく手渡される。音楽の伴奏に合わせ、女王は王室の所有するシカの群れに向かって矢を放つ。矢が外れてしまうことはまずない。シカたちは、特別に訓練を受けた王室のグレーハウンドにより、絶好のタイミングで狭い通路へと追い込まれているからだ（Carson Ritchie, *The British Dog*（London: Robert Hale, 1981）, 91.）。

ジェームズ1世の狩猟の才能は王にふさわしく素晴らしいものだったとされる。その才能をあえて低く評価しようとするのは、よほど度胸のある人だけだろう。大勢の使用人を殺した王は、自らを世界に知られる狩猟の名人の地位に就けた。ジェームズ1世は、犬と牛を闘わせる、いわゆるブルベイティングも、興行主を雇わず、自ら主催して行った。狩猟の際には、自らの飼っている犬たち、馬たちの一団を引き連れ、犬と馬の世話係もお伴につけていた。犬の毛色は、それぞれ与えられた仕事にふさわしいものになっていて、皆、美しいイギリスの風景の中、王にとってのその日の獲物を捜索するのだ。やはり狩猟好きだったエリザベス1世と同じく、野外での活動を愛したジェームズ1世は、その情熱が王族の中に長く保たれるようにすると決意していた。王は、上流階級の人間にのみ高級な犬の所有を許すと宣言した。グレーハウンドやセッターを分は金色の犬や茶色の犬を愛好していると発言したことで、ようやく、一般の愛犬家たちも黒以外の犬も劣っているわけではなく、生きる価値があるのだと考えるようになった。ただ、その後も黒のラブラドールは特別な存在であり続けた。それには、イギリスのザ・ケネルクラブの理事長に君臨したマイケル・オブ・ケント王子のやや子供っぽい考え方が大きな影響を与えた。王子はどの犬種のでも毛色の選り好みが激しく、その犬の価値は毛色に左右されると考える人だからだ。しかし、エリザベス女王はもっと柔軟な考え方をしていて、自らの犬舎にイエローラブのための部屋を設けていることが知られている。1924年からは、イギリスにイエローラブラドール・クラブも存在しており、アメリカの愛好家たちも同様のクラブを作りたいと希望している。

4. 1938年に歴史上はじめてライフ誌の表紙を飾った犬は「ブラインド・オブ・アーデン」という名の黒のラブラドールだった。最近では、ブラック・ドッグ・タヴァーンのTシャツを着ている人を見るとすぐに、マーサズ・ヴィニヤードを連想する人が多い。黒のラブラドールがボストン周辺の地域とつながりの深い犬だと思われているからだ。
5. "Golden Retriever: Breed Standard," American Kennel Club.
6. Freeman Lloyd, "Among the Retriever Dogs," *AKC Gazette*, March 1, 1932
7. "Retriever Field Trials: History of the Sport," American Kennel Club.
8. Donald McCaig, "Give This Dog a Job," *New York Times*, July 5, 1992.
9. 「狩猟は紳士の娯楽であって、仕事ではない」とボーフォート公爵も言っている。上流階級が行う娯楽のための狩猟の無意味さについては何の釈明もしていない（Mowbray Walter Morris, *Hunting*（London: Longmans, Green, 1885), 189-90.)。現在でも紳士の娯楽として狩猟が注目されることはある。ただ、ガン・ドッグ・マガジンに驚くべき記事が載ったことがあった。ラブラドールは確かに狩猟の場に連れ出されることが多かった犬だが、高く評価されていたのは必ずしも回収の能力の高い犬ではなかったというのである。狩猟をする人たちが好んでいたのは、活発で面白い犬、そばにいるだけで楽しくなる犬だったというのだ。実用的な意味のない狩猟において重要なのは形式だった。そしてハンターたちは、共に行動する仲間である犬には高い能力よりも愛らしさを求めた。彼らは役に立つパートナーではなく、一緒にバーに行って、冗談の一つも言い合えるような良い仲間が欲しかったのだ。ラブラドールは、犬版の「リル・アブナー」だったのかもしれない。リブ・アブナーは人気漫画に出てくる愉快な青年だ。不器用な田舎者で、いつも笑顔を浮かべている（Joe Arnette, "Likable 'Guys,'" *Gun Dog Magazine*, September 23, 2010.）。
10. イギリス人は、何も儀式としての狩猟を最初に考えたのが自分たちだと主張しているわけではないし、実際にそうではない。イギリスの新しいリーダーたちは、宮廷での儀式についてはフランス人やイタリア人が書いた本で勉強したまうだけなのだが、それは犬が陽気で活発な証拠だとみなされる。

かつての仕事はすべて失ったとはいえ、都会に住むラブラドールも一応、役に立っているとは言えるかもしれない。元来は猟犬だったが、今では主として人間の親友になることを期待されている。日々、人間に連れられて歩くことが仕事になった。人間の側も、犬を連れて歩く際、以前のように銃を持つことはなくなった。街の中で淑女たちに連れられた犬にとっては、昔のように獲物を集めてくることではなく、周囲の人たちの注目を集めることが大事な仕事になる。遠いところにいる人たちの視線も集められれば成功ということだ。

2. Joseph Epstein, *Snobbery: The American Version* (New York: Mariner, 2003), 114.

3. またこの犬は、高貴さと結びつけられている。その結びつきは少々、誇張されすぎてもいる。ダックシューズを履き、ハンターグリーンのセーターを着ているからといって、必ず持てるとは限らない高貴さである。ラブラドールは、その呼び名にふさわしい紳士にとっては、持っていて当然の基本的な財産でもある。模範的な家庭生活、優雅な暮らしの象徴であり、メインストリートにポロ・ショップがあるような、高所得者の住む地域の忠実な門番のような役割を果たしている。ノーマン・ロックウェルがもし現在も生きていたとしたら、間違いなくイエローラブを絵の中に描いただろう。

あるいは、他の毛色をしていたラブラドールを黄色に描いたと言うべきだろうか。今ではすっかり見慣れた毛色で、礼儀正しさ、落ち着き、穏やか生活の象徴のようになっているが、そうなったのはごく最近のことでもある。ただ、本書でもすでに触れたとおり、イエローラブは長い間、望ましくないとされていたし、生まれてすぐに黄色だとわかると間引かれる、つまり殺されることも多かったのだ。また、色の薄いラブラドールは、ラブラドールでないだけでなく、犬ですらないような扱いを受けることがあった。黄色の犬、あるいは現在では「ゴールデン」とされるやや色の濃い犬ですらそうだった（AKC がゴールデン・レトリーバーを承認する前の話だ）。「辛子色」と呼べるほどの黄色のものを含め、完璧を求める愛好家たちにとって黄色の犬は認めがたいものだった。長らく良いとされたのは黒のラブラドールであり、20 世紀に入ってもかなりの間、犬種の純粋さを守るために、無数の罪もない犬が間引きの犠牲になっていた。純粋さを守るとは、つまり黒の毛色を守るということである。

同じことは、不幸にも茶褐色の毛を持って生まれてきた犬にも言える（現在、「チョコレート」と呼ばれているような色だ）。社会的には黒のみが認められていたので、やはり茶褐色の犬も間引かれてしまっていた。それが変わったのは、ファヴァシャム伯爵、チルトンフォリエットのレディ・ウォードといった地位ある人たちがチョコレートの犬を育て始めてからである。その後は、チョコレートのラブラドールも次第に珍重されるようになった。イギリスの 3 人の国王が自らの犬舎で色の薄いラブラドールを飼い、高貴な人々が臆することなく自

53. Gerald and Loretta Hausman, *The Mythology of Dogs* (New York: St. Martin's, 1997), 170.
54. Annie Coath Dixey, *The Lion Dog of Peking* (New York: Dutton, 1931), 244.
55. 例はまだある。AKCの犬種標準には、ピレニアン・シェパードに関して、「胴のあまり長くない犬はキュロットを履いている」と書かれている。ここでキュロットとは、フランス革命前の貴族が履いていた半ズボンのことだ。この犬種については、「整えられていない」毛と「風に吹かれているような顔」を持つとも言われている（保守派が好むロマン主義的な英雄の肖像みたいなものだろうか）。こうしたヘアスタイルのおかげで、ピレニアンは「三角形の頭」を手に入れることになったが、その三角形には第三身分〔平民〕は含まれていないに違いない（"Pyrenean Shepherd: Breed Standard," American Kennel Club.）。
56. "Breed Information Centre: Rhodesian Ridgeback," Kennel Club.
57. "Rhodesian Ridgeback: Breed Standard," American Kennel Club.
58. V. W. F. Collier, *Dogs of China & Japan in Nature and Art* (New York: Frederick A. Stokes Company, 1921), 170.

■第8章　猟犬たち

1. 観察眼のある人ならば、生まれながらのハンターであり、常に神経の張り詰めた状態で生きてきた犬たちが今、首についたリードを引っ張り、首が折れそうになりながらストレスを溜め込んでいることに気づくはずだ。祖先から受け継いだ衝動を保ったまま、昔からの仕事を失ってしまった犬たち。そういう犬たちは、人間の二重の傲慢さの産物と言っていいだろう。まず、ごく限られた用途に使うために、特定の犬種に不自然な性質を持たせること、狭い範囲のあらかじめ定まった仕事を押しつけることは間違いなく傲慢である。また、そうしてわざわざ犬の遺伝子を改変しておいて、その改変をほとんど役立たないものにしてしまったのも傲慢だろう。ショーに出る、あるいはペットになるという以外の仕事はほぼなくなったにもかかわらず、先祖と同じ性質を保つよう強制された。そのために、ブリーディングの基準も定められた。人間は、自分が過去に犬たちに対して何をしてきたかを忘れている。犬たちの奇矯な行動はそもそも自分たちのせいだとは考えないし、たとえ犬が奇矯な行動を取っても大した問題ではないと思い込もうとする。そして、たとえば、ラブラドール・レトリーバーという犬が現代の新しい環境に何とか適応しているのを見ると大喜びする。現代には役立たない性質を多く抱えているにもかかわらず、大きな問題を起こさずに過ごしていれば、そのことが犬の高貴さの表れだと受け止めるのだ。自分を抑えることのできる抑圧的な犬ほど称賛されることになる。本当はあまりの退屈のせいで、投げられたテニスボールを思わず必死で追いかけてし正しい犬を絶えず求め続けてきたということ、したがって、今いる犬たちも必ず、たとえ欠片であっても、優れた伝統を引き継いでいるはずだということだ。その欠片をアメリカ人がうまく組み合わせれば、また自分たちが誇りに思えるような素晴らしい犬を必ず作り出せるはずだと彼は言った（Freeman Lloyd, "With the Dogs of Our Forefathers," *AKC Gazette*, March 31, 1925.）。ロイドはガゼット誌にシリーズ物の記事を書いている。"Many Dogs in Many Lands"〔「世界各国の多様な犬たち」〕と題されたシリーズには、たとえば「犬の威厳」、「王族がその威厳を醸し出す時」といった記事がある。その中でロイドは、ニューヨークの超エリート向けの公園「グラマシー・パーク」（この公園は現在でも、使用料を支払い、鍵を貸与された人間しか入れない）の近くにある高級マンションに友人を訪ねる。彼は、贅沢な装飾を施された部屋の中で考えにふける。自分がそこの客人として選ばれるという特権を得たのは、はるか遠くのイギリスに生きた遠い祖先のおかげだと彼は考える。壁には、狩猟に関する古い書物が並べてられており、犬、馬、猟銃、そしてそれらを所有するのにふさわしい紳士の描かれた絵画もかけられている（Freeman Lloyd, "Many Dogs in Many Lands," *AKC Gazette*, September 30, 1924.）。

52. ロイヤル・ヴィスタ・ミニチュア・ピンシャーズ（ヴァージニア州）、リーガル・ポイント・ヴィズラズ（テキサス州）、ロイヤル・コート・ケネル（ロードアイランド州のブリーダーで、アメリカン・スタッフォードシャー・テリアの特質と品位を守るというのが売り文句）などもその例だろう——他にもあるが、多すぎてここには書き切れない。ドッグショーの勝者に与えられる称号も、必ずと言っていいほど、遠くの国の王子王女や宮殿にちなんだものになっている。ドッグショーが始まった頃から、たとえば、クラウン・プリンス、プランタジネット、ウィーウィー王女、ソーシー女王といった称号が使われてきた。勝者となった犬が由緒正しいものであることを知らせるのに、「オブ」、「フォン」、「ド」といった言葉を使い、その犬の誕生地を示すという方法もよく使われている。いわば、犬をワインに、ケネルをシャトーになぞらえているわけだ。ティトシー・オブ・エガム、アメリカンキングエルダー・オブ・ダヴァーン、カオス・フォン・サレルノ、ゲロ・フォン・リンクリンガン、ファッション・デュ・ボワ・ライエールなど、いかにも貴族という称号が数え切れないほど考え出され、ショーのチャンピオンとなった犬に与えられてきた。犬種全体に高貴な呼び名が与えられることもある。たとえば、チワワはAKCの承認を受けた際、「アステカ王族の犬」という呼び名を与えられた（Ida Garrett, "The Dog of Aztec Royalty," *AKC Gazette*, December 31, 1925.）。AKCガゼット誌は、「ヴィクトリア女王と我々のコリー」という言い方でコリーを称えたりもしている（William Burrows, "Queen Victoria and Our Collies," *AKC Gazette*, July 31, 1924.）。

ン・テリアは家の中でペットとして飼うのにふさわしい犬というだけでなく——AKCが家の中で飼っても良いと公式に認めたことも大きい——最新流行の純血種の犬であり、しかもずっと昔から人間と共に生き進化してきた他の犬種に比べても優れていると認めさせることに成功した。昔から人間のそばにいて、私たちの必要に応えてきてくれた犬よりも、登録証書や、ドアに掲示する証明マークのある犬の方が価値があると考える人が増えたということだ。はるか昔からの良き仲間だった犬という動物が、派手な装飾をつけた贅沢品に変わったのは、いかにも現代という時代にふさわしい現象と言えるかもしれない。

だがこの現象は、ある意味で先祖返りのようでもある。部族社会の原始的な習慣への回帰だ。祖先崇拝の側面もあるし、何かを象徴として使い他者への暗黙のメッセージとする、というのも原始的な行動だろう。ただ、きっちりとパッケージ化され、誰でもお金を出せば手に入れられるという点が過去と違うだけだ。民主主義社会に住む私たちは、ある程度の知識と分別さえあれば、純血種の犬と言ってもそれが単なる幻想であることを知っている。ハインツのケチャップというブランドが幻想であるのと同じことだ。ノミに食われやすいダンディディンモントテリアも、バーガーキングや、クイーンサイズ・マットレス、プリンセス・フォン、カウンテス・マラのネクタイ、ローヤルクラウン・コーラ、ミントチョコレートのアフター・エイト——エリザベス女王のお気に入りである——などとそう変わらない。犬用ビスケットとして非常に有名な「スプラッツ」も同様のブランドである。現在の基準からすればジャンクフードということになるが、長らく、良い犬を育てるのに最適な食べ物として宣伝され、長くクラフツ・ドッグショーのスポンサーともなっていた。ここで重要なのは、どういう言葉を使うかである。たとえ、余り物の肉と安いトウモロコシと小麦粉のつなぎを混ぜただけの程度の低い餌であっても、「ペディグリー」、「ロイヤル・カナン」といった名前をつけ、ロゴに青いリボンや王冠をあしらい、最高の価値を持つとされる犬を連れてウェストミンスター・ドッグショーの会場で見せて回れば、素晴らしい製品のように思ってもらえる。

45. Advertisement for R. F. Helmer, Syracuse, NY, *Dogdom Monthly*, April 1920, 85.
46. *AKC Gazette*, January 31, 1924.
47. Fred Kelly, "What a Man Badger Would Be!," *AKC Gazette*, September 30,1924.
48. Sutherland Cuddy, "Herman and His Dog," *AKC Gazette*, August 31, 1926.
49. E. Yarham. "Roots of Tradition." *AKC Gazette*, March 1946.
50. "Benefits of Registration," American Kennel Club.
51. 犬種の高貴さを証明する際、AKCはフリーマン・ロイドを盾にした。ロイドは、テレビ番組「ライフスタイルズ・オブ・リッチ・アンド・フェイマス」の司会だったロビン・リーチのようなイギリス風の英語で、何十もの記事を書いた。ロイドが記事の中でアメリカ人に伝えたのは、自分たちの祖先が生まれののと同じことがボストン・テリアにも言えるとされた。犬がうろうろと歩き回る必要を感じないのは、その必要を感じないだけの十分に豊かな地所を飼い主が持っている証拠だとも考えられた。良い犬は住所も良いという考えは、愛好家の世界では他の犬種に関しても言われたことであり、高貴さと土地を結びつける考え方は、そもそも貴族というものが生まれた頃からあるものだ。

39. Stables, "Breeding and Rearing for Pleasure, Prizes, and Profit," 177.
40. Lacy, "Whence Came That Dog of Boston."
41. Axtell, *The Boston Terrier and All About It*, 4.
42. Lacy, "Whence Came That Dog of Boston."
43. Rosenberg, "You Can't Keep a Good Dog Down."
44. ボストン・テリアは誰もが知っているお馴染みの犬種となり、この犬のイメージを利用した関連商品が多数、販売されるようになった。大量生産のドッグフード、買ってきてすぐに着せられる犬用のスーツ、スチュードベーカーの車、キャメルのタバコ、トランプ、ポーカーのチップ、ガス暖房システム――そして長年、人気を保っているバスター・ブラウンの靴を忘れてはいけない――その奇妙な生き物の姿、ボトックス療法を施したような顔、常に驚いているような目つき、宇宙人のアンテナのような耳などがすべて、有名ブランドのイメージに結びつく。見ている人は自然に、氏素性のわからない「雑種犬のような」他の製品よりも、やはり信頼のおけるものなのだなと感じる（Lacy, "Whence Came That Dog of Boston."）。標準化は犬種の未来を切り拓くことにつながったし、各種ブランドとの結びつきで名前が認知されたことでさらに大いに魅力が高まった。そして優生学の隆盛も後押しとなった。デヴィッド・ハンコックが再び疑わしげに問いかける。「我々は果たして、犬種の価値を真に適正に評価しているのだろうか。実は、トイレットペーパーの売り込みに使われていて、よく知っているから何となく良い犬だと思っているだけではないだろうか。『ダラス』、『ダイナスティ』といったテレビの人気ドラマにケンタッキー・ムースハウンドが取りあげられなかったことを、私はずっとありがたいと思っている。もし取りあげられていたら、検疫所の犬小屋は今頃、間違いなくその犬種でいっぱいになっていただろう」（David Hancock, *The Heritage of the Dog* (Boston: Nimrod, 1990), 312.）。靴のブランド、「ハッシュパピー」の宣伝に使われたバセット・ハウンドにも同じことが言える（両者はお互いの知名度を高めただろう）。また、より最近ではミッチェル・ゴールドが、革のソファを売るのに、割れた腹筋を持つイングリッシュ・ブルドッグとソーホーのロフトスペースを使ったのも同じような例だろう。

　ボストン・テリアは海外の市場向けにはあまり使用されず、専らアメリカ国内のキャンペーンに使われ、国民、特に女性の心、財布をつかむことに貢献した。20世紀になると、AKCはついに、アメリカの消費者の約半数に、ボスト

26. Lacy, "Whence Came That Dog of Boston."
27. ボストン・テリアは愛情豊かで「非常に知性が高く、注意深く、あらゆる犬種の中でも際立った存在」と言われた。どれも皆、犬を売り込む時の決まり文句だろう。しつけもしやすく、「推理力がとても優れて」いて、良い人に囲まれていれば、必ず「優しく育つ」とも言われていた。「紳士」の犬は、淑女にとっての「格好のお伴」とも言われた。この上品な生き物を、小指を立て、パラソルを手に持って散歩させれば、いかにも淑女というふうに見えるという。
28. Mott, *The Boston Terrier*, 50.
29. 攻撃的な犬は、人間の社会的な事情が原因でそうなっている場合がある。かつて乱暴者だった犬がいて、そうなった原因が人間にあるとわかっている場合、その犬を欲しがる人が果たしているのだろうか。古い闘犬の場などでの暴力を好むのは下層階級の人間に限られる、とAKCのフリーマン・ロイドは言っている。「不思議なのは、そうした粗野で不道徳な趣味を持つ人間には炭鉱夫などが多いということである」とガゼット誌にも書かれたことがある。同じ紙面の端の方だが、目立っているケネルの広告でも同様のことが強調されている。「日光の恩恵を受けずに多くの時間を過ごす人たちは、そうした暗く、品のない楽しみに熱中しがちになると言う人もいます（Freeman Lloyd, "Working with Hounds and Gun Dogs," *AKC Gazette*, September 30, 1925.）」。ロイドの論理に従えば、闘犬などは、新鮮な空気も吸えず、美しい風景も見られず、良い仲間を持つことも、人から褒められることもない社会の「くず」だけの楽しみということになる——犬を牛と闘わせる趣味などからは手を引いたが、キツネ狩りのような文明度の高い趣味のために性質を変えて犬を維持した上流階級は彼らとは違う、と言いたいらしい。闘犬がスポーツではなく、好ましい趣味ではないと宣言されてから、ボストンのブルドッグは不安定な立場に置かれるようになった。
30. Gordon Stables, "Breeding and Rearing for Pleasure, Prizes, and Profit," *The Dog Owners Annual for 1896*（London: Dean and Son, 1896）, 177.
31. Lacy, "Whence Came That Dog of Boston."
32. Roger Caras, *A Celebration of Dogs*（New York Times Books, 1982）, 121.
33. "Looking at the Dogs," *New York Times*, May 9, 1883.
34. Ibid.
35. Ibid.
36. Axtell, *The Boston Terrier and All About It*, 10.
37. Rosenberg, "You Can't Keep a Good Dog Down."
38. この寄稿者は、ボストン・テリアがすでに、ニューヨーク州の中でも上品な場所とされ、乗馬も盛んなウェストチェスター郡にも住み着き始めていると主張する。他の高級とされる犬種がそれぞれ望ましい場所に結びつけられている

October 2008; "Ninth Century Bones May Be of First Royal Corgi," Associated Press, April 21, 2004; Jacqui Mulville, Cardiff University, Wales, e-mail to author, January 16, 2012; Patrick Burns, "Mutant Dog Confused for Mutant Pig," *Terrierman's Daily Dose*, June 9, 2012.

20. Lacy, "Whence Came That Dog of Boston."

21. イギリスのケネルクラブはたとえば、ウエスト・ハイランド、シェトランド、レイクランド、ヨークシャー、エアデール、スタフォードシャー、ノーフォーク、シーリーハム、ペンブローク、カーディガン、アイルランド、ウェールズといった地名をうまく活かしてきた。そして、イングランド、スコットランドといった名前、両者の境界あたりの地名も利用した。犬種以外にも、ブリードクラブの名前、特定の毛色の名前にも、地名が巧みに使われている（Angela G. Ray and Harold E. Gulley, "The Place of the Dog: AKC Breeds in American Culture," *Journal of Cultural Geography* 16, no. 1（Fall Winter 1996）: 89-106.）。

 ボストン・テリアの犬種標準を定めたのはAKCであるが、これは、登録され、ショーに出るあらゆる犬種に関してAKCが基準を定めるのが当然と考えられるようになる以前のことだった。当時はまだ、犬種標準を定めるのも、変更するのも、登録先となるAKCなどの組織ではなく、ブリードクラブであるべきだと主張する人が多くいた。しかし、ボストン・テリアの基準をAKCが定めたことで、その主張をする人が減っていく。高い階級の人々からの支援を確保するため、単に美的な理由による（関係者以外には奇異に見えるものを含む）恣意的な基準が定められ、受け継がれていくことになる。犬の健康、適切な身体の構造を守ることなどは完全に無視されてしまう――改革の動きがあったとしても、その中に、支援者になり得る背景を持った人たちの機嫌を損ねる要素があれば、たとえどれほど慎重に計画されていたとしても失敗に終わることになる。AKCが承認を要求される犬の家系には、実は問題のある個体が多く生まれているということは珍しくなかった。そして、そうした犬種の多くはイギリスのものだった。「ボストン・テリアは、輸入された犬だと考えられているが、それが元々どのような経緯で生まれたかは何もわかっていない」とワトソンは回想している。「ただ、いずれにせよ、闘犬に使われたブルドッグとテリアの血を引いていることだけは間違いない」（Watson, *The Dog Book*, 521.）。だが実は、この犬種がどのように生まれたかについては多くのことがわかっていて、それゆえ、耳の形を変えるのにも抵抗があったことが問題だった。

22. Axtell, *The Boston Terrier and All About It*, 146.

23. Feller, "Imperial Legacy."

24. James Watson, "The Origins of the French Bulldog," *Country Life in America*, June 1915.

25. Watson, *The Dog Book*, 528.

くては」と思える犬に変えるまでのあらゆる段階で協力した。

16. Lacy, “Whence Came That Dog of Boston.”

17. Ibid.

18. Axtell, *The Boston Terrier and All About It*, 13, 41-43.

19. 犬種の「創始者」についての話は、物語としては魅力的かもしれないが、大いに割り引いて聞いておくべきだろう。AKCの「ミート・ザ・ブリーズ」というイベントで、あるブリーダーから、ジョージ・ワシントンこそがアメリカ版のフォックスハウンドを生み出した唯一にして真実の人である、と聞かされたことがある。「創始者」の話は、だいたいこれと同じくらいインチキで疑わしいものだ。たとえば、ブリーダー、ブリードクラブ、AKCは、ボストン・テリアの元になった犬をアメリカで最初に飼ったのは、イギリス崇拝者であったロバート・C・フーパーだとしている。フーパーが、1860年代にその犬をイギリスから持ち込んで、さらに洗練させていったというのだ。確かに、彼はボストン地方の裕福な地主ではあった。しかし、ニューヨーク・タイムズ紙に掲載された死亡記事には、「乗馬サークルやクラブ活動における傑出した人物」であり、「アメリカで障害競走を復活させた最初期のプロモーターの一人」とは書いてあるが、犬種にかかわらず、フーパーが何らかの犬の最初の飼い主であったという記述は一言もない。犬種標準における神話作りと同様のことが、ここでも行われているのだ。

 ペキニーズは、タイムズ紙によると、ヴィクトリア女王のペットの中の一頭（それが本当に子供を残したかどうかは知られていない）の子孫ということになっているが、世界中にいるその犬種のそれぞれの出自を知ることは決してできないだろう。また、アルジャーノン夫人の「グッドウッド」血統の高貴な起源について、真実を確かめることもできないだろう（それらの犬の祖先だと思われていた犬が実際は子供を残していなかったことが最近明らかになっている）。イギリスのコーギー・クラブは、近年ウェールズの沼地でなされた考古学的発見によって、バッキンガム宮殿で放し飼いにされていた犬たちと、女王の先祖の地が結びつくのではないかという大きな望みを持っていた。しかし、発掘された古い骨は何らかの理由により廃棄されてしまい、DNA検査もなされなかった。また同様に、チャイニーズ・クレステッド・ドッグも、アジアの宮廷と特につながりがあるわけではない。両者の関連性は、その犬とチャイナタウンで売られているウィーウィーパッド〔犬のトイレ用品〕の関連程度のものだろう。ついでに言うならば、レトリーバーの血統がマームズベリー伯爵やバクルー公爵やツイードマウス男爵にまでたどれるというのは、神話と同じカテゴリーの物語であり、こちらも話半分に聞いておくべきものである。Robert Hooper obituary, *New York Times*, August 14,1908; “Famous Dog-Mother,” *New York Times*, February 25,1912; David Feller, “Imperial Legacy,” *AKC Gazette*,

6. H. W. Lacy, "Whence Came That Dog of Boston," *AKC Gazette*, January 1924.
7. James Watson, *The Dog Book*（New York: Doubleday, Page, 1906）, 523.
8.「イギリス人はうまくやってきた」イギリス贔屓のアウティング誌にはそう書かれている。同誌は、あくまでイギリスの模倣をしようとする人々と、独自の方向に進もうとする人々の溝が深まり始めた状況を見て、自らの見解を明らかにした。「イギリス人の理想と基準に忠実に従おうとする人たち、アメリカ独自の変化を認め、推し進めようという人たち、両者の間には争いがあり、時に激しいものになる」（Joseph Graham, "American Variations of the Sporting Dog," *Outing*（1904）: 737.）
9. ボストン・テリアという犬種が生まれてから何年か経った頃、フレンチ・ブルドッグをめぐる激しい対立が起きた。この対立が激化したのも、やはり、外国の「専門家」たちに対する怒りがアメリカ人の間にあったからだ。あるイギリス人の批評家は、いわゆる「バラ耳」を支持する自国の人々についてこんなふうに発言している。「ジョージ・レイパーをはじめ、おそらく彼らのうちの何人かは、ニューヨークへ行ってショーの審査員をし、そのすぐあとにイギリスへ戻って続けていくつかのショーの審査員をする、また休むことなく、アメリカや、イギリス植民地の別のショーで審査員、ということを特に何とも思わずにしているだろう」（Charles Henry Lane, *Dog Shows and Doggy People*（London: Hutchinson and Co., 1902）, 272.）
10. "The Next Bench Show. Proposing to Surpass the Great Alexandra Palace Exhibition." *New York Times*. February 27. 1881.
11. William F. Stifel, *The Dog Show: 125 Years of Westminster*（New York: Westminster Kennel Club, 2001）, 22.
12. "Fine Dogs to Be Shown," *New York Times*, October 12, 1902.
13. "English Judges Stir Dog Fanciers," *New York Times*, June 5, 1915.
14. アメリカ人のアイデンティティが危機に陥っている、その問題を解決する絶好の位置にいたのが、マディソン・スクエアの長老たちだった。間もなく彼らは、犬の毛色などについて最終的な決定権を持つようになった。また、彼らが初期において社会に大きな影響力を持ったという記憶は、ホイットニーやロックフェラーがドッグショーの場から去ったあとも長く残ることになった。AKCは、過去の遺産のおかげで醜いスキャンダルからは守られ、現在では、一般の人々のほとんどが名前を知っている犬の世界の権威といえばAKCだけ、という状態になっている。
15. どの犬にも、どう繁殖させるべきかを記した指示書がつけられていた。ボストン・テリアに直に関わっていないベテランのブリーダーたちも、一定の距離を保ちつつ、当事者たちに適切な助言を与えた。誰にでも持てるような雑種犬を、誰もが欲しがる純血種の犬に作り変えられるまで、ただの犬を、「持てな

31, 1924.

3. J. Varnum Mott, MD, *The Boston Terrier: Its History, Points, Breeding, Rearing, Training and Care ...* (New York: Field and Fancy Publishing, 1906), 42. 屈指のスノッブとして知られたワード・マカリスターは、フォー・ハンドレッドについてこう述べている。「この番号のついたコミュニティから一歩外に出れば、舞踏会場でおどおどしている人たち、あるいは逆に他の客を落ち着かなくさせてしまう人たちですら、卒倒させてしまうことだろう」(Erich Homberger, *Mrs. Astor's New York* (New Haven, CT: Yale University Press, 2002), 212.)
4. 英語のことわざにもあるとおり、「良い犬をずっと低いところに置くことはできない〔You Can't Keep a Good Dog Down ＝有能な人は必ず頭角を現す〕」と、ガゼット誌の記事には書かれた。かくして、高貴な犬たちの列に新しい仲間が加わることになった。
5. Rosenberg, "You Can't Keep a Good Dog Down." アメリカらしいサクセスストーリーではあった。馬小屋にいた犬も、家の中に置かれた犬と同様に、「改良」することができたのだ。そして、ボストン・テリアという犬は、やがて素晴らしく「人間らしい」姿を見せるようになっていった。陶器の皿で人間と同じものを食べ、食後のお茶の席にも加わる。常に人間と行動を共にする。飼い主とともに高級ホテルにも泊まり、街を歩く時にはそのお伴をする。この犬を美しいと思い、強く支持する人が多く現れたことで、他の犬種の愛好家、鑑定家たちも、ボストン・テリアに対して広く門戸を開き始めた。優秀な従者の数が増えることはいつでも歓迎だったのである (Ibid.)。何世紀にもわたって血筋の続いた、あの堂々たるダルメシアンとどこか似ていたことも有利に働いた。同じように、日常的に乗馬をするような上流階級と結びつけやすかったのである。ただし、ダルメシアンのように、馬の脇を並んで走るのではなく、馬車に乗り込んで飼い主のすぐそばにいることになる。何かで成功を収め、平民が貴族になる一方で、平凡だった犬がショーに出る特別な犬に変身することがあった。時には、東洋風の高級ラグの上で粗相をすることもあったが、それにさえ目をつぶれば血筋の良いボストン・テリアはどこへでも連れて行くことができた。昼でも夜でも変わりなく正装をしているその姿のおかげだ。この犬がいれば、飼い主も犬も、もはや生活のために働かなくてもいい、ということを、さりげなく人に知らせることができた。

動物の姿形を変えることは容易ではない。奇跡と思えるような変身の裏には、必ず人間の泥臭い努力が隠されている。ただし、変身を起こした側の人間はそれを他人に知らせたがらない。ごく短期間に人々の家の中に入り込み、高貴な存在とみなされるようになった犬がいれば、その背後には必ず、誰かの人為的な操作があるはずだが、もちろん当事者がわざわざそれを他人に知らせることはない。

く、犬の王国の中で血統が良ければ、それにふさわしい良い待遇を受けるのが最低の条件とみなされるようになっていく。実際、ニューヨークでも、高貴な犬の飼い主たちは、クラフツの前例に倣うようになった。彼らは自分たちの犬を展示するため、まるでそれが当然のことのように、王妃をもてなすような快適な空間を用意した。ショー、そして審査というドラマの中で、チケットを持って入った観客たちは、専用のケージが並ぶ狭い通路に招き入れられる。皆、そこで大勢の人に囲まれながら、間近にいる犬たちを愛でることになるのだ。最初のウェストミンスター・ドッグショーでは、犬たちは壜に入った胎児標本のような扱いを受けていた。飼い主は、自分の犬の展示場所に装飾をしたいとわざわざ申し出て、許可を取らなくてはならないほどだった。その時からさほど時間が経っていないのに状況は大きく変化していた。たとえば、ニューヨーク在住のヘインズ氏、ニューアーク在住のボールドウィン氏はどちらも、自身の飼っているヨークシャー・テリアを、ベルベットの布を張った箱に入れて展示した。当然、同じようなことをした参加者は他にも大勢いただろう（“The Coming Dog Show.”）。タイムズ紙は、1883年のドッグショーのメインフロアについて次のように書いている。「ケネルは、自分たちの美しい犬たちの一部には、異常なほどの広い場所を与えていた。それも無理はない。犬たちには、ポニーとそう変わらないくらいに大きいものもいたからだ。大きい犬の中には、あまり派手な装飾はせずに展示されているものもいた。大きければそれだけで間違いなく多くの人を惹きつけるので、リボンやラグ、タペストリーなどの助けはいらなかったのだろう。しかし、小型犬の展示スペースはそれとも違い、カーペットやカーテン、リボン、時には鏡などを使った豪華な飾りつけがなされた」（“Looking at the Dogs.”）

46. “Dogs Worthy of Respect.”
47. “Interest in Toy Dogs. Pets in Glass Houses Attract the Crowd on Closing Day,” *New York Times*, November 7, 1903.
48. “Society Views the Dogs ... Colored Maid for Toy Dogs,” *New York Times*, December 19, 1901.
49. Stifel, *The Dog Show*, 98.
50. “Dogs Hold High Carnival.”
51. “Doss of Noble Parentage.”

■第７章　売買される貴族の地位

1. Edward Axtell, *The Boston Terrier and All About It* (Battle Creek, MI: Dogdom, 1910), 146.
2. Alva Rosenberg, “You Can’t Keep a Good Dog Down: Although of Humble Origin, the Boston Terrier Has Instincts of a Gentleman,” *AKC Gazette*, October

も欲しいと願っているものは間違いなくただ一つ、青いリボンだけだ……犬の飼い主はそのほとんどが紳士淑女であり、金銭的な利益のために犬を育てる必要などない」（"The Coming Dog Show," *New York Times*, May 12, 1878.）

31. "Blue-Blooded Animals," *New York Times*, March 30, 1879.
32. "The Dog Show," *New York Times*, April 27, 1880.
33. "New-York Dog Show," *New York Times*, April 22, 1883.
34. "High-Priced Dogs."
35. MacDonogh, *Reigning Cats and Dogs*, 106.
36. ドッグショーは、一般の人々が、特権階級と触れ合える場所ともなっていた。たとえ本人たちとでもなくても、その飼い犬たちと接触できる機会となった。実際、本人は来るか来ないかわからないながら、彼らの飼い犬が来るとわかれば、接触の機会を求め、多数の一般の愛好家たちがショーに押し寄せることになった。タイムズ紙は記事に「ヴァージニア州ネイソンの紳士、ウィリアム・L・ブラッドベリ氏は、最近、輸入したばかりの6頭のバスケット・ビーグルをショーに出すことにしている。非常に良い血統の犬たちだ」という具合に、アメリカ人の側も動向も記事に書き、一般の人々の気持ちを盛り上げた（"Blue-Blooded Animals."）。そして、アメリカ人の所有するイングランド生まれのオールド・イングリッシュ・シープドッグ2頭がショーに出ることなども伝え、興味を煽った。その犬は1頭あたり2500ドルもの価値があり、海外ではいくつもの賞を連続して取ったという触れ込みである（"Ladies Will Show Dogs."）。そうした古い血統を持った特別ゲストの存在などもあり、しかも飼い主が自らの力で出世を遂げたアメリカ人ということで、チケットの売れ行きはさらに伸びることになった。
37. "Dogs of Noble Parentage."
38. Frank Jackson, *Crufts: The Official History*（London: Pelham, 1990）; William F. Stifel, *The Dog Show: 125 Years of Westminster*（New York: Westminster Kennel Club, 2001）.
39. Gordon Stables, "Breeding and Rearing for Pleasure, Prizes, and Profit," *The Dog Owner's Annual for 1896*（London: Dean and Son, 1896）, 143.
40. "Crufts Winner Accused of Having Facelift," *BBC Newsround*, March 31, 2003.
41. Lytton, *Toy Dogs and their Ancestors*, 281.
42. "Dogs Hold High Carnival... Society Visits Aristocratic Canines in the Garden," *New York Times*, February 25, 1892.
43. "The Coming Dog Show."
44. "Looking at the Dogs," *New York Times*, May 9, 1883.
45. Jackson, *Crufts: The Official History.* そうした待遇は、高貴な人の飼い犬にとってはふさわしいものだったのかもしれない。だが、やがて、飼い主に関係なっているのが面白い)」(Ibid.)。ここで興味深いのが、飼い主の家系も犬と同じように英語ではbreedという言葉で表現されていることだ。

21. “Ladies Will Show Dogs,” *New York Times*, October 25, 1903.
22. “High-Priced Dogs.”
23. “Dogs of Noble Parentage,” *New York Times*, February 12, 1892.
24. “Fashions in Dog Flesh,” *New York Times*, February 27, 1891.
25. “Dogs Worthy of Respect.”
26. Ibid.
27. “Fashions in Dog Flesh.”
28. “Pets of the Household: Judging the Points of Aristocratic Dogs,” *New York Times*, October 24, 1884.
29. “The Next Great Dog Show,” *New York Times*, March 27, 1878.
30. たとえどれほど美しく能力のある犬であっても、また飼い主が人生においてどれほど大きな業績をあげていようとも、生まれが良くなければ、永久に二流とみなされてしまう。由緒ある血統の犬、名家の人間が結局、有利なのだとしたら、アメリカ人は、アメリカの犬たちは皆、はじめから価値が低いということになる。ただ、アメリカの愛犬家たちの価値観は初期にはまだ多様だった。主催者の側の姿勢も固まってはいなかったし、参加者にも色々な人たちがいた。外国から、「本物」とされる犬たちも送り込まれてはいた。多くの人たちが注目する主要なショーが開催される前には、ニューヨークの港に血統の正しい犬たちが数多く集まってきた。飼い主たる王族、貴族たちも、犬を送るだけでなく、もし他に出席すべきパーティーがなければ、可能な限り自らショーに顔を出した。そして、劣った犬たちの群れの中で、完璧な姿形の自分の犬がいかに際立つかを確かめようとした。自分自身の出席が物理的に不可能でも、有名な犬を自分の代表として、いわば「犬の大使」として派遣したのだ。彼らはめったに自分の犬といる姿は見せない――犬を連れ歩くのは一般庶民のすることだ――そもそもどこにも自分の足で歩き回ることがあまりない。ショーの会場で犬を連れ歩く人間を彼らは別に雇う。だから飼い主は必ずしも、ショーの会場にいなくてもいいのだ。由緒正しい外国の犬が会場にいれば、誰もがそのことに気づく。そして、おかげで同じショーに参加したアメリカの犬たちの価値も上がったと感じられた。たとえ飼い主が不在で犬だけがそこにいてもかまわない。ドッグショーで重要なのはあくまで犬で、人間ではないからだ。高貴な人々にとって、ドッグショーに参加する目的は、わずかな賞金を得ることではもちろんない。賞金を目当てにするのは、それこそ庶民だけだ。「たかが20ドル、いや、それがたとえ50ドルであっても、その賞金を目的にショーに参加するような人間がいれば、笑い者になる」タイムズ紙は、ニューヨークで最初に大規模なドッグショーが開催された際、そう報じている。「彼らがどうしてくれ、しかも、高額の賞金を受けることができるからだ。ニューヨーク・タイムズ紙は、彼らが到着した際には、皮肉混じりの記事を載せた。人も犬も、古い、貴族的なものが不自然なほどに持ち上げられる状況を少し冷ややかに見ていたようだ。しかし、大多数のアメリカ人は、その実態はすでにかなり暴かれていたにもかかわらず、貴族とその犬の権威を額面どおりに受け止めた。「その種の猟犬たちの評価は総じて非常に高い」タイムズ紙は、1902年のウェストミンスター・ドッグショーについてそう報じている。「シャムの王子も今日、会場を訪れる意向を示した。アルジャーノン・レノックス卿夫妻も招待を受けている。特に夫人はフィールド・スパニエルの熱心な愛好家である」（"Society at the Dog Show," *New York Times*, October 23, 1902.）。血統の正しい人間と犬、両者はあまりに密接に結びついていたために、切り離して見ることが難しいほどだった。当時の新聞記事からそれがよくわかる。たとえば、ダニッシュ・ボアハウンドの「ロルフ」は、体重約48キログラム、あのビスマルクの飼っていた有名な「サタン」の孫で、1880年にアメリカに連れて来られた、とある。ロルフをドイツから連れて来たのは、カール・フォン・ティナ男爵で、アメリカではセント・デニス・ホテルに滞在していた（"The Coming Bench Show," *New York Times*, May 2, 1880）。

20. タイムズ紙はとても信じられないという論調でそれを伝えている（"Society at the Dog Show."）。家柄こそないが、アメリカでも最も優秀で財力もある人たちが、ヨーロッパの名家の人間たちと変わらぬ豪華な衣裳に身を包んで馬車を降り、彼らと同じ入口からショーの会場へと入った（"Dogs Worthy of Respect," *New York Times*, February 24, 1892.）。そこでは、血統の正しい、価値の高い犬を連れてさえいれば、男ならば皆、紳士、女ならば皆、淑女とみなされたのだ。新聞史上などでは、アメリカ人もヨーロッパの王族と貴族と同じように、名前とともにその出身地が紹介された。アメリカ人にとってはただの出身地なのだが、ヨーロッパの特権階級と並ぶと、まるでその土地が彼らの領地のように見えた。たとえば、タイムズ紙に載った紹介文はこういう具合だ。「リジー・アデル・ジョスリン、マサチューセッツ州ピッツフィールド。犬はジャーマン・マスティフ、名前は『ストロルチ』。その血統はカール・フォン・プロイセンに飼われていた犬から続くもので、彼女自身、その価値はお金では買えない、と言っている（"High-Priced Dogs," *New York Times*, April, 29, 1883.）」、「ベンジャミン・ギネス夫人、ロングアイランド、ダグラストン。彼女の素晴らしいペキニーズは『ペキン・プー・テー2世』と名づけられた。中国皇帝の宮廷を連想させる名前だ（"Ladies' Dog Show This Week," *New York Times*, November 1, 1903.）」、「ミス・メイ・バード、ヘムステッド。彼女が飼っているのは、ロシア皇帝と同じウルフハウンド」、「チャンピオン夫妻、スタテン島、ポメラニアン（ポメラニアンのスペルが、誤ってPomperanianとな

York: W. R Weeks, 1885).)。認められたという特別感を保つこともできた。つまり、別の言い方をすれば、多くを排除することによって、相対的に一部を持ち上げることができたというわけだ。

犬のためのウルトラ・エリート・クラブの一つ、「ザ・リーシュ」は、現在もミッド・マンハッタンに存在している。1920年代に設立されたこのクラブは、非常に排他的でウェブサイトすら持っていない。クラブの目的は、純血種の犬の利益を守ること、そして、ブリーディングに関する科学的知識を得て、その知識を活用してより良いブリーディングをすることだ（Cleveland Amory, "The Great Club Revolution," *American Heritage*, December 1954.)。愛犬家どうしの交流の場でもあるが、変わりゆく世界からの一種の避難所になっている面もあるだろう。数千ドル程度の金を出せば、誰もが簡単に最高の純血種の犬を手に入れられる、そういう世の中に違和感を持つ人たちがそこには集まっている。クラブの設立メンバーには、アメリカの歴史上でも特に有名な犬のコレクターや、ドッグショーでよく知られた愛犬家、ベテランの狩猟家なども含まれていた。現在では、一般の庶民が多く関わるようになっているが、かつてはAKCの理事や、ブリーダー、ドッグショーの審査員などは、こうしたクラブを設立するようなエリートたちに限られていた。イギリスの歴史あるハンティング・リゾートであるグッドウッド・エステートは、欧米の富豪たちにとっては現在でも安らぎの場所になっている。自分と似たような立場にいて、同じような意見、趣味を持つ数少ない人たちだけで過ごせる貴重な場だからだ。ザ・リーシュにも同じような性質がある。同じように高級な服を身に着け、高級な犬を連れた人たちが集まれる場所になっている。最初のヨーロッパ風のクラブショップとも言える（"Membership" and online brochure, *Goodwood*.)。ともかく、社会の中でも最上位の紳士が（そして今では淑女も）、自分たちと似たような人間がしかいないため、安心して過ごせる場となっている（Amory, "The Great Club Revolution.")。木枠を施された豪華なクラブの部屋、銀のカップが並び、革張りの椅子、フォックス・テリアの彫刻のある家具などが置かれた部屋にいて、いまだに優生学的な考えを持ち続けている仲間たちと時を過ごせるのが、彼らにとっては安心なのだ。先祖と同じ楽しみを自分たちも享受していると感じられる。

16. Milton Rugoff, *America's Gilded Age* (New York: Holt, 1989), 80.
17. "The Dogs of Celebrities," *Strand Magazine*, July-December 1894.
18. Lytton, *Toy Dogs and Their Ancestors*, 6, 279, 302.
19. 結局、大西洋の両側で同じような犬たちが賞を取り、もてはやされることになった。世界的に名を知られた大貴族たちが、ロンドンではなくニューヨークに自らのボルゾイとともに集まる。そこで見事、賞を獲得し、最高のホテルでシャンパンでお祝いをする。ニューヨークなら、皆が称賛し、媚びへつらってれるようになった。少なくとも、同じように野心的なアメリカ人が同じようなお膳立てを整えてコリーを輸入し、同じようにショーを開いてモルガンの犬を負かさない限り、その地位は安泰である。

10. 1849年、イギリスで世界初の「紳士録」が刊行されたのは、貴族たち自身が最新流行を取り入れた贅沢な応接間にいながら、社会と自分の立場の変化を感じ取っていたからだろう。紳士録は、誰が貴族で誰がそうでないのかを人々に改めて認識させる役割を果たした。ジョン・バークの作った *Burke's Peerage*〔『バークの貴族年鑑』〕そして *Burke's Landed Gentry*〔『バークの地主階級年鑑』〕も出版され、支配層の人間たちが、自分たちの存立基盤を再認識するのに役立った。19世紀には、古いやり方が変化する一方、すぐにまったく新しい時代が始まる予感を誰もが感じていた。そんな時だからこそ、取り憑かれたように必死で過去のものを守ろうとする人間も多く現れることになった。人間でも犬でも、家系、血統というものに対する関心が高まり、それがヴィクトリア朝時代の不気味な剥製アートの流行や、同じ時代の優生学運動などとも結びついた。

11. David Cannadine, *The Decline and Fall of the British Aristocracy* (New York: Anchor, 1990), 113.
12. Lynn Kipps, "The Great Guisachan Gathering" Golden Retriever Club of Scotland.
13. Carson Ritchie, *The British Dog* (London: Robert Hale, 1981), 161-62.
14. Judith Lytton, *Toy Dogs and Their Ancestors* (London: Duckworth, 1911), 53.

15. アメリカ人に必要だったのは、より高い権威だった。南部のイギリス崇拝の家に生まれたワード・マカリスターは、アメリカで特権階級と呼べる家を400選び出し、それを「フォーハンドレッド」と呼んだ。数を絞り込むことで、高貴な家の価値を高めようとしたのだ。フォーハンドレッドを実際に選ぶこと自体は長続きしなかったが、この名前は、当時の傲慢なエリート主義の象徴のようになった。排除、選別の動きはまた別のかたちを取ることもあった。たとえば、1886年にアメリカで最初の紳士録が作られたのもその一つだろう。それは、アメリカで最初の犬の紳士録とも言えるAKCスタッドブックが作られてから8年後のことだった。ロンドンの特権階級をまねて、高級会員制クラブがアメリカで多数作られたのもこの頃である。クラブが増えれば、会員も増えるわけだが、一方で、入れる者と入れない者の差が際立つことにもなった。ニッカーボッカー・クラブ、ユニバーシティ・クラブ、ユニオン・クラブ、J・P・モルガンのメトロポリタン・クラブなどはその例だ。犬のためにも、ウェストミンスター・ケネルクラブなどが作られた。こうしたクラブができたおかげで、中に入れた人間にとっては、自分の家ともいうべき居場所ができることになった (Westminster Kennel Club, *Act of Incorporation, Rules and List of Members* (New

1999), 319-41.

5. Katharine MacDonogh, *Reigning Cats and Dogs: A History of Pets at Court Since the Renaissance* (New York St. Martin's, 1999), 135.
6. "Boston Terrier Deafness," *Boston Terrier Club of America*.
7. すべては人間の勝手な価値観と判断で決まってしまう。「ブラック・タイ」と呼ばれる、タキシードを中心とした礼服は、当然のことながら、犬のブリーダーが考えたものではない。1880年代にそれを考えたのは、サヴィル・ロウのある仕立て屋だ。プリンス・オブ・ウェールズがこの新しい礼服を着たことで、ブラック・タイという言葉は大西洋を渡り、アメリカへと伝わることになった。当時はまだ「タキシード」という言葉は使われておらず、現在、タキシードと呼ばれている服はアメリカでは「スモーキング（喫煙用の服）」と呼ばれていた。ところがニューヨーク州のタキシード・パークで開催されたパーティーに、何人かがスモーキングを着て参加したことがきっかけで「タキシード」と呼ばれるようになったと言われている。タキシード・パークは、いわゆる「ゲーティッド・コミュニティ」の走りで、自ら「ブルーブラッズ」と名乗るイギリス崇拝の人間が集まる場所でもあった。その頃から、紳士に見られたいと思う人間は、パーティーでタキシードを着用することが習慣になった。「タキシード」という言葉は間もなくニューヨークからボストンにも伝わり、犬が生まれつき持っていた模様を表現するのにも使われた。
8. 純血種の犬を飼うことは、自分たちをイギリスの紳士に少しでも近づけるための手段となった。急激に出世したアメリカの実力者たちは、本で自ら礼儀作法を学び、オペラにも足繁く通った。子供たちはイギリス風の寄宿学校に入れて、服装も上流階級にふさわしいものにし、話し方も矯正してイギリス風にした。こういう努力をしたのもすべて、彼らが自分たちの社会的地位に不安を抱いていたからである。
9. 中には、ただ黙ってイギリス人に従うだけではないアメリカ人もいた。自らの力で先へ進み、アメリカ人らしい方法で問題を解決していこうとする人たちもいたのだ。彼らの中には、イギリスへ行って、人や組織を丸ごと買い取る者がいた。19世紀、彼らは城や修道院、彫刻などを買い集めることはせず、イギリスから、ケネルを丸ごと輸入してしまった。人員、種犬、何もかもをすべてまとめて買い取って自分たちのものにしたのである。この戦略なら、誰も、イギリス人の審査員でさえも、彼らの地位に疑義を差し挟むことはできないと考えた。ドッグショーの場でも、その外でも、彼らが良いと思った犬が良いとされることになる。J・P・モルガンの飼っていたコリーは無敵の存在となった。元はスコットランドの丘の上にいた犬だが、アメリカに連れて行かれたコリーが、モルガンのイギリスでの地位を高めることにも役立った。自分の犬が国内の最高のものだと確信したことで、ウォール街を支配する大富豪はぐっすり眠

45. 特別のことわりがない限り、犬に関する専門用語は以下の資料に基づいている。Gerald and Loretta Hausman, *The Mythology of Dogs*（New York: St. Martin's, 1997); AKC "Breed Standards" and *AKC Gazette*; and oral tradition.

■第6章　ミダス王の手

1. Freeman Lloyd, "Greyhounds in History," *AKC Gazette*, March 31, 1926.
2. ボストン・テリアを「紳士」と呼んでしまうのは、種の混同ということになるだろう。紳士は元来、人間に向けて使う言葉であり、それを犬に対して使うのは適切とは言えない。毛色は、愛玩犬にとっては重要な要素で、人を惹きつける大きな魅力になり得るものだ。毛色が良い犬種は、そうでない犬種よりも選ばれやすいとは言える。「アメリカの紳士」と呼ばれるボストン・テリアだが、この犬種に、今の夜会服のような毛色以外にふさわしいもっと毛色はなかったのだろうか。ある専門家は、ボストン・テリアが「紳士」なのは、何もその「服装」だけではないという。顔の表情がとても「人間らしい」ところも紳士の名にふさわしい、と言っている（Alva Rosenberg, "You Can't Keep a Good Dog Down: Although of Humble Origin, the Boston Terrier Has Instincts of a Gentleman," *AKC Gazette*, October 31, 1924.)。この言葉は、ペットを飼おうとしている人たちの心を惹きつける。ただのつまらない雑種でない犬、自分の家庭を象徴するような素晴らしい犬が欲しいと思っている人の心に強く訴えかける言葉だろう。犬の外見をそのようにするのは簡単なことではない。ブリーダーたちは、その目的を達するために、極端な手段を講じることになる。すでに書いてきたとおり、ギリシャ神話のプロクルステスが寝台に合わせて旅人の身体を切断したり、引き伸ばしたりしたのと同様のことを犬にしてきたわけだ。
   何世紀もの間、犬たちは近親交配をさせられ、毛を刈られ、身体の一部を切り取られもしてきた。すべて、目立つ外見的特徴を持たせるためだ。様々な毛色、脚、尻尾、首、頭、耳などを適当に組み合わせることで、数多くの犬種が生み出された。他の動物に似せられた犬種も多い。百獣の王ライオンの他、トラ、クマ、鳥、ヘビ、カバなど。とにかく、他にない特徴、人の目を惹く特徴がありさえすればよかったのだ。似せるのは動物だけではない。時には、植物や無生物に似せることまで行われた。たとえば、耳をバラやつる草、船の帆、ボタンなどに似せられた犬もいるし、尻尾をキクの花に、目をアーモンドに似せられた犬などもいる。とにかく、口に銀の匙をくわえさせる以外は何でもさせてきた。
3. Michael Fox, *Behaviour of Wolves, Dogs and Related Canids*（New York: Harper & Row, 1971), 205.
4. Temple Grandin and Mark J. Deesing, "Genetics and Animal Welfare," *Genetics and the Behavior of Domestic Animals*（San Diego: Academic Press, 1998; revised

40. よく見ていくと、何かが、どこかがライオンに似せられている犬が実に多いとわかる。犬のプロですらそう思っていない犬種であっても、よく見ると、ライオンに似た特徴を持っているということはある。20世紀のはじめには、短い間ではあったが、「デニッシュ・ライオンドッグ」と呼ばれる犬が流行したことがあった——おそらくこれはグレート・デーンのことだ。アメリカン・エスキモードッグは、「首回り、胸のあたりの毛は濃く、ライオンのたてがみのようでなくてはならない」とAKCの犬種標準で定められている（“American Eskimo Dog: Breed Standard” American Kennel Club.）。ある有名なブリーダーによれば、セッターは「猫のような、うずくまりの姿勢」が特徴だという（Edward Laverack, *The Setter: With Notices of the Most Eminent Breeds Now Extant...*（London: Longmans, Green, 1872), 8.）。レオンベルガーは、元来、ライオンに似せることを究極の目標として作られた犬種だとされる（*Tsavo Leonbergers.*）。フレンチ・ブルドッグは、この本ですでに書いてきたとおり、頭は丸く、背中もアーチ状で、さらに前足は丸い。あとは耳の形さえ「適切（コウモリ耳）」であれば、間違いなく猫に似ている。「ライオン化」の対象になるのは多くが小型犬だが、どの犬種でも、ネコ科動物のような外見的特徴、態度が見られれば、「ライオンに似ている」として珍重されることになる。古い絵画を見ると、猟犬や軍用犬は、歯を剥き出した獰猛そうな顔に描かれていることが多いとわかる。そして、足や爪、歯、力強い尻尾などはどれもライオンに似せて描かれている（“Heraldry, King, 1790,” *Ancestry Images.*）。ゴールデン・レトリーバーには、やや平らな顔、頑丈なあご、しわの多い皮膚、たてがみのような毛、などの特徴があるが、どれもやはり犬をライオンに似せようとしたことから生じた特徴である。毛色には黄色、黄褐色、赤みがかった茶色など種類があるが、どれもその点では同じだ。

41. Tracy Miller, “World’s Most Expensive Dog? Tibetan Mastiff Puppy Sells for $2 Million in China,” *New York Daily News*, March 19, 2014.

42. 中国のある動物園職員がマスティフに手を加え、「ライオン」として公開するという事件が2013年に起きたが、結局、吠え声を出して自ら正体を暴露することになった（“Lyin’ Kings? Chinese Zoo Keeps Dog in Lion Enclosure,” *Toronto Star*, August 16, 2013.）。

43. Topsell, Topsell’s History of Beasts, 127.

44. 同様に、オバマ大統領がホワイトハウスで飼っていたことで有名になったポーチュギーズ・ウォーター・ドッグも、やはりヘアカットによってライオンのような姿にされることが多い。「ライオン・キング」になるはずが、実際には、ディズニーランド入り口の庭園の刈り込まれた木のようになることも多い。ライオンに似たヘアカットを施された犬は、アニメーションに出てくる動物のようになる。

いをして、その日、何個のホットドッグが売れ残ったかで支払うわけではない。それは当たり前のことだが、ノルマン・イングランドの税金の法律はそう考えると奇妙なものだったと言える。

29. ある犬種の尻尾を短くしたがる愛好家が、同時に、ゴールデン・レトリーバーやコッカー・スパニエルの耳は不自然に長くしたがることも多い。耳を無理に長くすると、感染症の危険が高まるのだが、それは無視している。耳を長くするのに実用的な理由などまったくなく、美的な理由しかないないと現在では証明されているのに、態度を変えようとはしないのだ。

30. H. S. Cooper and F. B. Fowler, *Bulldogs and All About Them* (London: Jarrolds, 1925), 206.

31. 他にも、キャバリアの前頭部に現れる斑点の色は、「リッチ・チェスナット」と呼ばれる〔チェスナットは栗のこと〕。また、その斑点自体も高貴なものとされ「ブレナム・スポット」と呼ばれる。この名称は、有名なブレナム城やブレナムの戦いに由来する。その他、趣味が良いと思われるために愛犬家が覚えておくべき言葉としては、「ベルヴォア・タン」がある。これは非常に高度な狩りに出る犬だけが持つ毛色につけられた名前だ。

32. Edward Ash, *This Doggie Business* (London: Hutchinson & Co., 1934), 150.

33. Bruce Fogle, *The Encyclopedia of the Dog* (London: DK Publishing, 2000).

34. 犬種標準で定められた犬の毛色を表す言葉としては、他に「ハーレクイン(斑模様)」、「パーティカラード（多色)」、「フラワード・コート（花のような色)」、「パイボールド（斑模様)」などがある。これはかつて、愛玩用のニワトリ、ウマ、ブタのブリーディングが流行した時と同じ状況だ。

35. Roger Caras, *A Celebration of Dogs* (New York: Times Books, 1982), 63.

36. ライオンが高貴な動物であるというイギリス人の思考は、元は侵入者であったノルマン人から来たものである可能性が高い。また、ノルマン人自身も、この考え方を、ビザンティン帝国から受け継いでいたし、ビザンティン帝国の考え方は古代ギリシャ人から来たものだった。犬をライオンに似せようとする努力は、古くから変わることなく続けられてきた。人は太古から、元来まったく違う２種類の動物の中に驚くほどの類似性を見つけ出してきた。それだけでなく、偶然見つかる類似点を当然のものにすべく努力を重ねた。その犬種が必ず備えているべき外見的特徴とし、定められた特徴を備えていることが、その犬種の犬である条件だと決めた。他にも似せるべきとされた動物は多くいるが、やはりライオンに似せるための努力が最も熱心に続けられてきた。そのことが犬という動物のあり方に大きく影響したのは間違いない。

37. Senan Molony, “Sun Yat Sen – Will Eat Again,” *Encyclopedia Titanica*.

38. “AKC Meet the Breeds: Chow Chow,” American Kennel Club.

39. Greg Craven, “Breeder Buzz: The Dog for Cat People,” *Exceptional Canine*.

ている。「高貴さ」の象徴として選ばれる動物は何と言ってもライオンで、ライオンに並ぶような動物は他にはあまりいない。ライオンの数少ないライバルとしてはウマがあげられる。ウマは乗馬をするゆとりのある上流階級の象徴として使われることが多い。グレーハウンド、イタリアン・グレーハウンド、アフガンハウンド、ボルゾイ、ウィペット、ウルフハウンドなどの犬種は皆、その姿がウマに似ているために珍重されているものだ。ドッグショーに出る犬の身体的特徴を表す言葉には、元来はウマに使う言葉を借りたものも多い。たとえば、気高い犬とされるフォックスハウンドの背中にある模様のことを「サドルマーク（saddle＝鞍）」などと呼ぶのはその例だ。

21. Robert Hubrecht, "The Welfare of Dogs in Human Care," *The Domestic Dog: Its Evolution, Behaviour, and Interactions with People*, ed. James Serpell (Cambridge, UK: Cambridge University Press, 1995), chap. 13.

22. そうなると、生まれつき立った耳を持っている犬種以外、決して立った耳を持てないことになる。イギリスの偉大な画家、サー・エドウィン・ランドシーアは、動物に手を加えるような野蛮な人間からの依頼は、断固拒否したと言われる。立った耳と寝た耳を区別するのは、現在では美的な理由からである。

23. だから有利というわけだ。闘犬場でも、戦場でも、耳が長いことは絶対に不利になってしまう。だが、トーマス・ベウィックは1790年にこう書いている。「我々はそれでも、かわいそうな動物の耳を切るなどという残酷な仕打ちには賛成できない。たとえそれで犬が美しくなるのだとしても」(Thomas Bewick, *A General History of Quadrupeds: The Figures Engraved on Wood* (Newcastle upon Tyne, England, 1790), 339.)

24. 19世紀には、懐古趣味の純粋主義者たちが、犬の耳切りを擁護していた。たとえば、マスティフをライオンやトラ、牛などと闘わせることは当時でも違法になっていたが、耳をステーキにできるほど大きく切り取らなくては、この犬は生存が難しくなると主張する人たちがいたのだ。

25. Lloyd, "Working with Hounds and Gun Dogs."

26. 短くて太い尻尾に関しては、何世紀もの間に様々な主張がなされてきた。トプセルは1607年に「オオカミは、ハンターに捕らえられる危険にさらされると、自らの尻尾の先端を食いちぎる」と説明している（Topsell, *Topsell's History of Beasts*, 181.）。

27. René Merlen, *De Canibus: Dog and Hound in Antiquity* (London: Allen, 1971), 96.

28. また、ノルマン・イングランドで犬に対して課せられた税金も、間違いなく現在の犬の尻尾に影響を与えている。法律の文言では、犬の所有者は、収税官が数えた犬の「尻尾の数」に応じて税金を払う義務がある、となっていた。ニューヨークのホットドッグ売りはあくまで仕入れる量の分だけ卸売業者に支払陀の化身と考えたライオンは犬の頭を持っていた。ペガサスは翼の生えた馬だ。ケルベロスは冥界の番犬だが、3つの頭を持つ。

15. "Heraldry, Stourton, 1790," *Ancestry Images*.

16. John Caius, *Of Englishe Dogges* (Charleston, SC: Nabu Press, 2012; orig. pub. 1576), 25.

17. Freeman Lloyd, "Working with Hounds and Gun Dogs," *AKC Gazette*, September 30,1925.

18. Topsell, *Topsell's History of Beasts*, 65.

19. William Taplin, *The Sportsman's Cabinet; or, a Correct Delineation of the Various Dogs Used in the Sports of the Field...* (London: J. Cundee, 1803), 81. ある種の動物を別の動物に似せようとするのは、あまり健全ではなく、むしろ病的なことだ。よく言われるのは、動物はその敵となる動物と同一視されやすいということだ。だからつい、犬の中にも、その敵となり得る動物の特徴を見出しやすい。また、そういう特徴を持った犬を、戦功を称えるトロフィーや家紋などに使う場合も多い。黄褐色の毛を持つ犬は、ライオンと何らかのつながりがあると言われやすい。たとえば、ローデシアン・リッジバックという犬は「アフリカン・ライオンハウンド」とも呼ばれている。その名のとおり、毛色はライオンに似ていて、身体の形もライオンに似ていると言われることが多い。マルコ・ポーロが、中国でチベタン・マスティフを見て、「ロバのように背が高く、その声はライオンのように力強い」と言ったのは有名な話だ。マスティフの中でも毛の短いものは、今でも愛好家の間で「タイガーヘッド」と呼ばれており、毛の長いものは「ライオンヘッド」と呼ばれている。

20. 英語で「血統」を意味するpedigreeという単語は、「ツルの足」という意味のpied de grueというフランス語に由来する。家系図の見た目がツルの足に似ているからである。ただ、犬の「ツルの足」は、人間の手によってばらばらに壊され、再構成されている。血統も一つの芸術作品のように扱われてきたのだ。そのせいで異様な姿の動物が無数に生まれ、殺されることになった。人間が「こうあるべき」と思う姿に近づけるため、身体の各部分を改造された。また、同じ姿を維持すべく近親交配が繰り返されることで健康に問題が生じている。犬を、命を持たない工業製品のように扱い、ただ美的な理由だけで装飾を施すことも行われている。

　古くから人間には、人間以外の動物を自分たちの象徴とみなす習慣があった。家紋に動物を入れるのはその表れだし、ライオンズクラブ、エルクスクラブ、ロイヤル・オーダー・オブ・ムース、ミッキーマウス・クラブなどの団体、企業の名前やロゴを見ても、それがわかる。私たちは、実に様々な動物たちを選び、その動物に自分を投影させてきた。また、同じような理由で選ばれた動物も多い。同じ動物が選ばれていても、その動物に与える意味は人によって違っ

10. Patrick Burns, "Westminster & the Death of the Fox Terrier," *Terrierman's Daily Dose*, July 17,2004. 他には、頭蓋骨が限度を超えて大きくなってしまった犬もいる。多くの人の注目を集めるために、頭蓋骨を徐々に大きくした結果だ。ダックスフントの胴体が異様に長くなり、反対に脚が異様に短くなったのも同じ理由からだ。このことは、ドッグショーの審査項目を増やすのにも役立った。
11. 現在のジャーマン・シェパードの後ろ脚が奇形になり、不自由になってしまったのは、一つにはスター犬であるリンティンティンの存在があったからなのは間違いない。まるでカエルのような姿勢を取るようになったジャーマン・シェパードだが、ニューヨークでは少し前にヒーローになった。911テロの際に、地面に空いた穴の中を捜索するなど、人命救助に活躍したからだ。そのおかげで星条旗とともに絵画に描かれ、像まで作られることになった。しかし、絵や彫刻でのジャーマン・シェパードはやはりあの、お馴染みのカエルのような姿勢になっている。そのイメージは非常に強固らしい。

    犬の外見に関し、強い固定観念を抱いているのは、ドッグショーの関係者だけではないようだ。狩猟や追跡など、昔ながらの仕事をさせるために犬を使う人たちであっても、外見的な特徴と能力とを結びつけて考えていることが多い。実際にはブリーダーによって誇張された特徴にすぎないのに、それがその犬が優れている証拠だと考えてしまうのだ。たとえば、ブラッドハウンドは、まるでアニメーションに出てくる犬のような、長く垂れ下がった耳をしている。ハンターたちは、あの耳が、風の中から確実に獲物のにおいを嗅ぎ分けるのに必要だと信じている。実際にはそんなことはあり得ないのに、そう信じ込まされている人が多いのだ。ハンティング・ライターのパトリック・バーンズはこんな意見を述べている。「考えてみてほしい。人命が危険にさらされている場所で働く探索救助犬にブラッドハウンドなど、長く垂れ下がった耳をした犬は使われない。とにかくああいう、しわの多い犬は使われないのだ。救助に使われるのは、たとえばジャーマン・シェパードや、レトリーバー、マリノア、ボーダー・コリーといった犬だ」(Patrick Burns, e-mail to author, March 1, 2012.)
12. Annie Coath Dixey, *The Lion Dog of Peking* (New York: Dutton, 1931), 243.
13. Edward Topsell, *Topsell's History of Beasts*, ed. Malcolm South (London: Robert Hale, 1981), 65, 66, 183.
14. この程度の認識なので、動物の交配にはあらゆる組み合わせがあり得るとされていた。大昔には、想像上の動物どうしの交配さえあったと考えられていたのである。たとえば、ギリシャ神話に登場する怪物ゴルゴンは、複雑な交配の結果、黄金の翼、真鍮の爪、イノシシのような牙、ヘビのような皮膚、毒牙を持つと信じられた。キメラは、火炎を吹くライオンの頭と、ヤギ、ヘビの頭を持っている。インドの神話に登場するガルダは、人間と鳥の合の子である。ヒンドゥー教の神、ガネーシャは、頭は象で身体は人間だ。インドの仏教徒が仏

48. *Guide Dogs.*
49. Chuck Jordan, e-mail to author, March 29, 2012.
50. Joe Flood, "The Expendables: Inside Americas Elite Search and Rescue Dog Training Center" *BuzzFeed*, April 26, 2013.

■第5章　見世物にされた犬たち

1. 犬にも色々なのがいる。たとえば、私がうちで飼っているシェパードミックス、前の章にも書いたサマンサだ。詳しい説明のいるような特別な犬ではないのだが、変な習性がある。とにかくブルドッグを目の敵にする。散歩の時、あの平たい顔、奇怪な姿の犬を見ると、必ず激しく怒り出す。表情のない顔、ぎらぎらと光るあの出っ張った丸い目、常に外に出ている歯、どれを取ってもサマンサの気に障るらしい。もちろん、ここで3頭を怒らせた犬は、ブルドッグとは似ても似つかず、何が神経に障るのかわからないが、とにかく激しく怒っている。かわいらしく、抱きしめたくなるような外見にはまったく似合わない、身体の奥深くから出ているような恐ろしい声で吠え、私の心はその声のせいで凍りついた。3頭のかわいい犬たちは結局、血に飢えているということかもしれない。その血がどの程度、「純粋」なものか、ということは3頭にはどうでもいいことだろう。
2. "Map of the Week: Where the Dogs Are," *Toronto Star*, October 23, 2008.
3. マンハッタン、グリニッジヴィレッジ界隈は、今ではニューヨークで最も住宅需要の高い地域であり、愛犬家の世界でも有名になっている。住民たちの多くが、AKC が書類を添えてその価値を証明しているような犬を連れている。
4. この犬はどうも正気ではない、と思うような目だった。かわいそうに、この特権階級の子犬は、金色の衣裳に閉じ込められてしまっているのだと思った。極端な特徴を維持するための近親交配の弊害が出ているのだろう。純粋さを守るべく、閉鎖的な環境に幽閉されて、友達も敵もいないままに生きているのではないか。この犬を激しく拒絶していた3頭の雑種も、何か恐ろしいことが起きているのを感じ取っていたのではないかと思う。ただ、困惑し、元気なく佇んでいるだけの犬に異様さを感じていたのだ。
5. William Arkwright, "The Fancier versus the Collie," *Kennel Gazette*, August 1888.
6. James Watson, *The Dog Book* (New York: Doubleday, Page, 1906), 344.
7. William Burrows, "Queen Victoria and Our Collies," *AKC Gazette*, July 31,1924.
8. Arkwright, "The Fancier versus the Collie."
9. コリーの頭蓋骨の形は、元はセント・バーナードに似ていたのだが、無理に先を尖らせて鳥のクチバシのようにし、アリクイに近い顔に変えてしまった。セント・バーナードは当時、田園の中の美しい大邸宅で、その家の番犬として使われることの増えていた犬である(Ibid.)。

る曖昧な名誉にも素直に喜ぶ愛好家たちから成る、アメリカ・ボーダーコリー・クラブとは違う新しいクラブを支援した。

36. Willis, "Genetic Aspects of Dog Behavior," 62.
37. ショー向けに「改良」されたボーダー・コリーが、かつての能力を保っていると証明する目的もあった。何世代にもわたり外見的特徴ばかりを優先してブリーディングされてきてはいるが、それでも能力は損なわれていないことを示そうとした。ボーダー・コリーの牧畜犬にふさわしい能力を評価できるよう、屋外審査の内容に改変を加えることにした（"Changes to the Show Border Collie Herding Test," Kennel Club website, June 8, 2011.）。それ以前には、審査のための人工の野原に羊が連れて来られることなど、一度もなかった。そして、人工芝と見間違えるほど青々とした芝の上に羊が配されるようになってからも、そこで実際に審査を受けるボーダー・コリーの数は決して多くなかった。イギリスのドッグショーの審査が改善されてから最初の3年で、野原での審査を受ける資格があるとみなされた犬は、わずか9頭しかいなかったのだ。ごく限られた能力だけを見る審査だったにもかかわらず、ほとんどの犬たちは受けることすらできなかった（Patrick Burns, "Maybe They Need to Train the Sheep?" *Terrierman's Daily Dose*, October 1, 2011.）。
38. Cyranoski, "Genetics: Pet Project."
39. Charles Krauthammer, "AKC Should Keep Its Snout Away From Border Collies," *Washington Post*, July 18, 1994.
40. Lucy Cockcroft, "Pedigree Dogs Are Becoming Stupid as We Breed Them for Looks, Not Brains," *Telegraph* (UK), January 18, 2009.
41. Fiona Macrae, "Why a Mongrel Will Always Trump the Pedigree Chump," *Daily Mail* (UK), January 27, 2008.
42. Jenny Barlos, e-mails to author, November 20-December 2, 2010.
43. Kim Wolf et al., Animal Farm Foundation, interview by author, October 4, 2011.
44. Kelly Gould, e-mail to author, October 2, 2011.
45. カーマ・ドッグスにとっての最高のサクセスストーリーはおそらく、生後6ヶ月の時点で行動に問題のあったチャウミックスにその後改善が見られ、ついには他の模範となるほど素晴らしい犬へと変身したという話だろう。「ベストを着せられれば、今は仕事の時間だと彼は理解する」グールドはそう言っている。彼女の経験では、ゴールデン・レトリーバーやラブラドール・レトリーバーはあまり役立たないという。だから、こうした犬種が最高とは彼女にはとても思えない（Kelly Gould, interview by author, September 28, 2011.）。
46. Susan Orlean, "Why German Shepherds Have Had Their Day," *New York Times*, October 8, 2011.
47. Macrae, "Why a Mongrel Will Always Trump the Pedigree Chump."

Origin, Behavior & Evolution (New York: Scribner, 2001), 246.

32. Stephen Budiansky, "The Truth About Dogs," Part III: "The Problem With Breeding," *Atlantic Monthly*, July 1999.

33. Kenth Svartberg, "Breed-Typical Behaviour in Dogs-Historical Remnants or Recent Constructs?," *Applied Animal Behaviour Science* 96, no. 3 (February 2006): 293-313.

34. David Cyranoski, "Genetics: Pet Project," *Nature* 466 (August 26, 2010): 1036-38. ドッグショーをなくせば、そして犬種を定義する基準をなくせば、状況は改善されるのだろうか。チャンピオン犬たちはこれまでどうにか基準を満たし、なおかつ生き延びてきたが、さすがに限界が近づいているかもしれない。ドッグショーで賞を得るためには、犬に極端な解剖学的特徴を持たせる必要がある。ケヴィン・スタッフォードによれば、極端な特徴を維持するべく、近親交配を繰り返すことで、犬たちはごく普通の運動能力も、コミュニケーション、社交の能力も失ってしまったという。行動に問題を抱え、生きるために必要な能力さえ十分に持たない犬が生まれている (Stafford, *The Welfare of Dogs*.)。

　ドッグショー文化の外にいる人たちにとって、これはどうでもいいことかもしれない。しかし、外見だけに強く執着したブリーディングが続けられたことで、もはやブリーダーの味方のはずの愛犬家たちすら怒らせるようになっている。かつてのウェストミンスター・ドッグショーの主催者、審査員であり、ASPCAの理事長でもあったロジャー・カラスは、すでに1982年の時点でこう述べていた。「個人的には、ブリーディングの基準の中に、犬の行動や気質に関するものが含まれていないのは、あまりに無責任だと感じている」(Roger Caras, *A Celebration of Dogs* (New York: Times Books, 1982), 190.)。そして1995年、犬の遺伝学者、ブリーダーで、ドッグショーの審査員でもあったマルコム・ウィリスはこう話した。「良くも悪くも、世界の大半の国で、犬のブリーディングがドッグショーに支配されているのは紛れもない事実である」。ウィリスの望みは、いつかドッグショーで、身体的特徴とは無関係に、犬の健康状態や気質などが評価される日が来ることだった。ウィリスのいた大学は、皮肉なことにニューカッスル・アポン・タインにあった。すでに書いたとおり、19世紀、まさにその場所で、世界初のドッグショーが開催されたと言われている (M. B. Willis, "Genetic Aspects of Dog Behavior with Particular Reference to Working Ability," in *The Domestic Dog*, ed. Serpell, chap. 4.)。

35. United States Border Collie Club ウェブサイトより。AKCは、アメリカン・ボーダー・コリーも都会の歩道で自慢できる犬にすべく、ブルーリボンや銀のカップの魅力を利用してクラブを説得しようとしたが、それは断念した。その後、AKCは戦略を変更した。クラブを説得するのではなく、そういう時の常套手段に出たのだ。使役犬についての知識には乏しく、ドッグショーで得られ

21. Jane Brackman, "Downton Abbey Dog: Right Breed, Wrong Color," *Bark*, April 5, 2012.
22. Durham University, "Modern Dog Breeds Genetically Disconnected from Ancient Ancestors," news release, *Science Daily*, May 21, 2012.
23. だが、それより驚くのは、ブリーディングの方法の変化だろう。19世紀から盛んになった、「科学的」なブリーディングは、それ以前、何世紀にもわたって続けられてきたものとはまったく違うからだ。犬の持つ特徴の中でも、些細で本質的でないとされてきたものが、急に重要視されるようになった。実用的な仕事をする犬の数が減少したことも、そうした変化の原因になった。犬の持つ能力よりも、その形状の完璧さ、血の純粋さを守ることが重要になったのである。ドッグショーが始まる前の長い年月、犬は異種交配するのが当たり前だった。実用的な犬たちもそれは同じだ。程度の違いこそあれ、異種交配を繰り返して犬は生きてきたのだ。近親交配が行われることはまずなかった。商業目的で犬種が定義される以前、また物珍しさで特定の犬種が人気を得るようになる以前は、身体に特定の模様があるから、あるいは血統が正しいからというだけの理由で子犬に高い価値がつくようなこともなかった（また生まれてすぐに価値なしとして間引かれることもなかった）。選抜をされるとしても、ずっと成長して大人になった時だ。実際に能力が優れ、気質も良いことを見極めて選ばれていた（Raymond Coppinger and Richard Schneider, "Evolution of Working Dogs," in *The Domestic Dog: Its Evolution, Behaviour, and Interactions with People*, ed, James Serpell (Cambridge, UK: Cambridge University Press, 1995), chap. 3.）。貧しい農民たちも、暇をもてあました上流階級の狩猟家たちも同じく、犬の実用的な価値をよくわかっており、それを見極める力も持っていた。農民の場合は、犬の能力が自らの生存を左右することもあったので、ただの楽しみのために犬を飼う狩猟家とは違う。だから当然、犬に能力があることを自分の目で確かめて判断していた。
24. Per Arvelius, e-mail to author, June 21, 2012.
25. Erik Wilsson, e-mail to author, June 15, 2012.
26. Patrick Burns, "Rosettes to Ruin: Making & Breaking Dogs in the Show Ring," *Terrierman's Daily Dose*, n.d..
27. J. Jeffrey Bragg, "Purebred Dog Breeds into the Twenty-First Century: Achieving Genetic Health for Our Dogs," *Seppala Kennels*, 1996.
28. Russell Hess, e-mail to author, June 25, 2013.
29. Hancock, *The Heritage of the Dog*, 142.
30. Janis Bradley, "The Relevance of Breed in Selecting a Companion Animal," National Canine Research Council, 2011.
31. Raymond and Lorna Coppinger, *Dogs: A Startling New Understanding of Canine*

素晴らしい伝説に異議を唱える者など誰もいなかった。伝説を知っているのは親しい上流階級の人間か、使用人、借地人くらいである。異議を唱えたところで彼らに利益はない。立場上、むしろ犬を同じように褒めることになるだろう。

　一方、下層階級の人間の飼っている雑種犬は、たとえ上流家庭の犬よりも優れた能力を持っていたとしても、それを証明する機会を一切与えられない。それは飼い主の人間の方も同じだった。ただし、外国の犬の挑戦を受けることはあった。大陸ヨーロッパから狩猟のための犬が入って来て、イギリスに古くからいる犬と比較されることはあった。そうした外国犬に侵入に対し、憤っているイギリス人はいまだに多い。ハンコックも書いているが、大陸から来た犬には、用途にふさわしい際立った特徴がない、と批判するイギリス人も多くいた（Hancock, *The Heritage of the Dog*, 185.）。

18. Freeman Lloyd, “What Is ‘Correct’ Conformation?,” *AKC Gazette*, July 1943.

19. Stuart Brown, “What Is a Breed Standard?,” *AKC Gazette*, November 1947.「ヴァージニア州の旧家の紳士がそれにふさわしい話し方をすれば、社会からは、白人としてそれに見合った扱いを受けることになる」医学博士C・A・ブライスは、紳士は犬にどう対するべきかを説いた自己啓発書 *The Gentleman's Dog*〔『紳士の犬』〕の中でそう書いた。ブライスは、白人に生まれ、白人らしい外見と、それにふさわしい行動を取れば、社会から良い扱いを受けると期待できるが、反対に外見や行動が良くなければ、有色人種のような扱いを受けると述べている。犬にも同様のことが言えると彼は考えた。「犬のことを十分に考え、手をかけて清潔で快適な住環境を与えなければ、優秀で誇り高い犬を育てることはできない」（C. A. Bryce, *The Gentleman's Dog, His Rearing, Training and Treating*（Richmond, VA: Southern Clinic Print, 1909), iv.）。
　ブライスと同様のことを本に書いた人間は大勢いた。ブライス医師は単に犬の熱心な愛好家というだけではなかった。彼は、人間でも犬でも同じように、血統は重要だとアメリカ人に訴えたのだ。その考え方がアメリカ人の多くに広まる上で一定の役割を果たしたと言える。ブライスもゴードン・ステーブルズとまったく同じだった。人間も犬も、血の純粋さを守る「正しい結婚」が重要だと信じていた。正しい組み合わせの結婚が行われるようにし、混血、雑種が生まれないようにする必要があると固く信じた。犬であれば、毛色などの特徴が望ましいものどうしを必ず交配させる。遺伝子の混じり合いが、ごく限られた範囲でのみ行われるようにする。環境からの影響も適切なものばかりになるようにしなくてはならない。そのためには周囲に適切な人間だけがいる状態を維持する。そう考えていたわけだが、実はこういう対策をどれだけ徹底しても、優れた犬に育つ保証はない。優生学の強硬な支持者でも知っていることだ。

20. Lloyd, “Many Dogs in Many Lands.”「薪の中の黒人」とは南部発祥の表現で、黒人奴隷が薪の山に隠れて脱走したことに由来している。

的な価値があるかどうかは――はすでにないのだが――もはや、現在の愛好家にはどうでもいいことになっている。ただ、つながれた状態で、目で見て楽しめる犬であればそれでいいからだ。犬に実用的な価値を求める人は現在では少なくなっている。実用的な価値を求めるのは、ごく一部の人だけだ。おすわりのポーズを取る以外に犬に何かをさせようとする人はあまりいない。

15. David Hancock, *The Heritage of the Dog* (Boston: Nimrod, 1990), 253. ラブラドール・レトリーバーの場合は、黄色、茶色、黒の3種の毛色が認められている。これは必ずしも、犬の多様性を認める寛容性の高まりの表れというわけではない。3種類の毛色が認められても、犬には助けにはならない。遺伝的多様性が大事なのは確かだが、毛色が3種類でも、犬がより健康で知性的になり、高い能力を持つわけではない。

16. Kevin Stafford, *The Welfare of Dogs* (Netherlands: Springer, 2006), 64.

17. 犬は何百年、何千年という歴史の中で、ハンティング、スポーツ、警護、闘い、農作業など、様々な用途に使われてきた。どの用途に使われたかで、大まかに性格や能力に違いがあるのは確かだ。犬を大まかに何種類かに分けること自体は不合理とは言えないだろう。しかし、単にドッグショーのステージに上げるために、たとえば望ましい毛色の犬だけを選び、そうでない犬を間引くとなると話は別だ。ゴールデン、イエローラブ、フォックス・テリアなど、人間が勝手に名前をつけた犬種にふさわしい犬になるよう人為的に操作するのは不自然なのである。

　ブリーダーたちは、犬のごく限られた特性に注目し、その特性を評価する厳密な尺度を設定して、自分の犬を少しでも差別化しようとする。これほど不自然なことをするのは、単に現代人の嗜好のせいだけではない。現代では、大量消費市場で犬を売るため、子犬の段階で選別し、間引くことで、各犬種に一目でわかる際立った特徴を持たせているのである。そうなる前には、犬はその用途に合った能力を持つよう訓練を受けることはあっても、外見的特徴で細かく分類されることなどなかった。犬の分類はあくまでおおざっぱなものだった。たとえば、上流階級が儀式的に行うハンティングのための犬であれば、獲物を追跡する、仕留めた獲物を回収する、邪魔になる動物を追い払うといった能力を持つよう訓練するだけだ。

　何世紀もの間、上流階級の家では、グレーハウンドやフォックスハウンドなどの犬を、家柄が由緒正しいことを示す象徴として使ってきた。ただし、現代のように厳密な基準に合う犬だけを選んで育てるようなことはしなかった。その犬種にふさわしいとみなした毛色の犬だけを育てたわけではない。また、たとえ犬がハンティングで大きな手柄を立てたとしても、その伝説は、親しくつき合っている別の貴族に伝わるくらいだった。ごく狭い世界での伝説に留まり、世間に広く知られるわけではなかった。その狭い世界の中では、犬についてのなった。そして、つい最近まで擁護していた運動との関わりを一切拒否すると、公に宣言したのだ（Stephen Jay Gould, *The Mismeasure of Man*（New York: W. W. Norton, 1981).）。だが、問題は完全に解消されたわけではない。ともかく、モラルのある立派な人たちが優生学を最近まで支持していたことは事実だからだ。なぜ、そんなことになってしまったのだろうか。

11. Noah Webster, *An American Dictionary of the English Language*（New York: S. Converse, 1828).
12. "Shetland Sheepdog: Breed Standard," American Kennel Club.
13. 品評会では今でも、犬の体高を計るための「ウィケット」という道具が使われている。これはかつて、人間の頭蓋骨や鼻の寸法を計測して、「ニグロ型」、「ユダヤ型」などと分類した恐ろしい過去を連想させる。英語では、元来「浮浪者」を意味するTrampという言葉を雑種犬という意味でも使う。ディズニーに*Lady and Tramp*〔「わんわん物語」〕という映画があることから、かわいらしい印象を持つ人もいるかもしれない。しかし、この言葉はかつて優生学者たちが、「望ましくない人間」を表す法律用語として使ったものだ。優生学者たちは、Trampとみなした人間に強制的に不妊手術を受けさせようとした。
14. たとえば、ゴールデン・レトリーバーという犬は、毛色を除けば、元になったアイリッシュ・セッターと本質的にはそう変わらない犬だ。しかし、本来、実用的な目的のために行っていた品種改良が、単に外見的な特徴ばかりを目的としたものに変わってしまった。外見的な特徴と、その犬の性格や能力とを不当に結びつけたのである。これは優生学者のしたことと変わらない。

　テリアなどにしても、現在よく知られている標準的な犬種、高い人気がありよく買われている犬種は、ごく最近作られたものだ。誇り高き、由緒正しい血統などとはとても言えないのに、そうだと誤解されている。犬の愛好家がいかに気まぐれであるか、ブリーダーがどれだけ不自然に犬種を作っているかを示す例は他にも多くある。言い伝えや、ブリーダーの宣伝文句は真実ではない。現在のテリアは、あくまでドッグショーでの評価や、街での見せびらかしを目的として「改良」された犬だ。言い伝えにはかつては本当の部分もあったのだが、悲しいことに、品種改良が行き過ぎて、今では「実用的」とされていた犬でさえ、身体的、知的能力に問題を抱え、昔ながらの仕事をこなせないことが増えている。現在の「純血種」の犬には、過去に存在した犬の「レプリカ」のようなものが多い。誰にもわかりやすいよう見た目の特徴を誇張した、一種「漫画的」なレプリカである。過去に持っていたような実用的な価値は失っていることがほとんどだが、農夫や猟師のように実際に犬を利用する必要に迫られている人間でなければ気づかない。一般の人間は、わかりやすい外見に自分が騙されているのだと気づかないのである（Patrick Burns, "True Terriers," *Terrierman's Daily Dose*, November 25, 2011.）。改良された新しいテリアに実用することも、ヨーロッパ以外の地域を占領して植民地を作ることも自分たちの正当な権利と考えられるようになった。自分たちの好きなようにする白紙委任状を受け取ったようなものだった。自分たちは優れているのだから、好きにしても何も悪くないということだ（Ian Maclnnes, "Mastiffs and Spaniels: Gender and Nation in the English Dog," *Textual Practice* 17, no. 1 (2003): 21-40.)。

8. "Exhibit on the Sense of Elegance in Fur Feeling," Cold Spring Harbor Laboratory, *Image Archive on the American Eugenics Movement*.
9. 結局、優生学は、すでに高い地位にいる人間の地位をさらに高めるもの、権力を持つ人間の権力をさらに強めるものだった。アメリカでは、ドイツで行われていた初期の人種「研究」に資金を提供したのは、クー・クラックス・クランなどではなく、ロックフェラー財団だった。アメリカの優生学者の中でも急進的な人たちは、もはや単なる差別主義者にすぎなかった。自分たちのしている差別に根拠を与えてくれる優生学を利用し、彼らはイギリス人にはとても不可能なほど思い切った行動に走った。インディアナ州やコネチカット州などで断種法が制定され、強制的な不妊手術が行われるにいたった。ヒトラーは約30年後、アメリカのこうした行動を手本にした。アメリカ人が自分たち自身にしたことをナチスはまねたのだ。人間の「浄化」を、法律を定めて体系化、制度化しようという動きは全米に広がっていった。そうしたアメリカの動きに世界の他の地域が追いつくのは20世紀に入ってかなり経ってからだった。

　人間を外見や血統、そして狭い範囲の知性のみで評価するような姿勢は、決してごく一部のならず者たち、戦争犯罪人たちだけのものではなかった。そういう偏見を、一流企業や国を率いるような「立派な」人たち、最高の知性と人格を備えるべき人たちまでもが持っていた。優生学や断種を支持する人たちには、医師、弁護士、政治家、文学者などの他、ノーベル賞を受けた科学者、そしてユダヤ人までもが少数ながら含まれていた。アイビーリーグに属する一流大学には、優生学の講座もあった。講座を受ける学生たちは、当然のことながら良家の子息がほとんどである。そうした良家の中には、いわゆる「人種衰退」を防ぐ運動、「社会改善」を進める運動に資金を提供しているところも多かった。これは具体的には、「劣った階級」の出生率を下げること、白人、つまり北ヨーロッパ人（自分たちと外見の似た人たちのことだ）の移住を制限することなどを指す。ロックフェラーの他には、ハリマンなどの有名な一族が、優生学の研究を支援していた。それには、一族を富豪にしたエドワード・ヘンリー・ハリマンが競走馬のブリーディングというイギリス風の趣味を持っていたことが大きく影響している。ラブラドール・レトリーバーをアメリカに最初に輸入したのも、ハリマン一族の人たちである。ただし、当時の犬は、現在の私たちが知っている3種類のいずれとも大きく違っていた。

10. この悲惨な出来事によって、アメリカ人もイギリス人も目を開かれることに彼らにはすぐにわかった（Charles Davenport, *The Trait Book*, Eugenics Record Office, Bulletin No.6（Cold Spring Harbor, NY, 1912).)。

7. 19世紀には同じようなことが多かったが、優生学もやはり、最新の科学のように装いながら、その実態は古い固定観念を補強するのに新しい科学を都合良く利用しただけだった。たとえば、人相学や骨相学など、古く、学問というより「占い」に近いものを、頭蓋骨の各部の寸法を測るなど科学的な手法を取り入れることで新しく見せただけだ。一応、客観的な事実を根拠にして考察しているように見せていただけである。優生学は、古くからあった人種、民族、階級に対する偏見を、19世紀の最新科学を都合良く利用して擁護しただけのものだ。統計数字を集め、文書を整えて、いかにも正当な科学であるかのように見せかけていた。

古くから、頭の形は人間性や知性と密接な関係があると考えられてきたが、それが正しいことを今なら証明できると19世紀の優生学者たちは考えた。そして彼らは、頭蓋骨の各部を実際に正確に計測し始めた。自然史博物館のガラスケースに並べて保管されている頭蓋骨たちが、彼らの研究材料となった。優生学者たちは、その頭蓋骨の特徴を調べ、自分たちの考えに合う事実だけに注目した。人種や民族に対する偏見は、よそ者、馴染みのない人たちに対して、人間が反射的に抱く素朴な嫌悪感から生じたものである。外見、行動、服装などが自分たちとは異質な人に対し、人間は本能的に嫌悪感を抱くようになっている。優生学は、その嫌悪感に根拠らしいものを与えてしまった。自分たちの観察や調査の結果が、嫌悪感が誤りでないことを証明しているというわけだ。優生学者たちは、肌の黒い人間は不正直だと考えた。その理由は、彼らが顔を赤らめることがないからだ。正確には赤らめることが「できない」のだ。肌が黒いと、たとえ顔が赤くなっていたとしても外見上はわかりにくい。この事実は、彼らが生まれつき隠すべきことを抱えている動かぬ証拠だと考えられた。その他には、「青い血」が優れた人間の証明であるという考え方もあった。これは中世からある考え方だが、優生学はそれを補強した。支配階級の人々は、肌が白いために血管が浮いて見えやすく、青い静脈もよく見えた。アフリカ人、ユダヤ人、アラブ人などが多い労働者たちは、肌が黒いために青い静脈は見えにくい。これを見て、優生学者たちは、青い静脈がよく見えるかどうかを人間の優秀さを測る尺度として採用した。静脈がよく見えるほど優れた人間ということである。白人の方が静脈が見えやすいこと自体は否定のできない事実なので、彼らにとって都合が良かった。ただ自分たちの人種が当たり前に持っている身体的特徴にすぎないのだが、それを自分たちが優れていることの証拠にしてしまった。

白人たちは、こうした理論によって、自分たちが他の人種とは明らかに違うのだと自信を持って言えるようになった。おかげで、自国内で有色人種を差別

Owner's Annual for 1896 (London: Dean and Son, 1896), 13.

6. 人種を定義づける条件は、時間が経つにつれ次第に細かく、複雑になっていった。多くの人がその条件を正しいものとして受け入れた。誰が見ても正しいと言わざるを得ない自明の特徴ばかりを選んでいたからだ。正気の人間であれば、疑うことなど一切考えなかった。彼らが目を向けたのは、肌の色の他、目のつき方、あごの突き出す角度、首の長さ、髪の質感、鼻の湾曲の度合いなどだった。果ては、脳の灰白質のしわの入り具合や、足の指と指の間の距離、へそとペニスの間の距離まで見るようになった。すべての細かい特徴を注意深く計測し、大変な労力をかけてその結果を文書にまとめていった。そして、他の人種と比較した時に、白人、つまり北欧人が常に優れていると言える体系を作り上げていったのだ。

白人には、大西洋を渡ってアメリカに行った北欧人種の子孫（または彼らに外見が似ている者たち）も含まれた。外見的な特徴の違いが過度に重視され、これほど外見が違うのだから、白人は歴史のどの時点でも他の人種と祖先を共有していないはずだ、共有しているわけはない、とも言われた。この主張が覆されたのは、DNAの解析ができるようになったごく最近のことだ。雑種の犬とは違い、純血種の犬の祖先はオオカミではない、という主張がごく最近まで覆されなかったのに似ている。外見的な特徴の違いや血統を過度に重視し、モルモットを使った実験の結果を知ったくらいの初歩的な遺伝学の理解を基に、優生学者たちは深い人間性においても白人が他人種よりも優れていると主張した。高いモラルを持ち、犯罪に走る危険性は少なく、知性的で、意志も強いと言い張ったのだ。間もなく、優生学者たちは、多様な人種それぞれの細かい特徴を調べ上げ、その結果を整理、分類した。外見によって人間を評価する体系を完成させたのだ。

また彼らは、外見と社会的地位に強い相関関係があることも確認した。解剖学的な特徴、行動の傾向と、家族、階級、人種、民族などに相関関係があることを突き止めたのである。また、特定の奇行が、ある家族、階級、人種、民族に偏って見られることも突き止めた。そして、解剖学的特徴や行動傾向によって、その人がどのような職業に就きやすいかもわかるとした。銀行家、パン屋、兵士、速記者、詩人、ピアノ調律師、どの職業にしても、就く人はだいたいはじめから決まっているというのである。優生学を使えばすべてがわかった。その人がどの人種、民族に属するかを知れば、それだけでどういう人間なのかが彼らにはわかったのだ。不妊が多い、スペリングが正確、ダンスが得意、清潔好き、精神病にかかりやすい、ギャンブルに夢中になる、痛風にかかりやすい、目上の人間に従順、二重関節で身体が柔らかい、時間に正確、球技が得意といったことが、それぞれどの人種、民族の特徴かをすべて知っていたからだ。たとえば、アイルランドの下層階級なら獅子鼻を持つ人間が多いといったことがト・テリアやビジョン・フリーゼなどの頭を飾るアフロヘアのような毛、チャイニーズ・クレステッド・ドッグの頭のおしゃれな毛の房などが出現する予兆だったようにも思える。とさかも羽も過剰で、まったく役に立たない飾りをつけられたニワトリたちは、現代のゴールデン・レトリーバーなどの犬にも通じる。あまりにも繊細で育てるのが難しくなったニワトリは、膝に乗るほど小さく、マッチ棒のような細い脚をしていつも震えている犬たちと似ているだろう(Tegetmeier, *Poultry for the Table and Market versus Fancy Fowls*, 16, 3, 6.)。

38. Edward Ash, *This Doggie Business* (London: Hutchinson & Co., 1934), 113.
39. Tegetmeier, *Poultry for the Table and Market versus Fancy Fowls*, 2.
40. もちろん、大きい方の部門も存在する。どこからが「大型」かの基準はどうにでも変えることができ、そこに何かを付け加えて、たとえば「大型の雌犬」という部門が設けられる場合もある。「トイ」という部門があれば、それはもちろん「小さい」ということを意味するが、どのくらい小さいかはその時々で変わり得る。とにかく審査する人間が極端に小さいと感じればいい。「ホワイトスコッチ」、「フォーン(淡黄褐色)スコッチ」、「ブルースコッチ」、「ブラック&タン」、「ホワイトイングリッシュ」などは、犬の産地と毛色を基準にした部門である。これも明確なものではない。「柔らかい毛のテリア」、「硬い毛のテリア」といった部門は一見、簡単そうだが、実は非常に細かい基準が設けられていることもある。中には現存の犬にはあまり関係ないような基準も含まれている。
41. Lane, *Dog Shows and Doggy People*, 270-410.

■第4章　優生学と犬と人間

1. "Forced Sterilization," *Anderson Cooper 360°*, CNN, May 31, 2012.
2. Freeman Lloyd, "Many Dogs in Many Lands," *AKC Gazette*, July 31, 1924.
3. "Welsh Springer Spaniel" *Dog Breed Health*.
4. なぜなのか。私は統計学の専門的な知識を持っているわけではないが、ジャーマン・シェパードは忠実で聡明で、訓練しやすい、というのは単なる神話で、決して正しくないと考えている。実際に仕事をしている犬はおそらく100万頭のうちの1頭だからだ。他の犬は特に他の犬種と変わりがないだろう。同じように、ゴールデン・レトリーバーがすべてヒーローになるような犬なわけではない。グラウンド・ゼロで活躍し、消防士とともに絵に描かれたゴールデン・レトリーバーは、あくまで特別な1頭であり、ゴールデン・レトリーバーが皆、同じような活躍をできるわけではない。それは、マイケル・フェルプスがオリンピックで多くの金メダルを取ったからといって、すべてのアメリカ人が同じように優れた運動選手なわけではないのと同じだ。
5. Gordon Stables, "Breeding and Rearing for Pleasure, Prizes, and Profit," *The Dog*

していた。彼らはそのためにどうすればいいかをよく知っていたのである。

34. William Tegetmeier, *Poultry for the Table and Market versus Fancy Fowls*（London: Horace Cox, 1892), 27, 89, 15, 7.

35. ヴィクトリア朝時代の終わり頃には、美しい家畜を所有することが社会的地位の向上に実際に役立つようにもなったので、その意味では食べられない家畜にも一定の有用性があり、まったくの無価値だったとは言えない。大西洋の反対側、アメリカにもイギリス崇拝のソーシャル・クライマーは多く存在した。より質の高い農産物を作り、それによって社会的地位を上げたいと望む人たちである。彼らに向けて、豚やニワトリをどう育てるのが正しいのか、それを教えるような本も出版されるようになった。中には犬の適切なブリーディングを指導する本も含まれていた。アメリカの「カントリーライフ」という月刊雑誌は、簡単に言えば、どうすればイギリスの地主階級を模倣できるかをアメリカ人に教えるマニュアルだった。たとえば、植木箱を使ったガーデニングの仕方、玄関のデザイン、自然画の描き方、カワマスの捕まえ方などが紹介された。肌の色を田舎の人間らしいバラ色にするために使うべき石鹸が紹介されたこともある。そして、毎回、ニワトリのことを書いたページの前に犬についてのページもあった（*Country Life in America*, May-October 1915.）。やがて、より良い家と庭を作るのに必要なペットとして犬がもてはやされるようになると、それまで他の動物を育てていたブリーダーたちも、すぐに時代の変化に対応すべく自分たちの設備を犬向けに改造した（Arthur Jones, “New Frenchies Are Coming Back,” *AKC Gazette*, March 1, 1939.）。

36. Margaret Derry, *Bred for Perfection: Shorthorn Cattle, Collies, and Arabian Horses Since 1800*（Baltimore: Johns Hopkins University Press, 2003), 16.

37. 今、ドッグショーに出るブルドッグに満足に歩くこともできない犬が多い。自分の足では歩けず、カートに載せられて会場まで来る。飛行機に乗る時にも、つなぐのに滑車を使わなければ衝撃で死んでしまうほど弱い（Ritvo, *The Animal Estate*, 74-75.）。かつての豚でも、愛好家たちにとっては魅力的なだぶついた皮膚のせいで歩行が困難になるということが起きた。また顔の皮膚が多すぎるせいで、現代のブルドッグと同様、視界が狭くなるという問題も生じた。シャー・ペイ、バセット・ハウンドなど、ブルドッグの他にも特徴を極端に誇張したために問題を抱えている犬種は多い。ニワトリは、改良されて農夫の鳥から紳士の鳥へと変わった。テゲットマイヤーによれば、それにより、大きなとさかとともに重荷も負うことになった。その美しい鳥たちは、しかるべき部位に十分な肉がなく、市場では売れないだけはなく、とさかが大きく重すぎて、自分の力では餌を見ることもできない。現在の犬では、ウィートン・テリアが同じような問題を抱えている。外を歩いている時に電柱にぶつかることもある。かつてのニワトリの大きなとさかは、今となっては、後のダンディ・ディモン

122.
24. Mark Derr, *A Dog's History of America* (New York: North Point, 2004), 164, 336.
25. Michael Clayton, e-mail to author, May 15, 2012; John Marvin, "How the Earliest Show Standards Came About," *AKC Gazette*, May 1967.
26. Gordon Stables, "Breeding and Rearing for Pleasure, Prizes, and Profit," *The Dog Owner's Annual for 1896* (London: Dean and Son, 1896), 114.
27. リチャード3世は、王室直轄のクマの保管所まで作っていた。いつでも好きな時にすぐ犬と闘わせることができるよう、クマを常に確保していたのである。エリザベス1世は、闘猫を好み、また犬と牛との闘いも楽しんだ。そして、宮廷人や国民にも同じ趣味を奨励した。ジェームズ1世も同じである。
28. Carson Ritchie, *The British Dog* (London: Robert Hale, 1981), 110.
29. Frank Jackson, *Crufts: The Official History* (London: Pelham, 1990), 14.
30. H. W. Lacy, "Whence Came That Dog of Boston," *AKC Gazette*, January 1924.
31. 当時のニューカッスル・クーラント紙は次のように報じている。「ニワトリだけでなく、新たに犬も展示されるようになったので、これは見物だろう」。普段、他に娯楽の少ない田舎に住む人たちに向けた記事だろう。珍しいペットと、そんなペットを飼うことのできる裕福な人たちが一箇所に数多く集まるのだ。それだけで、田舎の人にはかなり魅力的な催しに思えたに違いない (Charles Henry Lane, *Dog Shows and Doggy People* (London: Hutchinsor and Co., 1902), 264.)。
32. Harriet Ritvo, *The Animal Estate: The English and Other Creatures in the Victorian Age* (Cambridge, MA: Harvard University Press, 1989), 54-55.
33. この時代のフォークアートの絵画は今でもよく売られているが、絵の中に長方形の牛が描かれていることが多い。これはデフォルメをしているわけではなく、当時の牛の形を正確に描いているだけだ。実用のために飼われていた動物たちが、装飾用に作り変えられることが増えた。完璧な美を目指す努力がしばらく続けられるが、これは埃っぽい田舎道のどこかで曲がるところを間違えたということだろう。同じ時代、農業の技術は急速に進歩する。これは効率を上げ、生産量を増やす、真の意味での進歩である。ただ、上流階級の人々は、ごく短い間ではあるが、その動きとは違った努力をしていたことになる。このように、進歩、効率化、合理化に逆らうような動き、嗜好は中産階級の人々の間にも見られた。社会が民主化している一方で、中産階級の中には、それに逆らうように、民主化以前の血統、家柄などを重んじる価値観に固執する人たちがいたのだ。彼らも、家畜のブリーディングを堕落させる要因となった。本当の上流階級は急速に影響力を低下させていたのだが、何が美しくて、何が美しくないのか、それを判断する役割を担い続けることで、どうにか地位を保とうとただ、この場合は、似てはいるが、前脚で前方をひっかくような姿勢で、キッスのベーシストのように舌を出しているところが違う)。犬の口から垂れ下がっているものは、皮の半分剥がれたテニスボールでもないし、さんざんかじったあとのあるフリスビーでもないことが説明文からわかる。これは、「ブラダーラック」と呼ばれる海藻である。このぬるぬるとしたブラダーラックの塊を、犬は飼い主のために一生懸命、海のかなり深いところから採ってきたところなのだろう。ブラダーラックは医療に使われることがよく知られているので、医師である依頼主が自らの象徴として選び、犬にくわえさせたのは賢明だったと言えるだろう("The Arms and Crest of Frederick Gavin Hardy.")。

15. ドッグショーでは、古くから存在したとされる犬種を、怪しげな交配によって蘇らせることもよく行われている。毎年、高く評価され、賞を受ける犬はいるが、その評価が果たして正しいのかは疑問である。昨年なら素晴らしいとされたはずの犬が、今年はそれを模倣したような犬に取って代わられることもある。広く信頼はされているが、評価に絶対的な根拠があるわけではない。儀式的な性質の強い、半ば宗教的なイベントと言ってもいいだろう。

　ドッグショーは、遠い昔の歴史にも影響されるが、同時に現代の最新の流行にも強く影響される。もちろん、ドッグショーに参加するような犬は皆、見栄えが良く、写真映えもする犬たちなのだが、それぞれの犬種の熱心な愛好家たちは、自分の愛する犬とは違う形、サイズ、毛色など想像もできないようなのだ。ところが、ウェストミンスターにしろ、クラフツにしろ、実に簡単にあらゆる種類の犬たちを受け入れる(賞を受けるのは素晴らしいことなのだろうが、その名誉は実に疑わしいことが多い)。

　文化における犬の重要性、また私たちの犬に寄せる感情の深さを考えれば、ドッグショーがこのようなものになることも、さほど驚きではないのかもしれない。ドッグショーに現れるスター犬たちは、とにかく多種多様なのである。その起源もばらばらで、スターになる理由もまったく違う。よって、どのような犬が選ばれるかわからないところがある。

16. Alan Beck and Aaron Katchner, *Between Pets and People* (West Lafayette, IN: Purdue University Press, 1996), 171.
17. Patrick Burns, "Pet Insurance Data Shows Mutts ARE Healthier!," *Terrierman's Daily Dose*, April 4, 2009.
18. Louis Fallon, "American Dog Show History Began June 4, 1874," *Dog Press*.
19. William Stifel, "Harbingers of Westminster," *AKC Gazette*, February 2002.
20. David Hancock, dog historian, e-mail to author, May 4, 2012.
21. Michael Clayton, foxhound historian, e-mail to author, May 14, 2012.
22. John Marvin, "Great Dog Men of the Past," *AKC Gazette*, March 1975.
23. René Merlen, *De Canibus: Dog and Hound in Antiquity* (London: Allen, 1971),

それぞれにどのような意味を持つかを考えて選ぶことができる。神話に登場するライオンや、武器、翼を持つドラゴン、三日月形の角、オコジョの毛皮、一角獣などを使った紋章などもある。紋章の題材は数限りない。

9. Ibid.

10. グレーハウンドは、馬に乗った飼い主と共に、気高いシカを追いかけて走ることもあった。後の時代に流行したフォックスハウンドはキツネを追ったが、グレーハウンドはもっと大きなシカを追うのが仕事だった。

11. Katie Thomas, "A Country Dog Charms the Big Show in the City," *New York Times*, February 15, 2011.

12. Noel, interviews.

13. Ibid.

14. Ibid. 最近はそうした不満を解消するための試みも始まっている。紋章院は、実在の犬を紋章にした場合、どのような仕上がりになるのか、あらかじめウェブサイトで確認できるようにした。例として、2006年に作られたF・G・ハーディ医師の紋章などがあげられている。ストライプと水玉模様の盾の脇にフリルがついていて、その上には重そうな兜が描かれている。兜の上、つまり紋章の頂点に描かれているのは、黒のラブラドール・レトリーバーである。その毛色は最近の流行の黄色ではない。しかし、この色は、犬種の元の色であり、この色のラブラドールは最も高貴であるとされてきた。ハーディ医師がこの犬を自らの象徴に選んだのは無難だと思われる。自宅に丸くなって寝ているラブラドールをステータス・シンボルとするのは、少なくとも医師のたどってきた歴史を正しく表現していると言えるだろう。この犬は誰が見ても明らかにラブラドールに見えるように描かれている。面白いのは、その描かれ方だ。横向きの犬は、口に何かをくわえている。糸をより合わせたようなものと、錫箔らしきものだ。犬がよく飲み込んでしまうことで問題になっているラップのようにも見える。ラップを飲み込んでしまうと、手術をしないと取り除けない。あるいは、それはどこかで拾ってきたチーズたっぷりのピザかもしれない。とにかく何かをくわえて犬は座っている。ウェブサイトの説明には古めかしい表現で次のように書かれている。「犬が座りし兜。下に見えるは銀白と緑の花冠。石の兜には雲丹。紫の雲丹も混じる。座った黒のラブラドール（Labrador sejant Sable）が口にくわえるは緑の海藻の塊」

　現代ではモンティ・パイソン以外には口にしないような言葉も使われているが、sableというのは、紋章の世界においては「黒」を意味する言葉である。sejantは紋章の世界では、動物の姿勢に言及する言葉だ。この紋章のように、犬が背筋を伸ばし、両方の前脚を揃えて座っている姿を指す。つまり、Labrador sejant Sableとは、黒のラブラドールが背筋を伸ばし、前脚を揃えて座っているということだ（伝統的には、Lion sejantの方がよく使用されている。

特権階級の存在が許容され続けただけではなく、ジョージ3世の時代からヴィクトリア朝時代にかけて、貴族の称号が歯止めなく乱発されるということも起きた。つまり、新たに特権階級に名を連ねる人々がこの時代に急増したということでもある。その動きは、純血種と認められる犬の急増と連動していた。珍重される犬の種類が増えるに従い、ドッグショーの会場は大きくなり、その大きくなった会場もすぐに手狭になった。はじめのうちは、犬の数も多くはなく、異様に価値の高い犬もいなかったのだが、やがて愛好家が増え、犬への需要も高まるとともに、会場は広く豪華になり、特権的な地位に置かれる犬の種類や数も増加していった。

6. David Cannadine, *The Decline and Fall of the British Aristocracy* (New York: Anchor, 1990), 300.
7. Ibid. やがては、ロックスターや社会主義者にまで、王室から称号が贈られるようになった。最近では、先祖がイギリス人であり、本人がそう望むなどの一定の基準を満たせば、アメリカ人であっても、イギリスの貴族の称号を得られる可能性がある。イギリスのジャーナリストたちが「時代錯誤の特権階級」と呼ぶ地位に外国人も就くことができるわけだ(Carol Midgley, "The Order of the Elitist Anachronism," *Sunday Times* (London), July 14, 2004.)。貴族の仲間入りを認められた者はそれを証明する紙をもらい、バッキンガム宮殿への来訪を許される。
8. このように、犬の場合は「貴族」と認められるのが難しくなっているが、人間はそれに比べて血統を高めることが容易になっている。そのためのチャンスが多くあるからだ。特に、財産のある人や、高い業績をあげた人にはチャンスは多いだろう。そうでなくても、貴族階級の内部で多くの賛同が得られれば、自分も貴族の仲間入りを果たせる可能性はある。最高位の貴族だけは今も完全に世襲になっているが、それでもかなり高い位まで努力次第では普通の人間でも得ることができる。貴族の称号が欲しいと望む人間は、その前に厳しい試験を受けることになる。家系は古くまでさかのぼって調べられ、先祖がどういう人だったのかは細かく確かめられる。どういう人でもまったくかまわないというわけではない(Robert Noel, College of Arms, interviews by author, June 22, 2009, and March 21, 2011.)。後づけの称号であっても一定の価値を持たせるためには、十分な審査をしなくてはならない。

他人に与える印象を自分の望みどおりのものにするには、紋章の形や色の選択も重要になる。紋章は自己像を自由に表現できる手段と言えるだろう。一度、紋章で表現された自己像はその後、世代を超えて受け継がれることになる。そこには、様々なシンボルやアイコンを盛り込むことができる。シンボルやアイコンは現実に存在するものであっても、空想上のものであってもかまわない。たとえば特定の動物や昆虫、有名な樹木などをシンボルにする人もいるだろう。

値も上がるように感じるのだ。映画「英国王のスピーチ」が大成功を収めたのも、その理由からだろう。この映画で魅力的なのは、身分の違う2人の男たちが、2人きりで部屋にいる場面だ。一方は王族、もう一人は平民だ。2人は身分が違うにもかかわらず、対等にジョークを交わし合い、時には口論さえする。

3. イギリスでは、確かに革命はあったが、フランス革命に相当するような革命は一度も起きていない。イギリス人は、貴族階級の存続を許し、土地の所有権も完全に奪うことはなかった。何世紀もの間に、多数の王族、貴族が殺されたのは確かだが、すべてが滅ぼされることはなかったのだ。国王を殺した時でさえ、その理由は、政治や信仰、個人的な資質に不満を持ったからであり、特権階級を根こそぎにしようという大きな意図があったわけではない。1789年から始まった大陸の動乱で地位を追われた特権階級は、嵐が止むまでの間、一時的に英仏海峡の反対側へと避難することになった。ただし、平穏が訪れて大陸に戻ったとしても、もはや元の地位に立つことは望めなかった。同様のことは20世紀半ばにも再び起きた。一部の犬種に特権的な地位を与える動きが盛んになったのはちょうどその10年後のことだ。イギリスは20世紀半ばのその時、フランス、ドイツ、オーストリアで憎しみの対象となった階級の人々を寛容な態度で受け入れ、大事な客人として丁重にもてなした。他国が近代化を進め、国民も近代人として生きるようになったあとでも、イギリスでは、まるでおとぎ話のような王族や王宮が存続し続けた。人々の間の階級意識がイギリスではなかなか薄れない。

4. W. M. Thackeray, *The Book of Snobs* (New York: D. Appleton, 1853), 54. この本は、随筆集 *The Snobs of England, by One of Themselves*〔『イギリス俗物列伝』〕を改題して出版したものだ。1848年はちょうど、大陸で再び大きな革命が起きた年である。そのせいで、本国から排除され、荷物をまとめて慌ててイギリスへと逃げ込む特権階級が急激に増えた。

5. 19世紀は激変の時代、そして自己宣伝の時代でもあった。その時代には、自分を変身させ、高貴な存在に見せることが普通に行われるようになった。本当の特権階級が消えていく一方で、イギリスにはまだ残っていた特権階級を模倣したがる人は増えた。自分の社会的地位を高めることに強い関心を示す人たちが多くなったのだ。努力すれば高められるのではないかという幻想を持てるようになったからでもある。選ばれた少数に自分も入りたいと願う。それは、いわゆる「アメリカンドリーム」の最初期のかたちだったのかもしれない。当時のイギリスは、世界を未来へと導く国でもあった。科学、産業は最も進んでいたし、それだけでなく、奴隷廃止論、民主化の動きなどでも他国の先を行っていた。ところがその一方で、過去の自分たちの姿も頑固に守り続けていた。自分自身も、そしてその崇拝者たちも過去という沼に足を取られ、動けなくなっているところがあった。

念が生まれてきた。新たに見かけるようになった物珍しい犬が、見慣れた在来種の犬よりも珍重されるようになったのである（D. Phillip Sponenberg, "Livestock Guard Dogs: What Is a Breed, and Why Does It Matter?," *Akbash Sentinel*（1998）: 44.）。珍しい犬は、位が上の人に飼われることが多かったために、さらに「高級」という印象は強まった。やがて犬は、宮廷間で互いに贈り合う、贅沢品になっていく。人々は犬に実際以上の価値を見るようになった。

アメリカ動物虐待防止協会（ASPCA）の会長だったロジャー・キャラスはこんなふうに書いている。「犬の愛好家の中には、自分たちの愛する犬種が健全な子孫を残せるかどうかよりも、毛の長さ、質感、色などをはるかに重要視する人たちがいる。私にはそれがまったく理解できない」（Roger Caras, *A Celebration of Dogs*（New York: Times Books, 1982）, 190.）。犬のブリーディング業界はかつて驚くほどの力を持ち、次々に最新の流行に合った犬を作り、販売することができた。ブリーダーたちは、犬をどのような方向にでも自由自在に変化させることができた。その技術を使い、より高貴で、純血種として理想に近い犬を作るべく絶え間ない努力を続けていた。完璧な犬の定義が、昔とは比べ物にならないほど厳しくなっていった。

33. William Burrows, "Queen Victoria and Our Collies," *AKC Gazette*, July 31, 1924.
34. Derr, "Collie or Pug?"
35. Watson, *The Dog Book*, 612.
36. Jesse Gelders, "Science Remakes the Dog," *Popular Science Monthly*, November 1936.

■第３章　犬による社会的地位の証明

1. Oscar Wilde, *The Importance of Being Earnest*（London: Leonard Smithers, 1899）, 132.
2. ドッグショーの審査員たちは、大西洋を挟んだ２つの国で同じことを言った。自分たちは犬の姿形と能力に注目するのだと。高貴な生まれであること、血統が由緒正しいことは、特に評価には関係がないはずだ。そんなことが今の時代に意味があるだろうか。

   現在、世界の主要国の中で、イギリスほど、どの一族の生まれであるかが人間の評価に大きく影響する国、昔のままの先祖崇拝が残っている国はないかもしれない。何しろ、自国民には、他とは違い、人間として当然持っている以上の資質が生まれながらに与えられている、と首相自身が言ってしまう国である。そして、今では何の役割も果たしていない王族を国民が賞賛し、贅沢な生活を続けることを許している。それに膨大な費用がかかってもさほど気にもしない。飼い犬を特別なものに見せたいと思うのと同様、イギリス国民は、自分たちの元首も特別なものに見せたいと思っているようだ。そうすることで、自分の価

American Kennel Club.)。

28. Gordon Stables, "Breeding and Rearing for Pleasure, Prizes, and Profit," *The Dog Owner's Annual for 1896*（London: Dean and Son, 1896）, 14.

29. Alan Beck and Aaron Katchner, *Between Pets and People*（West Lafayette, IN: Purdue University Press, 1996）, 168-70; Stephen Jay Gould, "Mickey Mouse Meets Konrad Lorenz," *Natural History* 88, no. 5（May 1979）: 30-36.

30. ここにあげた予測可能な形質の多くは、幼児期の動物に見られる特徴と類似したものである。そして、そうした形質を誇示することは、戦争や王の護衛、より最近の話をすれば、グラウンド・ゼロにおける自爆テロの犠牲者の捜索などと並んで、犬の仕事の一部と言えるだろう。グラウンド・ゼロで活躍し、消防士とともに写真に収まった犬はゴールデン・レトリーバーで、その写真はAKCの大事なコレクションにもなっている。そのため、やはりこういう純血種の犬でなければ、大きな仕事はできないのだと感じる人も多かったかもしれない。

31. Jason Goldman, "Man's New Best Friend? A Forgotten Russian Experiment in Fox Domestication," *Scientific American* blog, September 6, 2010.

32. 人間の思考は必ずしも合理的ではない。些細なこと、本質に影響しないような小さなことを必要以上に重要とみなす場合がある。農民、漁師、戦士など、昔から犬に依存して生きる人は多くいた。ただし、彼らは決してペットとして犬を飼っていたわけではない。そんな贅沢をする余裕はなかったのだ。あくまで有用性が大事で、犬の外見を自分の好みに合わせるようなことはしなかった。だが、それでも無用な特徴を重要視してしまうことは皆無ではなかった。たとえわずかでも、犬の外見が変化することを嫌がった。わずかな変化によって全体の微妙なバランスが崩れるのを恐れたのかもしれない。犬の持つ忠誠心や誠実さなど、抽象的な特徴と、たとえば身体にある模様など、無意味な特徴とを結びつけることもあった。その模様がなくなったら、忠誠心など犬の重要な美点も同時に消えるのではと恐れたのだ。

　犬に対する考え方は、文化によっても異なっていた。異文化間の交流が少なかった時代には、隔離された環境下で、文化による差異は時とともに広がることになった。犬の外見をどうあるべきと考えるかは、たとえば、エジプトと中国とスペインではまったく異なるようになったのである。在来種の外見に対する好みは、過去においては曖昧なものだった。現在のように一定の基準を設け、それを障壁として外見の変化を防ぐということもなかった。遺伝子が混じり合うのを防ぐこともない。そのため、他の犬との交配は実際に多かったし、あまり知られてはいないが、他の地域へと売られる犬も少なくはなかった。また、侵略などにより、犬どうしの交配が進むことはあった。交配が進めば、各地域の犬の独自の形状や特性などは変化していく。その時に「高級な犬」という概

Times, February 9, 2013.)。

24. John Caius, *Of Englishe Dogges* (Charleston, SC: Nabu Press, 2012; orig. pub. 1576), 34.

25. 犬自体、オオカミとの境界線が曖昧な生物だと言える（Mark Derr, *How the Dog Became the Dog* (New York: Overlook, 2011), 157-58.)。

26. その時までは、信じたくなければ、犬があの狡猾そうな夜行性の獣の子孫だということをまだ否定できた。そして、犬の起源にまつわるおとぎ話を、いくらでも自分たちの気に入るように作り上げることも可能だった。こんな高貴な動物が、オオカミの子孫だなんてことがあるわけがない、絶対あり得ないと言い張ることができたのである（Robert K. Wayne, "Molecular Evolution of the Dog Family," *Trends in Genetics* 9, no. 6 (June 1993): 218-24.)。

27. 犬をその「かわいらしさ」の程度、つまり外見がオオカミからどれだけ離れているかでランク付けをし、そのランクがオオカミのような行動とどの程度相関しているかを検証する研究が行われたこともある。驚くべきことに、懇願するような大きな目、幼児のように丸い額、柔らかい毛、穏やかな口元を持った、まるで子犬みたいに見えるゴールデン・レトリーバーが、個体どうしの争いの際、意図的にオオカミに似せるように作られたジャーマン・シェパードよりも、オオカミ的な行動をとった例があるという（Deborah Goodwin et al., "Paedomorphosis Affects Agonistic Visual Signals of Domestic Dogs," *Animal Behavior* 53 (1997): 297-304.)。

　あるペキニーズの愛好家はこんな発言をした。「彼らの遠い祖先、今ではもう忘れ去られてしまった祖先に無様な毛皮のコートを着させるのは、あまりにもひどい侮辱ではないだろうか」。ペキニーズという犬の祖先が何かは知らないが、卑しいオオカミなどでは絶対にないと言っているのだ。「あなたは自分の、まだ人間になる前の祖先に、同じように無様な毛むくじゃらのローブを着させたいと思うのか？」とも問いかけた（Annie Coath Dixey, *The Lion Dog of Peking* (New York: Dutton, 1931), 245.)。確かにこれは偏見だろう。しかし、犬の愛好家たちだけが悪いわけではない。この偏見を助長するような神話が過去に数多く存在したことも事実だからだ。また現在は、進化という考え方を基礎にして動物を分類するが、その考え方が生じる前には、事実上、どのような分類でも可能だった。長い間、犬は他の種と交配することで形や大きさが変化すると広く信じられていた。たとえば、小さいテリアは、キツネとの交配によって、大型犬はクマとの交配で生まれたと考えられていたのだ。現在から見れば、滑稽でつい笑ってしまうような考えだが、当時としてはそれがごく普通だった。また、純血種と呼ばれる犬が雑種よりも「純粋」であるという考えや、AKCの品質保証があるペット犬はそうでない犬よりも優れているという考えと、不合理という点ではそう変わらない（"Get to Know the Golden Retriever,"

ない。したがって、どうすれば子犬が多く売れるかも誰かが考える必要がある。

20. A. K. Sundqvist et al., "Unequal Contribution of Sexes in the Origin of Dog Breeds," *Genetics* 172, no. 2 (February 2006): 1121-28.
21. Mark Derr, "Collie or Pug? Study Finds the Genetic Code," *New York Times*, May 21, 2004.
22. Edward Ash, *This Doggie Business* (London: Hutchinson & Co., 1934), 43.
23. 犬種というものはどれも、それ以前の犬を改造したものにすぎないが、新しい種を作ることには常に危険が伴う。どの純血種にも、その純血性ゆえに大金をつぎ込んだ人たちが大勢いて、下手をすれば、その人たちに不快感を与えてしまうことになる。純血種の王族、王宮にまつわるおとぎ話を台無しにしてしまう恐れがあるのだ。そうなれば、今いる純血種が最良なのだから、余計なことはするなという非難の声があがるだろう。実は、純血種など、どこにも存在せず、王族も王宮も存在しないのだが、今もそれが存在するという信仰は根強い。多くの犬種を生み、その基準を定め、ドッグショーも多数開催してきたイギリスでは当然そうだし、世界中のイギリス的なものを崇拝する人たちの間でも信仰は続いている。

　実は本物ではない純血を守るために、近親交配が頻繁に行われていることも問題だ。それがまた、犬の健康にとって害になっている。健康被害があまりにひどいために、いかに市場価値が高い血統であっても、いかに強い名誉欲があったとしても、維持するのが難しくなっている例もある。全米人道協会(AHA)の調査員、ロバート・ベイカーは1980年にある実験を行った。実在しないラブラドール・レトリーバー数頭をAKCに登録申請して、実際に登録できるかを試したのだ。すると登録が認められ、AKCからは公式の文書が送られてきた。これにより、AKCへの登録がとても簡単にできることが証明されたわけだ(Mark Derr, "The Politics of Dogs," *Atlantic Monthly*, March 1990.)。同様に、アメリカNBCの番組「デイトライン」の中で、AKCに架空の8頭の子犬を登録しようとした時も、何も質問されることなく登録が認められた。子犬はすでに死亡した雄と避妊手術済みの雌の間に生まれたことになっていたのだが、誰もそれを問題にしなかった("A Dog's Life," Dateline (NBC), April 26, 2000.)。劣悪な環境のブリーディング施設で生まれ、AKCに登録される子犬の数は現在、年に何万という数にのぼっていると考えられる。この登録料による収入が、AKCの年間収入の約4割を占めているのだ。登録される子犬に関する情報にはかなりの虚偽が含まれていると思われる(子犬に関しても、その祖先に関しても、起源について十分な調査をしていない場合が多い)。純血、血統についての信仰が根強いとはいっても、これだけずさんな事実が広く知られれば、その信仰を打ち崩すのには十分ではないだろうか(Mary Pilon and Susanne Craig, "Safety Concerns Stoke Criticism of Kennel Club," *New York*

人間の気まぐれな好みや競争心を反映したものでしかなかった。その基準で定められたとおりにすると身体の構造は健全でなくなり、健康や命までも損なう危険があったのだ。しかし、いったいなぜ、多くの犬種でそんな奇妙な基準が一般的になったのだろうか。

趣味として犬を飼育した人たちには、犬の形、サイズ、色などに独特の好みがあった。どこか新しく、普通の犬とは違った特徴を持った犬を求めていたのである。そうした特徴があれば注目を集め、品評会で賞を取ることができたからだ。愛好家たちは自らブリードクラブを作り、自分たちが気に入った犬の地位、価値を高めるべく努力した。時には、自分の推す犬種がまだ確立したものでなくても、自分たちの利益のために先走った行動を取った。

交配は試行錯誤の連続だった。どの組み合わせが良い結果になるかは、試すまでわからない。好みに合わない多くの子犬たちが犠牲になる。ブリーダーは自分たちを喜ばせるような外見の子犬を探し選んでいく。限られた種類の特徴の中から、どれを強調するかを選ぶのだが、一定の基準があるわけではなく、実際に何が選ばれるかは彼らの気まぐれである。気まぐれによって選ばれた特徴を強調しようと試み、それがうまくいった時に純血種と呼ばれる犬ができあがる。ある特徴を強調したことで、その犬の健康を損なうような副作用が現れることもあるが、その点は考慮されない。ただ、消費者が買えるよう値段を抑えるには、大量生産しなくてはならない。そのためには個体ごとに多少の遺伝的な差異があっても許容されることはある。最後は、資金を提供している人間が魔法の杖を振るように決断を下せば、新しい犬種が一つ誕生することになる。

魔法とは言っても、そこには何の不思議もない。またあってはならないだろう。注目の犬種が一つ生まれたら、その美しさを称賛するのではなく、裏で命を落とすことになった数多くの個体に思いを馳せる人もいるはずである。理想どおりの特徴を持たずに生まれてきた子犬は殺される運命にある。また、純血種として「正しい」特徴を維持するがために健康に問題を抱え、その対策のために大金が投じられている可能性もあるだろう。その犬種の持つべき特徴が固まったら、特徴を列挙した仕様書が作られることになる。AKCや、イングランドケネルクラブ（EKC）といった団体にとっては、何よりも重要な書類だ。

品評会の審査員の考え方も、ブリーダーと似たり寄ったりである。権威ある品評会と言っても、結局は単なる好みによって評価が決まるわけだが、その恣意的な評価を正当化するのは、基準を記した文書である。審査員の仕事は、その文書の解釈をすることであるとも言える。どの犬が目に見えない理想により近いのか、またどの犬がそうでないのか、それを判断しなくてはならない。人々の行いの善悪を判断する宗教指導者のようでもある。犬種のどのような点を今後、改良していくべきかを考える仕事もある。愛好家や関係者にとっては、犬種の維持も重要になる。犬種を長く維持するには、子犬が売れなくてはなら貴なドッグオーナーたちは、アメリカで開催されるドッグショーにも喜んで出向いてきた。行けば必ず素晴らしい賞を授けられることになるからだ。また、迎える側としても、彼らが存在するだけでイベントが高級なものになるので、歓迎する。ドッグショー自体、そもそもイギリス人が考えた出したものだから、イギリス人がいた方がそれらしくなるのは認めざるを得ない。ところが、野心的なアメリカの貴婦人たちは、突如として、それまで良いとされていた基準に反旗を翻したのだ。イギリス人の審査基準に疑問を呈し、自分たちの基準の方が正しいと言い張ったのである。彼女たちの目には、萎れゆく花のような形の耳よりも、夜空を飛び回る吸血動物のような耳の方が良いものと映った。

こういう激しい争い自体は実は珍しいものではない。犬の血統をめぐるカルトは、19世紀後半のいわゆる「金ぴか時代」の終わり頃に、自らの存在を確立するべく苦闘することになった。ブリードクラブとケネルクラブとの間で数多くの争いが起きたし、ブリードクラブどうしの争いも激しいものだった。すべての団体が他のすべての団体と必ず一度ずつは闘ったことがあるという状況だった。あるイベントに参加したが、途中で腹を立てて犬を連れ帰ってしまうという人も多くいた。途中で帰ることで、イベントに対する軽蔑の感情を明らかにしようとしたのだ。

13. 彼らの多くはきっと、もっと活発な犬種を好んでいたと思われる。だが結局、彼らは自分たちが好む種類のフレンチ・ブルドッグの評価を高めるという難しい仕事に取り組むはめになってしまう。彼らにとって好ましい変異、できれば永続させたい変異を持った個体を高評価にすべく努力を始めたのである。
14. “French Bulldog Club,” *New York Times*, April 7, 1897.
15. ニューヨーク・ヘラルド紙には、コウモリ耳を持つフレンチ・ブルドッグの入ったケージが誇らしげに並べられている絵が掲載された（Vedder, “The War of the Bat and the Rose Ear.”）。毛皮の首輪をつけられた犬たちは、皆それぞれに、リシュリュー、ガミン、バボット、ニネット、プティット・フィー、アンジュ・ピトゥといったしゃれた名前をもらっていた。ニューヨーク・タイムズ紙の記事では、この犬たちの耳がいかに重要かが伝えられていた。「この際立った特質を広く一般の人たちに知ってもらうためには、シュットという犬の頭を特別の注意を払って子孫に受け継いでいく必要がある。シュットは、形も角度も申し分ない最高の耳を持った犬に贈られる賞を受けた偉大な犬だ。実際、シュットの耳は賞の条件に見事に当てはまっていた」（“Dogs of High Renown.” *New York Times*, June 5, 1898.）
16. James Watson, *The Dog Book*（New York: Doubleday, Page, 1906）, 707.
17. “Dogs of High Renown.”
18. Vedder, “The War of the Bat and the Rose Ear.”
19. 犬種標準は、「完璧な犬とはどういうものか」を定めてはいたが、それは結局、

30, 1924.

11. フレンチ・ブルドッグを愛好し始めた貴婦人たちは、アフタヌーンティーで自分の犬を何度も見せびらかしながら、考えたに違いない。「フランスのブルドッグの理想の姿形はどのようなものか」と。そして、その問いが、フレンチ・ブルドッグの愛好家クラブを設立させる動機にもなっただろう。ある作家は「フランスで育てられる小型のブルドッグはどのようなものにすべきか、この特異な耳の形は理想に適うものか、ということは常に誰にもわからないままだった」と回想している（Ibid.）。このような曖昧な状況は、熱心な愛好家にとっては長く耐えることができないものだった。

12. ニューヨークには、国際的な基準から外れ、独自の理想像を作り上げている愛犬家の小さな集団が存在した。しかし、専門家でさえ、その存在をほとんど知らなかった。あえて国際的な基準の隙間を狙うようなことをしている集団だ。世界の傾向を見ると、犬を評価する基準は細かくなっていく一方だった。しかし、ニューヨークの愛好家たちは、ただ不文律をあえて破り、激しい論争を巻き起こしている裕福な女性たちと見られていた。単なる反逆者と思っていた人が多いだろう。コウモリ耳のフレンチ・ブルドッグは、ニューヨーク５番街沿いに建つ、何軒かの瀟洒なマンションで飼われていた。クーパー＝ヒューイット、ニールソン、ハッドン、ロナルズ、ワトラス、カーノーチャンといった名前を持つ、いずれも堂々たる女性たちの飼うフレンチ・ブルドッグが皆、コウモリ耳だったのだ。影響力のある彼女たちは、自分のペットを是が非でもウェストミンスターの品評会で勝たせたかった。そこで、社会の変革に本腰を入れるようになったのだ。

これは驚くべき行動と言えた。犬に限らず、何に関しても、アメリカ人が外国人の趣味に対して異を唱えるというのは珍しいことだったのである。現在の犬種のほとんどを作り出したのはイギリス人であり、飼い主に対しても権威を持っているのもイギリス人だ。ドッグショーや公式の評価基準は、アメリカ人にとっては、あくまで輸入したもので、教養ある市民はそれをよく学び尊重すべきとされていた。一つの様式として大切にするのが当然という認識だった。歴史が浅く、確かな自信もないアメリカ人は、疑問を差し挟むことなどないのが当たり前で、たとえ裕福であっても、イギリス人の作った基準に対しては謙虚な姿勢で臨むのが常になっていた。だから、ニューヨークの女性たちの行動は非常に珍しいものだったのだ。

自分たちの犬の耳をブルドッグとして正統でないとみなしたイギリスの品評会の基準に、彼女たちは大胆にも挑戦した。審査員として多くの人から尊敬を集めていたジョージ・レイパーも、これにはうろたえたに違いない。イギリスの専門家たちは、彼らがお金をもらって評価を下す犬たちと同様、外国へも「輸出」されることが多く、まるで王族のように扱われてきた。イギリスの高ふれていた。散歩の時、道でどんな犬に出会うと怯えるのか、散歩で連れて行くならどの公園がいいか。お気に入りのおやつは左から2つ目の棚に入っていること。そして何より大事なものがあった。「コングトイ」と呼ばれる小さなゴム製のおもちゃだ。円筒形をしているこの見慣れない形のおもちゃにピーナッツバターを染み込ませ、毎日の散歩のあと、ウィニーの赤いベルベットのベッドに置くよう指示された。キッチンに置かれたピンクのサテンのベッドではなく、書斎に置かれた赤いベルベットのベッドだ——そのベッドのちょうど中央に置かなくてはいけない。ウィニーの日課は細かく決まっており、すべて厳格に、正確に守る必要がある。飼い主は私にはっきりとそう言った。修道僧のための時祷書に記された儀式のように、毎日時間を守ってまったく同じようにこなすのだ。もし、少しでも何かを抜かしたり、何かが時間どおりでなかったりすれば、ウィニーは混乱し、寝室で脱糞してしまう。

　こういう日課は、普通は犬と飼い主だけの秘密だ。色々と試行錯誤をする中で決まったものである。飼い主が犬を擬人化した結果、生まれる日課もある。ただ、よほど献身的な飼い主でなければ、そこまで犬を理解できないし、熱心に世話もしない。また、日課を知らせるのは、信頼できると見込んだごく少数の人だけだ。当てずっぽうに試したことが偶然、うまくいくと、やがてそれをすることが規則となり、年月が経つうちに神聖で侵すべからざる伝統のようになる。

2. John Mandeville et al., “Focusing on Breed Standards,” *AKC Gazette*, February 1984.
3. “Pembroke Welsh Corgi: Breed Standard,” American Kennel Club.
4. Mandeville et al., “Focusing on Breed Standards.”
5. Richard Wolters, *The Labrador Retriever: The History--the People*（Los Angeles: Petersen Prints, 1981）, 154.
6. 顔の一部がグレーになっているなどの毛色の変化がどこかにあれば、それだけで失格の根拠になり得る。年齢によって説明のつくものならまだしも、生まれつきそうだとすれば、もはや考慮の余地はなくなる。ラブラドール・レトリーバーの先祖の一つとされるセント・ジョンズ・ウォーター・ドッグには生まれつきその特徴があるのだが、関係ない。天がその犬に与える毛色がすべてだ（“Labrador Retriever: Breed Standard,” American Kennel Club.）。
7. Ibid.
8. “Pedigree Dogs Exposed,” directed by Jemima Harrison, BBC One, August 19, 2008.
9. *Treasures of the Kennel Club: Paintings, Personalities, Pedigrees and Pets*（London: Kennel Club, 2000）.
10. O. F. Vedder, “The War of the Bat and the Rose Ear,” *AKC Gazette*, November

り、ブルドッグの外見を優先し、身体機能を後回しにした点では同じだった。単に家の中で飼われるペットとしても満足に生きていけるか疑問符がつく動物を作っていた。ドッグ・デザイナーのデイヴィッド・レーヴィットによれば、「伝統的なイングリッシュ・ブルドッグは今から1世紀ほど前に作られた犬種だが、もはやすでに、『十分にイギリス的である』とは言えないものになってしまった」という。

ブリーダーが過去の希少な犬種の復活を試みることはよくある。その場合には、残っている絵画や彫刻などを見て、参考にすることが多い。過去のブルドッグの復活を目指したブリーダーたちも同じようなことをした。2世紀近くにもわたって人間が手を加えたことで変化してきたブルドッグを、ここで再び「作り直す」という試みが始まった。今度は、主としてアメリカの愛好家にとって納得できるブルドッグで、しかもイギリスらしさも保っている、というものが求められた。レーヴィットは次のように書いている（L.B.A.: Leavitt Bulldog Association.）。「残忍で攻撃的という性質は、ブルベイティングに使われた頃からブルドッグという犬種に生来、染みついている。私個人にとっては嫌悪すべき性質ではあるが、強敵ばかりと勝負してきたアンダードッグ（勝ち目のないもの）の執念と勇気に私は魅了されていた。また、ブルドッグの獰猛そうな外見にも惹きつけられていた」（「アンダードッグ」とは元々、闘犬で負けた犬を指す言葉だった。その悲劇的な様子は、デイヴィッド・バーカーの詩に描かれている。「奴らがどう言おうが／俺は弱き犬の味方でいよう／勝ち目のない勝負を戦う犬のために」（David Barker, “The Under Dog in the Fight” *Poems by David Barker*, (Bangor, ME: Samuel S. Smith and Son, 1876), 103.）。過去のイギリスに存在したままの姿のブルドッグ、古いブルドッグを現代に蘇らせる、というのは一部の人にとっては魅力的なことだし、その他の人たちにとってはバカげたことである。だが、作り直し版のブルドッグは、それまでのものに補強を加え、さらに強そうに、獰猛そうに見えるような細かい改良が各所に加えられた。

33. 小さなブルドッグのボブは、1歳の誕生日を迎えることなく亡くなった。ボブが苦しんでいた病気のうち、いったいどれが死因になったのかは、獣医にも確実な結論は出せないとのことだった。2人の父親はその死にうちひしがれたが、しばらくすると、常識をもった心ある飼い主ならば決してやらぬことを実行した。ボブと同じブルドッグを新たに2頭飼うことにしたのである。

■第2章　純血種への行き過ぎた信仰

1. 私が飼い主から性格や体質についての説明を受けている間、この寸詰まりの猫のような犬は、飼い主に向いた私の注意をしきりに自分の方に向けようとしていた。その姿を見て私は思わず微笑んだ。飼い主からの説明は犬への愛情にあ

27. Cooper and Fowler, *Bulldogs and All About Them*, 29.
28. Ibid., 36.
29. Watson, *The Dog Book*, 398.
30. Johan and Edith Gallant, *SOS Dog: The Purebred Dog Hobby Re-Examined*（Las Vegas: Alpine, 2008）, 86-92.
31. ブリーディングには数々の障害が立ちはだかった。ブリーダーたちの望みどおりの犬種ができるまでには、無数の犬たちが犠牲になった。だがそれでも、ブルドッグは長い間、人気のある犬種であり続け、市場には大量のブルドッグが供給され続けた。ただ、新しい「改良型」のブルドッグには一つ問題があった。敏捷性に欠け、走ることができなかったのだ。しかし、その走れないということが高評価につながった。ブルドッグは、そのブルドッグらしさのために、実用的な機能を犠牲にしていたからだ。そのため、1893年にはブルドッグの「歩行コンテスト」まで行われている。そこでは歩行能力が低い方が、よりブルドッグの血統にふさわしいと評価されたのである。
　そのコンテストでは、特に「優れている」とされたブルドッグが2頭いた。ブルドッグという犬種の異常さを批判する人も少なくなかったが、コンテストを運営する側は、その2頭の存在によって、批判する人たちを黙らせることができればと考えていた。2頭のうちの1頭は、オリーという犬だ。オリーの外見は昔ながらのブルドッグのようだった。骨格が軽そうで、運動能力も高そうに見えた。オリーに対抗するのが、ドックリーフというブルドッグだった。ドックリーフは、オリーよりは小さく、重そうに見えた。見た目に派手で、新しい時代の理想により近いブルドッグとも言えた。オリーは実際、ドックリーフよりも敏捷で、歩くのも上手だった。ともかく何とかまともに動けていると評価することはできた。一方のドックリーフはすぐに疲れてしまい、コンテストから撤退した（Rawdon Lee, *A History and Description of the Modern Dogs of Great Britain and Ireland*（Non-Sporting Division）（London: Horace Cox, 1894）, 208-10.）。しかし、この結果を見ても、ブリーダーたちは、ドックリーフの子孫を殖やすことをやめず、長年にわたり繁殖を続けた。歩行コンテスト自体の勝者はオリーだったが、結局、長期的には、走ることはおろか、歩くことすらままならないドックリーフが勝者になったことになる。身体能力は劣っていても、外見が多くのブリーダーの求める理想に近かったからだ。当然のことながら、身体が極端に変形されることで、犬の体力、健康が損なわれることを懸念する声は上がっていた（Cooper and Fowler, *Bulldogs and All About Them*, 37.）。
32. 1970年代になると、ブルドッグのブリーディングはさらに「進歩」した。その進歩は、イギリスびいきのアメリカ人によるものだった。彼らは、また新たな「ブルドッグのレプリカ」を作り出した。ブルドッグの歴史を尊重しつつも、犬の健康も大事にする、ということが彼らの目標だった。ただし、彼らもやはのを見て、闘わせることを思いついたとも言われている。スタバートンは遺言により街に大金を寄付した。その金で毎年、新しい牛を購入し、舞台を設営できるようにしたのだ。ブルベイティングが年に1回、クリスマスの前の6日間にわたって行われることになった。見物人は入場料を支払って闘いを見た。その収益は、貧しい子供たちの靴や靴下を買うのに使われた。動物や奴隷を犠牲にする催しはかつて古代ローマ人も盛んに開いたが、それと同様、ブルベイティングも一見すると、ただ残酷、冷酷な行いにしか思えない。だが、実際には主催者と見物人たちにとって例年の神聖な儀式の一つになっていたのだ。非難をするのは異邦人だけで、当事者にとっては何ら悪いものではなかった。元来、醜悪なはずのものが美しいものへと変えられ、元は原始的な楽しみだったものが崇高な儀式へと変わった。残酷さは寄付という行為を通じ優しさへと変わった（Taplin, *The Sportsman's Cabinet*, 86.）。

15. "10 Dogs with the Priciest Vet Bills," *Main St.*, July 10, 2011.
16. "AKC Names 10 Most Popular Dog Breeds for 2013," *Examiner.com*, February 1, 2013.
17. James Watson, *The Dog Book*（New York: Doubleday, Page, 1906）, 397-98.
18. Cooper and Fowler, *Bulldogs and All About Them*, 25.
19. Jane Lucille Brackman, "A Study in the Application of Semiotic Principles and Assumptions of Systems of Division, Classification and Naming," PhD diss., Claremont Graduate University, 1999.
20. Watson, *The Dog Book*, 398.
21. Cooper and Fowler, *Bulldogs and All About Them*, 48.
22. Ibid., 28.
23. Ibid., 57.
24. Edward Ash, *This Doggie Business*（London: Hutchinson & Co., 1934）, 113.
25. ブルドッグを作るには、生まれた後の「改造」が必要になっていた。その犬を愛好する者たちは、過去の闘う犬を愛しながら、実際には闘わない犬を育てていた。新たに定められた犬種標準に合わせることで、過去とはまったく違う犬を作るようになった。鼻が潰れた顔や、首がなく、胴体にめり込んでいるような頭を見ていると、いかにも闘いそうだが、実は性質は過去とはまるで違うという犬が多く作られた。交配による動物の改良に断固反対の立場を取っていたゴードン・ステーブルズも、そういう実態があったことを認めている（Gordon Stables, "Breeding and Rearing for Pleasure, Prizes, and Profit," *The Dog Owner's Annual for 1896*（London: Dean and Son, 1896）, 42, 72.）。
26. Freeman Lloyd, "Many Dogs in Many Lands," *AKC Gazette*, February 1924. その他の引用も同誌から。ニューヨーク市のアメリカンケネルクラブのアーカイブにある合本を参照させていただいた。

8. Cooper and Fowler, *Bulldogs and All About Them*, 28.

9. 動物どうしが死ぬまで闘う催しは世界中に無数にあり、闘う動物の種類も様々だ。ブルドッグが牛と闘うブルベイティングは、中でも特に有名で残酷とされている。そして今、ニューヨークでは毎年、偶然にもこれと同じ「ブルベイティング」と名づけられた有名なドッグショーが開かれている。世界中から何百万という人たちが集まって、このショーを楽しむ。

10. 動物どうしの闘いは、はるかな昔、すでに古代ローマで広く行われていた。さらに昔、古代ギリシャやエジプトでも行われていた記録がある。古代人たちは、闘いが激しくなり、流血の事態になると喜んだ。競技場で闘った動物は牛や犬だけでなく、他にもたくさんいた。人間の剣闘士が出た、その同じ舞台には、クマ、ヤマネコ、水牛、ゾウなど、ありとあらゆる動物が登場した。動物たちが悲惨な死に方をするたびに、群衆は熱狂した。人間の奴隷もそうだが、そうした動物たちは、苦しみ、自分たちを楽しませるためだけに生まれてくるのだと信じられていたのである。コロッセオでは、1日の闘いだけで5000を超える数の生き物が命を落とすことがあったという。同種どうしの対決もあれば、別の動物との対決もあった。また人間と獣の対決もあった。中世のヨーロッパでは、ユダヤ人やイスラム教徒たちが、動物と闘わされ、見世物にされた。しかも明らかに不利な状況で闘わされるのだ。この種の催しは倦むことなく行われていた。動物の組み合わせは無限にあり、趣向も色々と考えられるのだから、なかなか飽きなかったのだろう。

11. リングに上がる前のマスティフには、色のついた生地で作った花飾りがつけられた。何世紀もの間、マスティフは闘いの場においては最高の犬として称えられる存在だった（William Taplin, *The Sportsman's Cabinet; or, a Correct Delineation of the Various Dogs Used in the Sports of the Field ...*（London: J. Cundee, 1803), 86.)。

12. 長らく闘いに使われていたのはマスティフで、そのずっと後からはブル・テリアも使われるようになった。だがブルドッグの登場後は、専らブルドッグがブルベイティングのための犬ということになった。ブルドッグによるブルベイティングは、王侯貴族も一般の市民も等しく楽しませた。また、イギリス全土の街や村で何世紀にもわたり、神聖なる儀式として尊ばれてきた歴史もある。現代の価値観からすれば、これほど恐ろしく、邪悪な行いはないと思われるが、過去にはそれとは逆の見方をされていたわけだ。

13. Cooper and Fowler, *Bulldogs and All About Them*, 18-20.

14. ブルベイティングには、キリスト教の慈善的側面も見られる。毎年恒例として開かれていたブルベイティングには有名なものがいくつかあるが、その一つは1660年頃、ロンドンの近くのステーンズという街で始まった。ジョージ・スタバートンという裕福な男がある時、通りで肉屋の犬が牛を追いかけている

3. マスコットにされたのは実物のブルドッグで、代々「ハンサム・ダン」と呼ばれたが、その歴史には健康問題がいくつも見つかる。初代ダン――ワニとウシガエルを足して2で割ったような外見の生き物――は、この犬種としては珍しく、11歳までなんとか生きたようだ。しかし、その座を受け継いだ犬たちは、初代ほど運に恵まれていたわけではなく、それはイェール大学を悪い手本としてブルドッグをマスコットにした他のチームでも同じことだった。数々の賞をもらった犬の子孫に、心臓発作がよく見られた。また、股関節形成不全、関節炎、腎臓病、情緒不安定などで、幼いうちに引退したり、死んだりする例も珍しくなかった。
4. H. S. Cooper and F. B. Fowler, *Bulldogs and All About Them* (London: Jarrolds, 1925), 29.
5. 犬の祖先のオオカミは、背後から獲物に襲いかかるので獲物に脚で蹴られることがあるが、ブルドッグはそうではない。
6. いかにもそこに崇高な理念があるように言う人はいるが、犬を牛に立ち向かわせるという行為が醜悪なことは否定のしようがない。にもかかわらず、イギリスではその習慣が中世から長い間続いてきた。やめさせようとする目立った動きもなく、当事者たちからの釈明などもなかった。大手を振って続けられていたというのが現実だ。ブルベイティングが議会制定法によって禁止されたのは、1835年のことだ。それまでは国民的なスポーツとされていた。動物を使った残虐な娯楽は他にもいくつかあったが、ブルベイティングはその中でも人気の高い方だった。非常に地位が高まり、残虐性を増したブルベイティングに比べれば、スペインの闘牛などはかわいいものと思えるような時代もあった。しかし、激しく非難する人たちが次第に増えたことで、ついに禁止する法律が作られるにいたった。ただ、禁止される動きの只中でも、カニング卿やウィリアム・ウィンダムなどはそれに強く抵抗をした(R. G. Thorne, The History of Parliament: *The House of Commons, 1790-1820*. 5 vols. (London: Seeker & Warburg, 1986), 622.)。

   犬の愛好家というと現在では、動物を愛し、守ろうとする人たちと考えられる。しかし、過去にはそのまったく逆という時代があったのだ。ブルベイティングの観客たちは、その日の闘いをギャンブルにしていた。結果を予想し、当たれば金が儲かるわけだ。肉が割かれ、骨が砕ければ、動物の苦痛に悶える声が聞こえれば、彼らは大喜びした。19世紀以降になると、現在の私たちに感覚が近づいていくが、それまでは犬の愛好家と言えば、「ギャンブラー」とほぼ同義だったのだ。
7. イギリスで犬の歴史を研究していたジョン・カイウスという人物も、まさにそのとおりのことを言っている(John Caius, *Of Englishe Dogges* (Charleston, SC: Nabu Press, 2012; orig. pub. 1576), 25.)。

12. Stables, *The Practical Kennel Guide*, 115.

■第1章　イギリスの古き良き伝統

1. それに加えて、私はきっと1980年代のまま何も変わることなく過ごしていたはずである。私の住む、チェルシーからほど近いグリニッチビレッジのアパートがそうであるように。だが、チェルシーにこうして頻繁に出入りすることで、私も徐々に彼らの世界を学んでいった。私が学んだのは、まず、すべての誇り高きチェルシー人は、自分の装いを一新しなくてはならないということだ。ワードローブの中の服を総入れ替えし、同時に自分の心の中、頭の中も完全に新しくする。昨日まで「食えたものではない」とされていた食べ物が、突然、必需品になる。今年流行った合成麻薬が、翌年には誰も見向きもしないものになる。昨年に流行ったボクサーブリーフを、今年はもはや誰も履かないというのと同じように。変わるのは、食べ物や持ち物だけではない。人間の身体にさえ流行がある。何十年もの間、ほっそりした中性的な身体が良いとされていたのだが、最近では皆、鍛え上げて水兵のようになるのが良いとされるようになった。しばらくの間は、胸毛はすっかり剃り、滑らかにするのが流行ったが、まもなく体毛が復権した。いわゆる「秘宝への道（へソから下の毛）」を、カミソリで綺麗に整えることも流行った。生まれつき、その部分の毛が生えない男性が他の男性の毛を整えるのだ。頭は囚人のように短く刈るのが流行ったこともある。このスタイルは、すぐにビジネスマンたちに広く取り入れられるようになった。髪はすぐに伸び、ブロンドの髪はぼさぼさになってしまい、下手をすると、短くしたことをあまり多くの人に気づかれない恐れがある。

   事情をよく知らないよそ者には、このあまりにも速い変化は、ただの気まぐれに見え、バカげているようにも思える。しかし、この「ゲイのゲットー」の影響力を甘く見てはいけない。不思議なことに、マイノリティである彼ら、いわゆる「普通の人」から遠い場所にいる彼らが、究極のところでは、外の世界の最新流行を発信する役割を果たしているのだ。外の世界の「普通の人」たちが、どの方向に行くのかが、かなりの部分、ここで決定されていると言っていい。ただ、ここで生み出された流行も、たとえばアイダホ州ボイシにまで知れ渡るようになると、もはやチェルシーではかっこ悪く受け入れ難いものに変わってしまう。同じルールは犬に関する趣味にも適用される。

2. 私が最初にバセンジーの存在を知ったのは、ストレート（異性愛）の友人、リチャードがバセンジーを連れているのを見た時だ。2000年のことだった。リチャードは、彼の飼っていた「ガナー」というバセンジーと共にカナリのスーツの広告に写っていた。私はそのポスターが市内を走るバスに貼られているのを見たのだ。その広告を見たチェルシーの人々は、リチャードの存在には不満ではあったが、犬がバセンジーなのでまあ許せると思ったらしい。

註

■はじめに

1. Melinda Beck, "When Cancer Comes with a Pedigree," Wall Street Journal, May 4, 2010; Purdue University School of Veterinary Medicine et al., *Golden Retriever Club of America National Health Survey, 1998-1999* (GRCA, 1998); *Pedigree Dogs Exposed*, directed by Jemima Harrison, BBC One, August 19, 2008.
2. Mark Derr, "The Politics of Dogs," *Atlantic Monthly*, March 1990.
3. Mark Derr, *Dog's Best Friend: Annals of the Dog-Human Relationship* (Chicago: University of Chicago Press, 2004); Stephen Budiansky, "The Truth About Dogs," Part III: "The Problem With Breeding," *Atlantic Monthly*, July 1999; Michael Lemonick, "A Terrible Beauty," *Time*, June 24, 2001; Jonah Goldberg, "Westminster Eugenics Show," *National Review*, February 13, 2002; J. L. Fuller and S. P. Scott, *Genetics and the Social Behavior of the Dog* (Chicago: University of Chicago, 1965); Advocates for Animals, *The Price of a Pedigree: Dog Breed Standards and Breed-Related Illness* (Edinburgh: Advocates for Animals, 2006).
4. Patrick Burns, "AKC Speeds to Collapse," *Terrierman's Daily Dose*, February 14, 2013.
5. "Dog Breeds: The Long and the Short and the Tall," *Economist*, February 19, 2009.
6. Fuller and Scott, *Genetics and the Social Behavior of the Dog*, 405; Patric Burns, "Inbred Thinking" *Terrierman's Daily Dose*, May 26, 2006; Christopher Landauer, "'Health Testing' in Dogs Is Limited," *Border-Wars*, May 18,2013; Christopher Landauer, "How Linebreeding Causes Disease Expression," *Border-Wars*, February 24, 2014; Jemima Harrison, "Breeding--Not Bitching--for the Future," *Pedigree Dogs Exposed–The Blog*. May 15, 2014.
7. Jasper Copping, "Ban 'Unhealthy' Dog Breeds, Say Vets," *Telegraph* (UK), December 10, 2013.
8. Edward Ash, *This Doggie Business* (London: Hutchinson & Co., 1934), 205.
9. W. G. Stables, *The Practical Kennel Guide* (London: Cassell Petter and Galpin, 1875), 19.
10. Gordon Stables, "Breeding and Rearing for Pleasure, Prizes, and Profit," *The Dog Owner's Annual for 1896* (London: Dean and Son, 1896).
11. Louis Hobson, "Guest Shots," *Canoe.ca*, October 10, 2000.

【ナ】

【ハ】

【マ】

【ラ】

【ワ】

犬種索引

マイケル・ブランドー（Michael Brandow）
犬の支援、地域社会活動の経験を持つ、ニューヨーク在住のジャーナリスト。「ニューヨーク・タイムズ」等に犬に関するエッセーを数多く発表し、好評を得ている。

夏目大（なつめ・だい）
翻訳家。レナード『ゴビ』（ハーパーコリンズ）、ゴドフリー＝スミス『タコの心身問題』（みすず書房）、『あなたの人生の意味』（早川書房）、リンデン『脳はいいかげんにできている』（河出書房）ほか訳書多数。

ISBN 978-4-8269-9061-5

純血種（じゅんけつしゅ）という病（やまい）

二〇一九年三月一五日　第一版第一刷発行

著　者　マイケル・ブランドー

訳　者　夏目（なつめ）大（だい）

発行者　中村　幸慈

発行所　株式会社　白揚社　©2019 in Japan by Hakuyosha
〒101-0062　東京都千代田区神田駿河台1-7
電話03-5281-9772　振替00130-1-25400

装　幀　岩崎寿文

印刷・製本　中央精版印刷株式会社